www.tredition.de

Das Naturgeschehen läuft aus sich selbst heraus gesetzmäßig ab.
(Straton von Lampsakos)

In der Natur ist kein Irrtum. Der Irrtum ist in Dir!
(Leonardo da Vinci)

Dass ich erkenne, was die Welt im Innersten zusammen hält.
(Johann Wolfgang Goethe)

Die Gesetze der Natur sind die unsichtbare Regierung der Erde.
(Alfred A. Montapert)

Günter Dedié

Die Kraft der Naturgesetze

Emergenz und kollektive Fähigkeiten durch spontane
Selbstorganisation, von den Elementarteilchen bis zur
menschlichen Gesellschaft

www.tredition.de

Der Autor ist promovierter Physiker und war beruflich im IT- Bereich einer großen deutschen Elektrofirma tätig. Im Ruhestand war er mehrere Jahre Physiklehrer und Betreuer für *Jugend forscht* an einem Gymnasium. Er ist Übersetzer und Autor mehrerer naturwissenschaftlich-technischer Fachbücher.

© 2014 Günter Dedié

© 2015 Günter Dedié, zweite verbesserte Auflage

Verlag: tredition GmbH, Hamburg

ISBN: 978-3-8495-7685-1 (gebunden)

ISBN: 978-3-8495-7901-2 (broschiert)

ISBN: 978-3-8495-7902-9 (eBook)

Printed in Germany

Bibliografische Information der Deutschen Nationalbibliothek:

Die Deutsche Nationalbibliothek verzeichnet diese Publikation in der Deutschen Nationalbibliografie; detaillierte bibliografische Daten sind im Internet über http://dnb.d-nb.de abrufbar.

Inhaltsverzeichnis

Vorwort

Was haben ein Atomkern, das Kohlenstoffatom, das Wasser, eine Schneeflocke, der Magnetismus, das Wetter, die Entwicklung des Lebens, der menschliche Geist und die menschliche Sozialordnung gemeinsam? Sie alle können mit einem Prinzip erklärt werden, das Emergenz genannt wird. Und sie haben noch etwas gemeinsam: Es gibt für sie bis heute keine exakte wissenschaftliche Theorie. Was ist das, Emergenz? Auf den einfachsten Nenner gebracht: „Das Ganze ist weitaus mehr als die Summe seine Teile". Etwas ausführlicher: Emergenz ist ein Prozess, bei dem durch die spontane Selbstorganisation vieler gleicher oder auch unterschiedlicher Einzelteile (Elemente) aufgrund der Wechselwirkungen zwischen ihnen Systeme entstehen, die völlig neue Strukturen und eine höhere Ordnung aufweisen. Auch ihre kollektiven Eigenschaften und Fähigkeiten sind ganz anders als die der Elemente.

Beispiele: Ein einzelnes Gold-Atom ist nicht gelb und glänzend, eine einzelne Zelle ist kein Tiger (frei nach Philipp W. Anderson)

Die Selbstorganisation ist in der Natur der Normalfall und nicht die Ausnahme, von den Elementarteilchen durch alle Ebenen der Welt bis hinauf zum menschlichen Geist und der menschlichen Gesellschaft. Sie schlägt als durchgängiges Prinzip eine Brücke zwischen der unbelebten und der belebten Natur, sie verbindet die materielle Welt mit der Welt des Geistes, "… making emergence the most fundamental principle in the universe" (Wikipedia *Emergence*).

Grundlage der Selbstorganisation sind in den materiellen Ebenen wie Physik und Chemie unmittelbar die Naturgesetze, die für die Elemente des jeweiligen Systems gelten. In den höheren Ebenen wie Biologie, Geist und Gesellschaft sind es die Wechselwirkungen zwischen deren Elementen, die ihrerseits emergente Systeme der Ebenen darunter sind. In den wenigsten Fällen ist der Vorgang der spontanen Selbstorganisation oder die Strukturen, Eigenschaften und Fähigkeiten des dabei entstehenden emergenten Systems aus denen seiner Elemente berechenbar, im Detail erklärbar und erst recht nicht vorhersagbar. Man muss deshalb die Eigenschaften eines selbstorganisierten Systems durch Beobachtungen und Messungen erforschen. Mit deren Ergebnissen kann man dann in der Ebene des Systems und oberhalb derselben weiter arbeiten.

Beispiel: Aus dem Aufbau der Elektronenhüllen der Atome kann man die Regeln für die chemischen Bindungen empirisch erklären und damit die ganze große Welt der Chemie beschreiben. Diese Regeln sind in der Chemie aber schon lange vor der genauen Kenntnis der Atomhüllen gefunden worden. Die Stärke der Bindungen muss man allerdings auch heute noch messen, weil man die chemischen Bindungen nicht quantitativ berechnen kann.

In diesem Buch versuche ich, wichtige emergente Systeme unserer Welt unter dem Aspekt der Selbstorganisation durchgängig, überschaubar und verständlich zu ordnen und darzustellen, soweit wie möglich anschaulich und mit Worten statt abstrakt und mit Formeln. Die anschauliche Beschreibung hilft beim Verständnis der Zusammenhänge in der Welt. Sie ersetzt natürlich nicht die fundierte wissenschaftliche Begründung der Systeme, hat aber den Vorteil, dass sie einfacher zu verstehen ist als die mathematischen Formeln und die Beweise der Theorien vom „Inneren" der Systeme.

Beispiele:
- Man kann den Satz des Pythagoras für rechtwinklige Dreiecke anwenden, ohne seinen Beweis zu verstehen oder zu kennen. Man muss nur den Satz bzw. die Formel kennen und anwenden können.
- Ein Programmierer muss die komplizierten Details eines Computers nicht kennen, oder die Unterschiede zwischen verschiedenen Computern, solange er eine Programmiersprache als vereinbarte Schnittstelle zwischen Mensch und Computer verwendet.

In diesem Sinne ist eine anschauliche Beschreibung der Grundbegriffe, Strukturen, Eigenschaften und Fähigkeiten der Systeme in der Natur auch eine einfache Schnittstelle zwischen der Wissenschaft und dem naturwissenschaftlichen Grundwissen, das eine Grundlage der abendländischen Kultur ist. Vielleicht ist sie sogar Teil eines sog. *Königswegs*, dessen Fehlen zur Naturwissenschaft oft beklagt wird.

Für jedes selbstorganisierte System werden die Elemente (oder Einzelteile; englisch components) herausgearbeitet, aus denen es aufgebaut ist, und die Wechselwirkungen (englisch interactions), die zur spontanen Selbstorganisation seiner Elemente führen. Die kollektiven Eigenschaften und Fähigkeiten des Systems werden durch Beispiele veranschaulicht. Begleitend dazu wird die für das jeweilige System in der Wissenschaft geltenden Theorie oder Hypothese kurz bewertet.

Es ist eine Bestandsaufnahme der selbstorganisierten Systeme, und soll die große Kraft der Naturgesetze plausibel machen, auch im

Vergleich zur menschlichen Erkenntnisfähigkeit. Ich kann dabei nicht mit dem Wissen der Spezialisten in der Forschung mithalten, versuche aber, die oft weit voneinander entfernten Spezialgebiete unter dem Aspekt der Selbstorganisation zu einem Gesamtbild zusammen zu bringen. Die Hierarchie der selbstorganisierten Systeme beginnt in der Materie, setzt sich fort bei den Lebewesen und reicht hinauf bis in die geistige Ebene des Gehirns und zur Funktion der menschlichen Gesellschaft. Sie ist das Ergebnis einer höchst dynamischen Entwicklung der Natur in der Vergangenheit, die sich auch in der Gegenwart und der Zukunft weiter fortsetzt. Nach Ilja Prigogine sind wir „... die Kinder des Zeitpfeils, der Evolution, und nicht seine Urheber". Es ist für mich äußerst eindrucksvoll, was die Natur dabei aus sich selbst heraus geschaffen hat. Für unsere menschlichen Fähigkeiten der Erkenntnis ist das oft nicht im Detail nachvollziehbar. Das Ergebnis dieser Selbstorganisation ist unsere Welt, die wir mit Bewunderung betrachten und mit Respekt behandeln sollten. Wir Menschen haben uns zwar von vielen Zwängen und Einschränkungen der Natur unabhängig gemacht, bleiben den Naturgesetzen aber trotzdem direkt oder indirekt unterworfen.

Das Buch ist in drei Teile gegliedert: Im Kap. 1 werden die wichtigen Konzepte und Begriffe der Emergenz erläutert. Ab Kap. 2 ist die erste Hälfte des Buches dem Wirken der Emergenz in der unbelebten Natur gewidmet, und ab Kap. 13 die zweite Hälfte ihrem Wirken in der belebten Natur und in der menschlichen Gesellschaft. Wegen der Breite und Vielfalt der Themen habe ich weniger geläufige Begriffe, die wichtig sind und in mehreren Kapiteln vorkommen, in einem Glossar zusammengefasst. Im Text sind sie beim ersten Auftreten durch *Schrägschrift* gekennzeichnet.

Ich danke meiner Frau Kuni für ihre große Geduld mit ihrem Phantom am Laptop, das mehr als zwei Jahre sehr oft abwesend war, obwohl es anwesend war. Meinen Freunden Frans van de Laarschot und Reinhold Dries, meinem Kollegen Alois Höchtl und Dagmar Herrmann, sowie Herrn Prof. Gerhard Vollmer und Herrn Prof. Hilmar Lemke danke ich für wertvolle Hinweise. Mein ganz besonderer Dank gilt aber Herrn Prof. Josef H. Reichholf, der mich als Neuling in der schreibenden Zunft beraten, unterstützt und gefördert hat.

Günter Dedié, im Januar 2015

1. Selbstorganisation und Emergenz

> Die meisten Systeme in der Welt entstehen aus ihren Elementen durch Prozesse der spontanen Selbstorganisation und besitzen kollektive Strukturen, Eigenschaften und Fähigkeiten, die aus den Eigenschaften ihrer Elemente nicht exakt erklärbar sind. Die Welt besteht aus einer durchgängigen Hierarchie derartiger Systeme.

Seit Jahrtausenden versuchen die Menschen zu verstehen, wie ihre Welt und sie selbst funktionieren, und nach welchen Regeln. Anfangs waren ihnen nur einfache Dinge zugänglich, wie der Wechsel der Jahreszeiten und der Lauf der Sonne und der Sterne am Himmel. Der Rest wurde mit Spekulation und Aberglauben aufgefüllt, denn das Bedürfnis, die Welt zu ordnen und zu verstehen, ist so alt wie der Homo sapiens. Außerdem stifteten gemeinsame Vorstellungen von der Welt eine Identität in der Gruppe, dem Stamm usw. Diese Vorstellungen wurden später teilweise als *Religionen* übernommen und durch die Macht der Kirchen als Glaubensinhalte festgeschrieben.

Im europäischen Mittelalter war nach dem Ende des weströmischen Reiches und bis zur Aufklärung etwa 1000 Jahre lang nur noch ein sehr schwaches Echo des Wissens der Griechen und Römer übrig geblieben. Ein wesentlicher Grund war die Herrschaft der katholischen Kirche, die Wissen und Erkenntnisse außerhalb ihres religiösen Bereichs unterdrückt hat. Die Griechen hatten in der Philosophie und in den Naturwissenschaften durch Nachdenken und Beobachten schon viele Erkenntnisse gewonnen, die uns heute teilweise recht modern vorkommen. Dieses Wissen wurde beispielsweise von den Persern und dem Islam aufgenommen und hat zur Hochkultur des Islam in den Jahren 900 bis 1200 beigetragen. Erst ab der Renaissance im 14. und 15. Jahrhundert hat auch in Europa die Erkenntnis der Zusammenhänge in der Natur allmählich wieder zugenommen, und die Naturwissenschaften haben sich entwickelt, frei nach Faust „dass ich erkenne, was die Welt im Innersten zusammenhält". Immanuel Kant sagt dazu: „Aufklärung ist der Ausgang des Menschen aus seiner selbst verschuldeten Unmündigkeit. Unmündigkeit ist das Unvermögen, sich seines Verstandes ohne Leitung eines anderen zu bedienen. Selbstverschuldet ist diese Unmündigkeit, wenn die Ursache derselben nicht am Mangel des Verstandes, sondern

(...) des Mutes liegt, sich seiner ohne Leitung eines anderen zu bedienen."

Seither verstärkten sich die Bemühungen in der Wissenschaft, durch Beobachtungen, Experimente und mit Hilfe der Mathematik formelmäßig (*analytisch*) und zahlenmäßig (quantitativ) zu verstehen und zu berechnen, welche Gesetze in der Natur gelten. In Mathematik und Physik gab es dabei auch immer wieder beeindruckende Erfolge, und in anderen Bereichen wie der Chemie und der Biologie zumindest auf der *empirischen* Ebene.

Ein Beispiel dafür ist die Newtonsche Mechanik, bei der aus wenigen einfachen Bewegungsgesetzen die Bewegungsvorgänge im täglichen Leben, aber auch die Bewegung der Planeten im Sonnensystem sehr genau berechnet werden können.

Man nennt diesen Ansatz auch *reduktionistisch* und meint damit, dass ein System durch eine *Theorie* in allen Einzelheiten aus seinen Elementen und von der Basis her erklärt werden kann. Die Theorie muss dabei den Ansprüchen moderner naturwissenschaftlicher Theorien genügen: Sie muss

- kausal Ursachen und Wirkungen beschreiben,
- mit Hilfe bekannter mathematischer Funktionen formuliert werden können und
- mit den Beobachtungen und Messungen übereinstimmen.

Außerdem sollen die reduktionistischen Theorien nahtlos aufeinander aufbauen, beispielsweise die der Chemie auf denen der Physik, die der Biologie auf denen der Chemie usw. Im Ergebnis soll die Hierarchie der reduktionistischen Theorien durchgängig sein bis hinunter zu den *fundamentalen* Feldern und Teilchen.

In der Vergangenheit wurde durch erfolgreiche Beispiele in der idealisierten *makroskopischen* Welt der Physik und auch der Chemie die Erwartung geweckt, die Welt sei irgendwann komplett reduktionistisch erklärbar. Daraus hat sich geradezu ein *Glaube* entwickelt, dass die Mathematik einfach alles kann, und das, was nicht in Formeln zu fassen ist, wissenschaftlich von minderer Qualität sei. Dieser Glaube hat auch andere Bereiche der Wissenschaft wie die Hirnforschung und die Ökonomie beeinflusst. Im 20. Jahrhundert hat sich allerdings gezeigt, dass diese Erwartungen nicht erfüllt werden konnten:

- Man musste immer wieder feststellen, dass der reduktionistische Ansatz nur ganz selten funktioniert,

- Die unterschiedlichen naturwissenschaftlichen Theorien und ihre Geltungsbereiche sind nicht zusammen gewachsen, sondern haben sich weiter auseinander entwickelt,
- Themen wie eine reduktionistische Erklärung der Funktion des Gehirns oder die Vereinheitlichung der *Quantentheorie* mit der Theorie der Schwerkraft kommen seit Jahrzehnten nicht voran.

„Die Realität ist hierarchisch in *komplexen* Systemen organisiert, wobei jede Ebene von der anderen in erster Näherung unabhängig ist. In jeder Ebene sind neue Gesetze, Begriffe, Methoden und Näherungen notwendig ... Ist in einer solchen Situation eine vereinheitlichte Theorie notwendig oder überhaupt möglich?" (Philippe Blanchard in [12]). Der Glaube an die Notwendigkeit der *Exaktheit* kann sogar wissenschaftliche Erkenntnisse behindern [47].

Diese Schwierigkeiten wurden schon vor fast hundert Jahren als schmerzliche Erkenntnis humorvoll in Versen festgehalten ([27] S.37):

„Legendre, Gauß und Abel, die lösten manch' Problem,
was ungelöst sie ließen, ist meist recht unbequem."

Nur die idealisierte makroskopische Welt, die wir aufgrund unserer Wahrnehmung und unserer Erfahrungen gewohnt sind, ist einfach. Unterhalb und oberhalb dieser gewohnten Welt, z.B. bei den Atomen oder den Lebewesen, endet diese Einfachheit abrupt und alles ist sehr viel komplexer als anfangs erwartet ([29] S.13). Deshalb bahnt sich eine andere Denkweise in den Naturwissenschaften an, ein *Paradigmenwechsel*: Die Anerkennung von Komplexität, *Selbstorganisation* und *Emergenz* als ausreichende Begründung von Erkenntnissen, „als Grundbegriffe einer neuen wissenschaftlichen Disziplin" [12]. Die Natur zeigt uns immer wieder, dass sie aus sich selbst heraus viel mächtiger ist, als es das menschliche Denken nachvollziehen kann oder die für die Theorien benötigten Hilfsmittel der Mathematik analytisch beschreiben oder auch die größten Computer mit den besten Programmen simulieren können.

In der Physik kann man diese Tendenz mit folgender Anekdote veranschaulichen: Wenn in der Vergangenheit eine Theorie und die zugehörigen Ergebnisse der Experimente nicht zusammenpassten, pflegten die Theoretiker frei nach Hegel zu sagen „um so schlimmer für die Experimente". Betrachtet man die Geschichte der Physik und die der Naturwissenschaften aber genauer, so muss man feststellen, dass neue Erkenntnisse und Innovationen bevorzugt aus Experimenten und

Beobachtungen kommen, und man erst danach versucht hat, eine passende Theorie dazu zu entwickeln. Kommen wir zum Beispiel der Mechanik zurück: Am Anfang standen hier die Beobachtungen der Bewegungen von Objekten auf der Erde und im Weltall, und die Theorie dazu sind die Bewegungsgesetze von Newton, die für beide Bereiche gelten. Man hat aber schon bald die Grenzen dieser Theorie kennen gelernt.

Beispiele:
- Die Berechnung der Bewegungen in Systemen aus mehreren Körpern funktioniert analytisch nur für zwei Körper. Bereits bei drei Körpern sind exakte Berechnungen nur noch in Spezialfällen möglich. Schon der Philosoph Immanuel Kant hat deshalb einen Vorschlag für die Selbstorganisation des Planetensystems gemacht [17]. Die genaue Berechnung der Bewegung der acht Planeten im Sonnensystem ist nicht mehr analytisch aus den *Bewegungsgleichungen*, sondern nur noch näherungsweise numerisch (zahlenmäßig) möglich, z.B. per Computer.
- Versucht man gar, die individuellen Bewegungen der ca. $6{,}02 \cdot 10^{23}$ Gasmoleküle (entspricht einem Mol Gas; sog. Avogadrosche Zahl) in einem Gefäß zu berechnen, so hat sich das als völlig unmöglich erwiesen. Selbst wenn man ein System exakter Bewegungsgleichungen dafür aufstellen und lösen könnte, wäre es absolut unmöglich, für alle $6 \cdot 10^{23}$ Gasmoleküle zu genau einem Zeitpunkt sämtliche Anfangsbedingungen für Orte und Impulse der Moleküle festzulegen!

Weitere Beispiele aus anderen Gebieten der Physik, in denen reduktionistische Ansätze bisher nicht erfolgreich waren:
- Aus einer gasförmigen Ansammlung von Atomen oder Molekülen bilden sich unter bestimmten Bedingungen (Temperatur, Druck, ...) Flüssigkeiten und feste Körper, deren spezifische Eigenschaften aus den Eigenschaften der einzelnen Atome oder Moleküle nicht berechenbar sind.
- Ein Stück Eisen, also ein (dreidimensionales) System aus sehr vielen Eisenatomen, ist bei Raumtemperatur spontan magnetisiert und damit ferromagnetisch. Eine analytische Berechnung der spontanen Magnetisierung ist bisher aber nur für ein zweidimensionales Modell gelungen (das sog. Ising-Modell) und hat dafür bereits einen sehr hohen mathematischen Aufwand erfordert.
- Seit vielen Jahren bemühen sich die Physiker um eine so genannte *Weltformel*, die die gesamte Physik beschreiben soll, insbesondere alle vier fundamentalen Kräfte. Bisher ist aber noch völlig offen, ob ein derartiger Ansatz jemals zu einem konsistenten Ergebnis führen wird. Es ist eher äußerst unwahrscheinlich. Bisher gibt es jedenfalls noch keine Möglichkeit, irgendetwas von einer dieser komplizierten *Hypothesen* anhand der Wirklichkeit nachzuprüfen.

Es hat sich gezeigt, dass ein anderes Konzept für das Verständnis der Systeme, die aus sehr vielen Elementen bestehen, die Suche nach exakten Theorien ergänzen muss und diesen sogar meist überlegen ist: Die spontane Selbstorganisation von *Elementen* zu einem System aufgrund der zwischen ihnen herrschenden *Wechselwirkungen*. Und damit verbunden die Herausbildung von *kollektiven* neuen emergenten Strukturen, Eigenschaften und Fähigkeiten des Systems. Diese Strukturen, Eigenschaften und Fähigkeiten sind von selbst entstanden und denen der einzelnen Elemente meist gänzlich anders und viel *komplexer*. Ich unterscheide Eigenschaften und Fähigkeiten der Systeme, weil Eigenschaften in der unbelebten Welt der zweckmäßigere Begriff ist, bei den Lebewesen aber meist die Fähigkeiten wichtiger sind. Die Idee der Emergenz hat sich von der Biologie her in den Naturwissenschaften ausgebreitet. In der Tierwelt, speziell bei den Ameisenstaaten, gibt es regelrechte Modellsysteme dafür (vgl. Kap. 14).

Die Emergenz steht nicht im Gegensatz zum Reduktionismus, denn einige emergente Systeme sind auch exakt mit einer Theorie erklärbar. Wenn es aber bisher keine solche Theorie gibt, muss man auf das detaillierte Verständnis verzichten, wie der Zusammenbau des Systems funktioniert, und wie genau seine kollektiven Eigenschaften aus den Eigenschaften der Elemente entstehen. Das erledigen die Naturgesetze, die in diesem System wirken, von selbst. In vielen Fällen gelingt es auch, auf Basis der Beobachtungen und Messungen für bestimmte Aspekte eines emergenten Systems modellartige Vorstellungen zu entwickeln, exakte Theorien sind aber selten gefunden worden oder gelten nur mit großen Einschränkungen. Der Begriff Emergenz wird in der Literatur unterschiedlich benutzt ([41] S.74); ich verwende ihn hier bevorzugt im engeren Sinne für neue Eigenschaften und Fähigkeiten selbstorganisierter Systeme.

Die emergente Sicht auf die Welt ist nicht neu, man findet sie z.B. schon 1891 bei George Henry Lewes [26]. In den 1920er Jahren hatten Überlegungen zur Emergenz bereits eine kleine Blütezeit, vor allem in England. Ab den 1960er Jahren wurde das Thema wieder aktuell, z.B. 1961 bei Friedrich von Hayek ([13] S. 287): „Das Auftauchen von neuen Mustern als Resultat der Zunahme der Zahl der Elemente, zwischen denen einfache Beziehungen bestehen, bedeutet, dass die größere Struktur als Ganzes gewisse allgemeine oder abstrakte Züge besitzt ...". Auch Philip W. Andersson (1972) sah die Natur in Stufen organisiert, und zu jeder Stufe dieser Hierarchie gehören neue Elemente, Strukturen und kollektive Eigenschaften. Seine Kurzbeschreibung der Emergenz lautete: „More is different". Das Thema Emergenz wird häufig auch unter dem Begriff Komplexitätstheorie behandelt, z.B. bei Friedrich von Hayek. Grundlegende Überlegungen stammen von Ilja Prigogine, der die große Bedeutung der *Nichtgleichgewichtsprozesse* heraus gearbeitet hat, und den Unterschied zwischen dem „Sein" und dem „Werden" [29] [32]. Paul Watzlawick hat das Thema folgendermaßen auf den Punkt gebracht: „Die Komplexität der Prozesse, die von Unordnung zu Ordnung führen, ist noch nicht erfassbar. In der guten alten Zeit war die Antwort allerdings einfach: Es ist selbstverständlich das Walten höherer Mächte." [43]

Auch in der neueren theoretischen Sicht der Biologie, des Geistes und der Kultur, beispielsweise bei William C. Wimsatt wird eine bessere Perspektive darin gesehen, sich mit der Komplexität in Natur und Gesellschaft in Form von Modellen und Gerüsten („scaffolds") zu beschäftigen, die in der Praxis brauchbar sind und nicht nur im Prinzip. Im Hinblick auf den Reduktionismus schreibt er: „ … if you looked at the actual theories they claimed to reduce, they weren't reductions, because there were approximations in going from one level to another"[47]. Die Beschränkung auf reduktionistische Theorien sieht er als Verschanzung („entrenchment"), die die Weiterentwicklung der wissenschaftlichen Erkenntnis behindert [46]. Der Jesuitenpater Pierre Teilhard de Chardin, der auch als Geologe und Paläontologe ausgebildet war, hat die Evolution aus religiöser Sicht als riesigen Entwicklungsprozess gesehen, der in Jahrmilliarden stufenweise eine immer stärkere Komplexität und „Verinnerlichung" der Materie geschaffen hat. Gott ist für ihn Teil der Evolution, und der Mensch auch heute noch nicht vollendet ([21] S.114). Er wurde für diese Abweichung von der biblischen Schöpfungsgeschichte von der katholischen Kirche ab 1926 bis zu seinem Tod 1955 „kaltgestellt".

Das sich selbst organisierende System ist vergleichbar mit einem Modell, das auch jeder analytischen Theorie zugrunde liegt, oder auch mit einem Modell, das man für die näherungsweise numerische Berechnung eines Systems im Computer braucht. Nur die Methoden, wie die verschiedenen Modelle funktionieren, sind unterschiedlich: Das emergente Modell funktioniert „von selbst" auf Basis der Naturgesetze, das analytische auf der Basis physikalischer Formeln und mathematischer Funktionen, und das numerische auf der Basis geeigneter Programme für einen Computer. Die analytischen Modelle haben natürlich den Vorteil, dass die Wissenschaftler alles im Detail und im Zusammenhang nachvollziehen, Prognosen für bisher nicht bekannte Eigenschaften eines Systems ableiten oder sie als Basis für Simulationen im Computer verwenden können. Aber da sie nur in sehr seltenen Fällen bzw. mit großen Einschränkungen anwendbar sind, muss man auch die Selbstorganisation als Grundlage für die Entstehung und das Verständnis komplexer Systeme akzeptieren und anwenden. Ein von der Natur durch Selbstorganisation realisiertes System ist ja sowieso „das Modell an sich" und die Referenz für alle anderen Modelle, weil es unmittelbar auf den Naturgesetzen aufbaut.

Basis für die oft erstaunlichen Ergebnisse der Selbstorganisation sind die Naturgesetze, und nichts anderes, keine Aliens, keine Wunder und kein Gott. Die Natur ist dabei offensichtlich unseren beschränkten mathematischen und numerischen Fähigkeiten bzw. Methoden außerordentlich überlegen. Das heißt nun aber nicht, dass die Wissenschaftler nicht weiter an Lösungen auf Basis analytischer Funktionen arbeiten werden, denn es hat auch in der Vergangenheit immer wieder unerwartete Durchbrüche und neue Erkenntnisse gegeben, wie z. B. im 20. Jahrhundert mit der Quantentheorie. Es bedeutet aber, dass auch das, was wir nicht exakt berechnen können, wichtig und richtig ist, wenn wir es mit naturwissenschaftlichen Methoden erforscht und als gültig erkannt haben.

Ich versuche im folgenden plausibel zu machen, wie man sich die Welt von den Elementarteilchen bis hinauf zum Gehirn und zur menschlichen Gesellschaft als durchgängige Hierarchie von selbstorganisierten Systemen vorstellen kann, und gehe auf viele wichtige Beispiele dieser Systeme näher ein. Bild 1 skizziert die Systeme und die in den Systemen wirkenden Wechselwirkungen der Elemente, ganz grob nach aufeinander aufbauenden Ebenen geordnet (vgl. [2]). Die Wechselwirkungen wirken in der Ebene, in der sie angegeben sind, und in allen Ebenen darüber. Nur die Kernkräfte wirken ausschließlich zwischen den Elementarteilchen und innerhalb der Atomkerne. In der obersten Ebene „Geist, Kultur und Gesellschaft ..." ist die Wirkung der Naturgesetze so indirekt, dass man die Wechselwirkungen besser durch Gesetze oder Regeln der geistigen Ebene selbst beschreibt, beispielsweise durch *Ethik* und *Moral* als Basis der zwischenmenschlichen Regeln der Gesellschaft und auch – in einfacherer Form – bei einigen höheren Tierarten. Wir werden im Kap. 16 sehen, dass diese Regeln gegenwärtig im Fall der menschlichen Gesellschaft in keinem guten Zustand sind und dringend verbessert werden müssen.

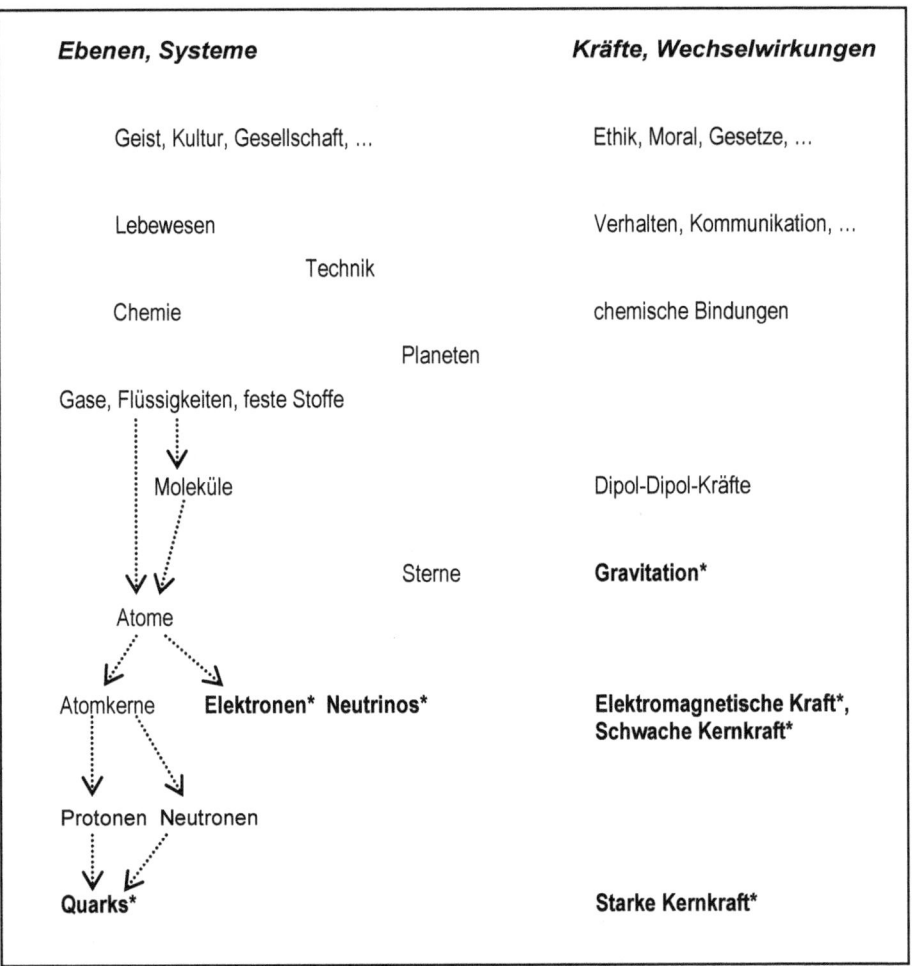

Bild 1   Hierarchische Struktur der Welt (schematisch, stark vereinfacht)

Bei Atomen und Molekülen sind die „bestehen aus" Beziehungen durch punktierte Pfeile angegeben, z.B. „Protonen ········> bestehen aus Quarks".

Bei meinen Recherchen habe ich festgestellt, dass die Vielfalt der emergenten selbstorganisierten Systeme außerordentlich groß ist. Ich glaube deshalb nicht, dass man diese Vielfalt über den Leisten eines allgemeinen „Emergentismus" schlagen kann.

Ebenso habe ich den Eindruck gewonnen, dass es auch keinen sinnvoll allgemeingültigen „Reduktionismus" gibt. Ich verwende stattdessen differenziertere Bewertungen von Theorien und Hypothesen wie *exakt, näherungsweise* und *empirisch*, und vermeide die Begriffe mit „–ismus" am Ende.

Konzept der Selbstorganisation und der Emergenz

Das grundsätzliche Konzept der Selbstorganisation kann man folgendermaßen beschreiben: Mehrere, viele oder sehr viele elementare Bausteine (Elemente) verbinden sich auf der Basis ihrer Wechselwirkungen, die meist nur zwischen den nächsten Nachbarn wirken, spontan zu Systemen mit bestimmten neuen Strukturen und Eigenschaften.

Beispiel: Atome oder Moleküle verbinden sich auf der Basis der physikalischen Kräfte zwischen ihnen zu Flüssigkeiten oder festen Körpern, Gase und Staub im Weltall ballen sich unter dem Einfluss der Schwerkraft zu Sternen zusammen.

Aus einfachen Elementen mit einfachen Wechselwirkungen untereinander können Systeme mit sehr komplexen kollektiven Strukturen und Eigenschaften entstehen, die aus denen der Elemente nicht erklärt oder vorhergesagt werden können. Aus dieser Definition geht bereits hervor, dass die Selbstorganisation in erster Linie ein *Prozess* in der Zeit ist, nach Ilya Prigogine ein „Werden". Obwohl die Wechselwirkungen meist nur zwischen den nächsten Nachbarn wirken, ergibt sich bei der Selbstorganisation erstaunlicherweise oft eine *Fernordnung*. Diese erfasst das ganze System. Die Anzahl der Wechselwirkungen zwischen den Elementen kann dabei exponentiell mit der Anzahl der Elemente des Systems zunehmen.

Ob dabei spontan ein neues System entsteht oder nicht, ergibt sich aus der Bilanz der Wechselwirkungen. Die beiden wichtigsten Gegenspieler bei der spontanen Selbstorganisation in der unbelebten Welt sind:

- Die Kräfte zwischen den Elementen des Systems abhängig von seiner *inneren Energie*, sowie
- der Einfluss der *thermischen Energie*, gekennzeichnet durch die Temperatur des Systems.

Die innere Energie entspricht bei Systemen, die aus vielen Teilchen bestehen, dem thermischen Mittelwert der Energiewerte der Teilchen. Wenn bei einer bestimmten Temperatur die innere Energie für eine neue Struktur kleiner ist als die für die aktuelle Struktur, so kann sich spontan die neue Struktur bilden. Diese Richtung der Selbstorganisation erzeugt in der Regel komplexere Strukturen und mehr Ordnung. Eine größere thermische Energie führt ab einer bestimmten Temperatur zu einer Auflösung der Ordnung und der Rückkehr zu den Elementen, oder zu einem System mit geringerer Ordnung.

Beispiel: Für flüssiges Wasser ist unter 0 °C das Eis die Struktur mit der geringeren inneren Energie, und das Wasser gefriert zu Eis. Die Energiedifferenz zwischen Wasser und Eis wird an die Umgebung abgegeben. Anschaulich kann man sich die freiwerdende Energie als Bewegungsenergie der Moleküle im Wasser vorstellen, denn im Eis sind die Moleküle an feste Plätze gebunden. Wenn das Eis schmelzen soll, muss es ausreichend warm sein, und die Bewegungsenergie der Wassermoleküle muss wieder aus der Umgebung zugeführt werden.

Man nennt die bei dieser Art der Selbstorganisation frei werdende Energie auch latente Wärme, weil die Temperatur des Systems sich bei der Abgabe oder Aufnahme dieser Energie nicht ändert.

Arten der Selbstorganisation

Es gibt viele unterschiedliche Arten der Selbstorganisation in der unbelebten und der belebten Welt. Bezogen auf den Energiehaushalt unterscheide ich drei Klassen:

1. Der Prozess verläuft im thermischen Gleichgewicht (vgl. Kap. 4), d.h. ohne Energieaustausch mit der Umgebung.
2. Mehr Ordnung oder Komplexität entsteht von allein, also ohne die Zufuhr von Energie von außen.
3. Die Entstehung von mehr Komplexität oder Ordnung benötigt Energie von außen.

Beispiele für die Selbstorganisation im thermischen Gleichgewicht sind die Entstehung der magnetischen Ordnung und die Supraleitung. Beispiele für die Entstehung von mehr Ordnung ohne die Zufuhr von

Energie sind die Bildung der leichten Atomkerne bis zum Eisen, die Entstehung der Atome aus Kernen und Elektronen, bestimmte Wechsel der Aggregatzustände (kondensieren, erstarren) und *exotherme* chemische Reaktionen. Im Bild 2a sind diese beiden Arten schematisch dargestellt. Der Übergang zu mehr Ordnung ist durch den durchgezogenen Pfeil und der Übergang zu weniger Ordnung durch den gestrichelten Pfeil gekennzeichnet.

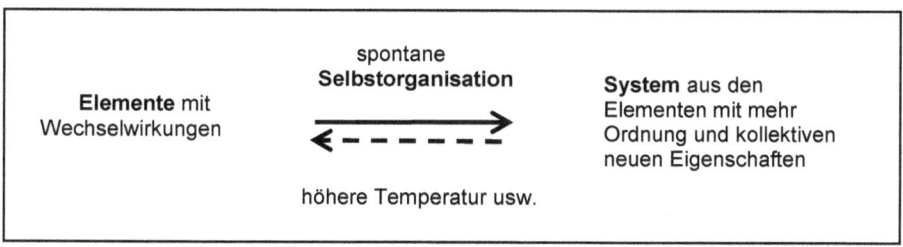

Bild 2a: Ablauf der Selbstorganisation in Fällen, in denen mehr Ordnung ohne Energiezufuhr entsteht. Eine ausreichend hohe Temperatur führt zur Auflösung der Ordnung.

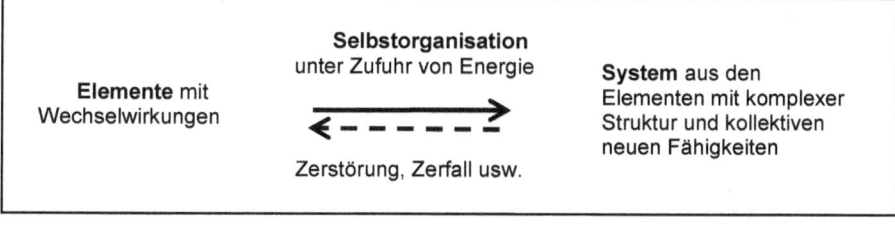

Bild 2b: Ablauf der Selbstorganisation in Fällen, die für mehr Komplexität und Ordnung die Zufuhr von Energie erfordern

Im Bild 2b ist diese Art der Selbstorganisation schematisch dargestellt.

Beispiele für die dritte Klasse, bei der die Entstehung von mehr Komplexität und Ordnung Energie von außen benötigt, sind die Bildung der schweren Atomkerne jenseits vom Eisen, Konvektionsmuster in erhitzten Flüssigkeiten, der Laser, *endotherme* chemische Reaktionen, und vor allem die Entstehung und Entwicklung des Lebens und die geistigen Prozesse im Gehirn. Diese Prozesse sind nur weit entfernt vom thermischen Gleichgewicht möglich. Ein anschauliches Beispiel eines solchen Prozesses finden Sie im Kap. 14 beim Verhalten von Ameisen.

Durch die Energiezufuhr können in einem System relativ stabile Zustände höherer Komplexität oder Ordnung entstehen, und bei mehreren konkurrierenden kollektiven Prozessen kann es einen Wettbewerb zwischen ihnen geben. Ich bringe später mit der sog. Bénard-Konvektion ein Beispiel dafür, bei dem wir schon in der materiellen Welt ein wenig Evolution mit Selektion begegnen.

Dynamik der Selbstorganisation

Der Übergang zu einer geänderten Struktur verläuft in der Regel nicht so einfach, wie es die Bilder 2a und 2b suggerieren, denn das System gerät an der Schwelle zur Selbstorganisation in einen *kritischen Zustand*: Der Übergang zur geänderten Struktur muss ja irgendwo beginnen. Häufig beginnt er an sog. *Keimen*.

Beispiel: Die Kondensation von gasförmigem Wasser in der Atmosphäre zu Wassertropfen beginnt meist an Staubpartikeln, die als Kondensationskeime wirken.

Wenn aber keine Keime da sind, ist nicht vorhersagbar, wann und wo der Übergang zur geänderten Struktur beginnt. Mit einer bestimmten Wahrscheinlichkeit, vielleicht auch durch irgendeine kleine Störung, im Einzelnen aber nicht vorhersagbar entstehen irgendwo erste Inseln mit der neuen Struktur. Sobald diese Inseln entstanden sind, wirken sie wie Keime und die Selbstorganisation geht von dort aus rasch weiter, manchmal sehr schnell oder sogar explosiv in Form einer sich selbst verstärkenden *Kettenreaktion*. Man sagt auch: Im kritischen Zustand verhält sich das System *chaotisch,* denn es gibt keine Korrelation zwischen den Details einer Störung und der Reaktion des Systems.

Beispiel: Der Zeitpunkt der Siedeverzugs-Explosion von Wasser mit einer Temperatur oberhalb des Siedepunkts ist nicht vorhersagbar.

Bemerkenswert ist auch, dass die Selbstorganisation oft eine bestimmte minimale Anzahl von Elementen bzw. eine minimale Größe des emergenten Systems erfordert, damit sie überhaupt stattfinden kann ([29] S.117). Man kann das damit plausibel machen, dass emergente Systeme meist eine sog. *Fernordnung* ausbilden, die unterhalb einer minimalen Größe nicht möglich ist.

Beispiel: Die Natrium- und Chloratome von Kochsalz sind alternierend in drei Dimensionen auf den Plätzen eines regelmäßigen Kristallgitters angeordnet. Mit einigen wenigen Atomen kann ein solches Gitter nicht aufgebaut werden.

Es ist erstaunlich, dass eine Fernordnung gebildet wird, obwohl die Kräfte nur eine kurze Reichweite haben, denn sie wirken meist nur zwischen benachbarten Elementen.

Der Ablauf der Selbstorganisation kann durch sog. *Katalysatoren* gestartet und beschleunigt werden, insbesondere in der Chemie und in der belebten Welt.

Beispiel: Bestimmte *Enzyme* beschleunigen sehr stark bestimmte Stoffwechselvorgänge in den Zellen (vgl. Kapitel 14).

Die selbstorganisierten Systeme zeigen, wie bereits erwähnt, völlig neue kollektive Eigenschaften und Fähigkeiten, die meist aus denen der Elemente nicht erklärbar sind. Die neuen Eigenschaften und Fähigkeiten werden deshalb „emergent" genannt.

Beispiele: Die Festigkeit der Gegenstände unseres täglichen Lebens ist aus den Eigenschaften der einzelnen Atome nicht erklärbar, ebenso der Ferromagnetismus von Eisen oder die Eigenschaften von Molekülen.

Zwischen selbstorganisierten Systemen mit neuen kollektiven Eigenschaften und emergenten Systemen kann es aber Unterschiede geben; die Begriffe haben nicht immer die gleiche Bedeutung.

Betrachten wir als Beispiel den elektrischen Schwingkreis: Man kann einen Schwingkreis aus einem Kondensator und einer Spule aufbauen. Der Schwingkreis hat neue Eigenschaften, die seine Elemente nicht haben: Er kann elektrische Schwingungen erzeugen oder verstärken. Insofern ist er ein emergentes System ([41] S.79). Die Eigenschaften des Schwingkreises können auf der Ebene der elektrischen Schaltelemente aus seinen Bauteilen (zu denen in der Regel noch ein elektrischer Widerstand gehört) relativ einfach analytisch berechnet und erklärt werden. Er kann aber nicht durchgängig von den fundamentalen Teilchen und Feldern her erklärt oder berechnet werden. Der Schwingkreis ist nicht selbstorganisiert, weil er zusammengebaut werden muss und nicht einfach durch Schütteln der Bauteile entsteht.

Emergenz bedeutet nur, dass ein System neue Eigenschaften hat, die seine Elemente nicht haben, frei nach Aristoteles: „Das Ganze ist mehr als die Summe seiner Teile". Weitere Kriterien wie spontane Entstehung des Systems oder eine analytische Erklärbarkeit der neuen Eigenschaften spielen dafür keine Rolle ([41] S.74).

Die spontane Selbstorganisation ist in erster Linie ein zeitlicher Vorgang, ein Prozess, führt aber meist auch zu einer dauerhaften Struktur der Elemente des Systems. Sie hat also zeitliche und strukturelle Aspekte, die man ggf. unterscheiden muss. Ob ein System entsteht, und - falls es mehrere Alternativen gibt - welches, ist in der Regel abhängig von bestimmten äußeren Einflüssen wie Temperatur, Druck und ggf. anderen äußeren Bedingungen für das System.

Beispiele: Aus Gasen entstehen abhängig von der Temperatur Flüssigkeiten oder feste Körper, Ferromagnetismus gibt es nur unterhalb einer bestimmten Temperatur, unterschiedliche Lebewesen können sich abhängig davon entwickeln, ob ihre Umwelt Sauerstoff enthält oder nicht. Die Geometrie der Bénard-Konvektionszellen kann von der Form des Gefäßes abhängig sein (vgl. Kap. 8).

Es gibt Prozesse der Selbstorganisation, die so schnell verlaufen, dass für den Beobachter nur das Ergebnis, die geänderte Struktur, sichtbar wird, dazu gehören beispielsweise viele exotherme chemische Reaktionen. Bei anderen Vorgängen kann für einen Beobachter der zeitliche Verlauf im Vordergrund steht, beispielsweise bei der Entwicklung des Lebens.

Selbstorganisierte Systeme sind in der Regel selbst wieder Elemente der Selbstorganisation und können weitere übergeordnete Systeme bilden. Dadurch ergibt sich schließlich eine Hierarchie von selbstorganisierten Systemen, aus der letzten Endes unsere Welt aufgebaut ist.

Beispiele: Protonen, Neutronen und Elektronen organisieren sich zu Atomen, Atome organisieren sich zu Gasen oder Flüssigkeiten oder festen Körpern einerseits und Molekülen unterschiedlicher Komplexität andererseits, ..., bestimmte komplexe Moleküle organisieren sich zu Systemen, die zur Selbstreproduktion in der Lage sind usw.

Ganz wichtig ist, dass die Prozesse der Selbstorganisation keinen festgelegten, immer gleichen Ablauf der Entwicklung in der Natur zur Folge haben. Welche Systeme spontan entstehen, hängt entscheidend von den Umständen bei ihrer Entstehung ab. Es kommt hinzu, dass die emergenten Systeme unterschiedlicher Hierarchieebenen oder unterschiedlicher Regionen der Welt miteinander wechselwirken können.

Beispiel: Ob bei einem Stern ein erdähnlicher Planet entsteht, mit Lebewesen ähnlich denen auf unserer Erde, hängt von vielen Faktoren ab: Welche Masse hat der Stern, in welchem Bereich einer Galaxie befindet er sich, hat er Gesteinsplaneten geeigneter Größe im passenden Abstand, hat ein solcher Planet einen geeigneten Mond usw.

Unsere heutige Welt und wir Menschen waren deshalb nicht das Ziel der Entwicklung, die seit Jahrmilliarden stattgefunden hat, sondern wir sind ihr Ergebnis. Nur weil es uns gibt, können wir überlegen, wie es dazu gekommen ist, dass es uns gibt. Es ist wenig sinnvoll, darüber zu spekulieren, wie die Entwicklung der Welt hätte verlaufen können, wenn die Naturgesetze oder physikalische Eigenschaften von Elementarteilchen ein wenig anders gewesen wären. Wir können davon ausgehen, dass die Naturgesetze, die wir kennen, ein stabiles Fundament unserer Welt sind, das sich auch mit zunehmender wissenschaftlicher Erkenntnis zwar verfeinern kann, aber nicht mehr grundsätzlich ändern wird.

Die Ergebnisse der Selbstorganisation sind auch wertfrei, d.h. weder gut noch schlecht. Sie bieten nur neue Möglichkeiten auf der Basis des jeweiligen emergenten Systems, die sich unterschiedlich auswirken können. Zu den neuen Möglichkeiten gehören übrigens bei den höheren Lebewesen auch moral-analoge Fähigkeiten, und beim Gehirn die geistigen Fähigkeiten, vgl. Kap. 14 und folgende. Die Hierarchie der emergenten Systeme bleibt also nicht im Materiellen stecken.

Beispiel: Die Möglichkeiten der modernen Technik wie Sprengstoffe, Maschinen, Kerntechnik, Gentechnik usw. kann man sowohl zu Nutzen als auch zum Schaden von Mensch und Umwelt einsetzen. Was jeweils geschieht, hängt ab von der Kompetenz, der Ethik und der Moral derjenigen, die die Technik anwenden.

Eine Selbstorganisation kann auf sehr unterschiedliche Weise stattfinden, z. B. zwischen gleichen oder verschiedenen physikalischen oder chemischen Objekten, in Symbiosen unterschiedlicher Arten von Lebewesen, als *Ko-Evolution* von Räuber und Beute, von Tierart und Umwelt, zwischen den Nervenzellen im Gehirn, den Menschen in der Gesellschaft, zwischen Medien und ihren Konsumenten usw. Wir werden viele dieser Beispiele kennen lernen. Wenn man unvoreingenommen auf die Welt schaut, stellt man fest: Die Selbstorganisation ist der Normalfall, und nicht die Ausnahme.

Phasenübergänge

Mit der Selbstorganisation ist ein Vorgang verbunden, der in der Physik als *Phasenübergang* bezeichnet wird. Er findet statt bei kritischen

Werten der Parameter eines Systems, z. B. bei einer sog. kritischen Temperatur.

Beispiele: Wasser gefriert bei der kritischen Temperatur von 0 °C und wird zu Eis, Eisen wird ferromagnetisch unterhalb der kritischen Temperatur von 768 °C.

Diese Übergänge geschehen, wenn sich äußere Bedingen wie Temperatur oder Druck für ein System ändern, und damit die eine oder andere Art der Selbstorganisation bzw. Struktur für die beteiligten Elemente energetisch vorteilhafter ist. Bei einem Phasenübergang ändern sich die Eigenschaften des davon betroffenen Systems.

Beispiel: Eis ist ein fester Stoff, Wasser eine Flüssigkeit und wenig komprimierbar, Wasserdampf ein Gas und gut komprimierbar.

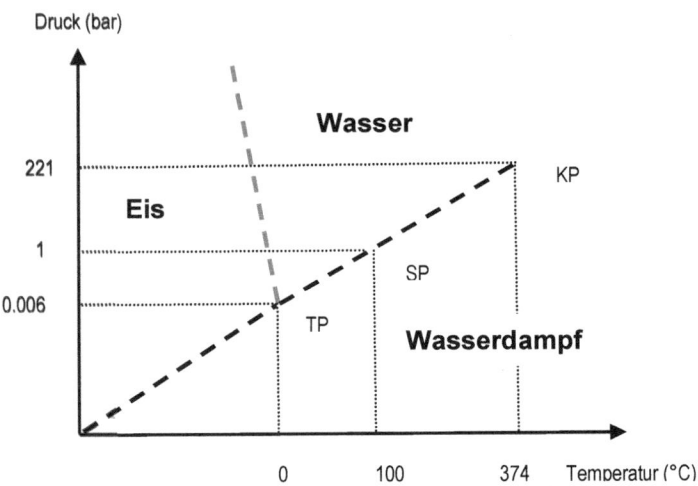

Bild 3: Phasendiagramm von Wasser (schematisch und vereinfacht).

Am Siedepunkt (SP) kocht Wasser bei Normaldruck, am Tripelpunkt (TP) sind alle drei Aggregatzustände (Phasen) gleichwertig. Jenseits des kritischen Punktes (KP) gibt es keinen Unterschied mehr zwischen Wasser und Wasserdampf. Ungewöhnlich ist beim Wasser, dass der Schmelzpunkt von Eis mit steigendem Druck sinkt (gestrichelte Linie von TP nach links oben). Der Grund ist, dass Eis wegen seiner Kristallstruktur ein um etwa 10% größeres Volumen hat als Wasser, weil die Wassermoleküle im Eis einen etwas größeren mittleren Abstand haben als im Wasser (vgl. Kap. 12). Eis hat deshalb eine geringere Dichte als Wasser und schwimmt auf ihm.

Die mit höherer Temperatur verbundene thermische Unordnung wirkt, wie schon erwähnt, der emergenten Ordnung entgegen. Der Druck dagegen bewirkt tendenziell stärker geordnete Strukturen, weil diese meist weniger Platz brauchen. Beim Wasser ist es aber anders, und das ist wichtig in der Natur.

Ein Phasenübergang ist verbunden mit sprunghaften Änderungen oder anderen Anomalien von physikalischen Größen wie Volumen, Energieinhalt oder Wärmkapazität, und begleitet von kritischen Zuständen, denn er ist ja nur eine andere Sicht auf die Selbstorganisation. Das gilt übrigens auch umgekehrt: Ein sprunghafter, scharf abgegrenzter Phasenübergang ist ein eindeutiges Zeichen für spontane Selbstorganisation (sog. *Emergente Exaktheit*; ([22] S. 72, und [23]).

Beispiele: Eis schmilzt, abhängig vom Druck, bei einer genau definierten Temperatur; Glas (eine unterkühlte Flüssigkeit) wird über einen breiten Temperaturbereich hinweg langsam weicher. Glas fließt übrigens auch bei normaler Temperatur noch ganz, ganz langsam; man hat beobachtet, dass die Gläser in Bleiglasfenstern, die einige hundert Jahre alt sind, unten etwas dicker sind als oben.

Ein Phasenübergang ist meist mit einem *Symmetriebruch* verbunden; ich werde das später an einem Beispiel erläutern.

Weltbild mit oder ohne Emergenz?

Die rein mathematischen Ansätze in der Physik und in den Naturwissenschaften reichen zum Verständnis der Welt nicht aus. Die analytische Ableitung von Strukturen und Eigenschaften der Systeme aus denen ihrer Elemente gelingt nur in ganz seltenen Fällen. Ein extremes Beispiel in dieser Hinsicht ist die Suche nach einer einzigen, alles erklärenden Theorie wie die der „Weltformel". Selbst in der sog. klassischen Physik gibt es nicht eine einzige Theorie für den gesamten Bereich, sondern einen Aufbau von Systemen über- und nebeneinander, mit jeweils eigenen Theorien.

Beispiele: Theorien für Atome oder Moleküle, Gase oder Flüssigkeiten oder feste Körper. Für jede dieser Schichten bzw. Systeme gibt es eine Vielfalt von unterschiedlichen Theorien und Gesetzen (z.B. Gesetze für Ideale Gase, Strömungslehre für Gase und Flüssigkeiten, Elektromagnetismus, Festkörperphysik, Halbleiterphysik usw.)

Man muss sich offenbar die Welt generell als Hierarchie von selbstorganisierten Systemen vorstellen, die zwar alle direkt oder indirekt den fundamentalen Naturgesetzen gehorchen, für die aber exakte theoretische Beschreibungen meist nicht entwickelt werden können, selbst wenn es sich um eigene, sozusagen „regionale" (system-lokale) Gesetze handelt. Und diese Welt entwickelt sich auch noch ständig weiter, sie ist auf allen Ebenen im Fluss.

Für eine übersichtliche Bestandsaufnahme der existierenden theoretischen Beschreibungen der Systeme und um sie als Alternativen zur Selbstorganisation bewerten zu können, verwende ich folgende Klassifikation:

- Exakt: Es gibt eine Theorie für Struktur und Eigenschaften des Systems mit Lösungen, die das Zusammenwirken der Elemente analytisch und quantitativ mit bekannten Funktionen der Mathematik beschreiben.
- Näherungsweise: Es gibt eine Theorie des Systems, aber Lösungen für Struktur und Eigenschaften sind nur *numerisch* durch Störungsrechnungen oder mit Hilfe von Simulationen im Computer berechenbar.
- Empirisch: Es sind nur Hypothesen oder modellhafte Beschreibungen des Systems oder bestimmter Teilaspekte aufgrund der Beobachtungen des Systems möglich.

Abhängig vom betrachteten System sind auch differenzierte Aussagen möglich, z.B. „in einfachen Fällen exakt, sonst näherungsweise" usw.

Beispiele:
- Die Gesetze der Newtonschen Mechanik sind exakt nur für makroskopische Modelle lösbar. Das Gravitationsgesetz gilt nur für die Bewegungen von zwei makroskopischen Körpern, sowie in Spezialfällen für drei Körper. In der Welt der Atome gilt es beispielsweise nicht, und außerhalb des Sonnensystems mit Einschränkungen.
- Für die theoretische Beschreibung der Atomkerne gibt es nur empirische Modelle.
- Die Quantentheorie hat genau berechenbare Lösungen nur für das einfache Wasserstoffatom. Näherungsweise kann sie mit Hilfe heutiger Computer für Systeme von max. etwa 10 Quantenteilchen gelöst werden [23].

Wir werden beispielsweise sehen, dass es bereits für die Moleküle in der Ebene der Chemie keine exakten Theorien mehr gibt, und deshalb auch nicht in allen Ebenen oberhalb der Chemie.

Diese Bestandsaufnahme soll die Kraft der Naturgesetze und die Allgegenwart der Selbstorganisation aufzeigen, und die Tatsache, dass es nur wenige exakte Theorien gibt, selbst in der Physik. Damit sollen zu hohe Ansprüche an Theorien in anderen Bereichen der Wissenschaft relativiert werden, die auch heute noch die Gültigkeit wissenschaftlicher Erkenntnisse in Frage stellen können [47]. Es gab übrigens schon während der Entwicklung des Atommodells und der Quantentheorie im 20. Jahrhundert Diskussionen darüber, ob die Realität die begrenzte Anschauung der Menschen überfordert oder nicht. Albert Einstein beispielsweise meinte, die Physiker müssten ein komplettes geistiges Abbild der Realität zustande bringen, Nils Bohr hingegen glaubte, dass sie das nicht schaffen. Er schlug vor, sich auf Vorhersagen auf der Basis der Beobachtungen und Messungen zu beschränken. Von Stephen Hawking gibt es die Aussage, physikalische Theorien seien nur von uns konstruierte mathematische Modelle, und es sei nicht sinnvoll zu fragen, ob sie der Wirklichkeit entsprechen, sondern nur, ob sie die Beobachtungen richtig wiedergeben und vorhersagen können.

Zur Selbstorganisation aus Sicht der Erkenntnistheorie möchte ich noch Folgendes ergänzen: Da bei der Selbstorganisation den Beobachtungen der Natur und den Experimenten eine entscheidende Rolle zukommt, werden manche Erkenntnistheoretiker vielleicht mit Paul Watzlawick fragen, „wie wirklich denn die Wirklichkeit ist"? Die Hauptfrage der Erkenntnistheorie ist ja die nach dem Grund und dem Grad der Übereinstimmung von Erkenntnis- und Realkategorien. Es gibt dazu aber auch im Bereich der Erkenntnistheorie nicht nur spitzfindig-theoretische, sondern auch pragmatische Antworten:

- Schon Emmanuel Kant, der hierzu meist mit dem *„Ding an sich"* zitiert wird, das wir nicht erkennen können, hat nicht nur das gesagt. In den *Prolegomena zu jeder künftigen Metaphysik* ... hat er beispielsweise geschrieben: „Alle Erkenntnis von Dingen, aus bloßem reinen Verstande, oder reiner Vernunft, ist nichts als lauter Schein, und nur in der Erfahrung liegt die Wahrheit".
- Nach der Evolutionären Erkenntnistheorie sind Raum und Zeit Erkenntnisstrukturen, die sich in der Evolution als Anpassung an die Realität herausgebildet haben. Sie sind deshalb sehr wahrscheinlich auch Strukturen der Realität. Dadurch sind die Phänomene in der Welt, die wir erkennen, nicht bloße Erscheinungen, sondern gelten als reale Objekte.
- Im Wissenschaftlichen Realismus beziehen sich die Begriffe einer Theorie auf reale, existierende Objekte. Der praktische Erfolg der

Theorien begründet dann, dass es eine Realität gibt und dass die Theorien diese Realität zumindest teilweise richtig beschreiben.

Wenn der Aufbau der Welt aus einer Hierarchie von selbstorganisierten Systemen in den wesentlichen Punkten durchgängig nachgewiesen werden kann, braucht man weder ein höheres Wesen, um die Lücken dieses Weltbildes zu füllen, noch spekulative Einflüsse von anderen Welten im All.

In den folgenden Abschnitten wird die emergente Sicht der Welt mit mehr Details und an vielen Beispielen erläutert, und soweit wie möglich ohne Formeln. Die Beschreibung ist auch bewusst kurz gehalten: Viele wichtige oder interessante Aspekte habe ich weggelassen, damit die Darstellung ausreichend übersichtlich und kompakt bleibt. Die Selbstorganisation wird dabei – abhängig vom Fachgebiet – mit unterschiedlichen Begriffen bezeichnet: Symmetriebruch, Phasenübergang, Kondensation, Kristallisation, Rückkopplung, Kettenreaktion, Polymerisation, Evolution, Symbiose, Ko-Evolution uam. Es handelt sich aber immer um das gleiche Prinzip. Wer tiefer in den Stoff eindringen will oder etwas in der Beschreibung nicht versteht, dem seien die im Anhang angegebenen Bücher sowie die Artikel zu den entsprechenden Stichworten in Wikipedia empfohlen.

2. Fundamentale Teilchen und Kräfte

Die physikalische Basis der Welt bilden vier fundamentale Teilchen und vier fundamentale Kräfte. Die Kräfte werden durch Feldteilchen repräsentiert.

Als notwendige Grundlage für alles Weitere müssen wir einen kurzen Ausflug an die Basis der Natur machen, und die *fundamentalen Teilchen* kennen lernen, auf denen aus heutiger Sicht die ganze Welt aufgebaut ist, sowie die *fundamentalen Kräfte* zwischen ihnen. Die gute Botschaft ist dabei: Wir können uns auf vier Teilchen und vier Kräfte beschränken! Sie werden nun vielleicht einwenden, dass Sie schon von einem „Zoo der Elementarteilchen" gehört oder gelesen haben, und wie das damit zusammen passt? Es gibt diesen Zoo tatsächlich, und es gibt auch noch viele weitere Kräfte bzw. Gesetze, aber sie bauen alle auf der Basis dieser vier fundamentalen Teilchen und Kräfte auf, oder sie sind davon abgeleitet.

Zusätzlich zu den fundamentalen Teilchen und Kräften gibt es fundamentale Prinzipien in der Natur, auf denen die Naturgesetze aufbauen. Dazu gehören bestimmte Symmetrien in Raum und Zeit (die zu Erhaltungssätzen führen) und Aussagen über eine physikalische Größe mit dem Namen *Wirkung* (sie entspricht Energie mal Zeit). Im Kap. 4 werde ich auf diese Prinzipien und die daraus abgeleiteten Gesetze näher eingehen.

Fundamentale Teilchen

Die vier fundamentalen Teilchen heißen u-*Quark*, d-Quark, Elektron und Neutrino. Sie werden in der Physik auch Familie-1-Teilchen genannt und haben Eigenschaften wie Masse, elektrische Ladung und noch weitere, teilweise exotische Eigenschaften wie z.B. einen sog. *Spin,* ein fundamentales magnetisches Moment, das Sie sich wie einen winzigen Magneten vorstellen können. Die exotischen Eigenschaften brauchen wir aber im Folgenden nicht mehr, mit Ausnahme des Spins, auf den ich später noch mehrfach zurück komme.

Anmerkung: Der seltsame Name *Quark* stammt vom Entdecker, bitte nehmen Sie ihn einfach hin und gewöhnen Sie sich dran. Und die Zusätze „u" und „d" weisen darauf hin, dass es unterschiedliche Quarks gibt, mit unterschiedlicher elektrischer Ladung usw.

Die anderen Elementarteilchen aus dem o.g. Zoo sind sozusagen Verwandte der fundamentalen Teilchen, z. B. die Teilchen der Familien 2 und 3 (mit mehr Masse bzw. Energie), oder die sog. *Antiteilchen*, bei denen Eigenschaften wie die Masse gleich der des entsprechenden Teilchens sind, die elektrische Ladung aber den entgegengesetzten Wert hat. Die Teilchen der Familie 2 und 3 können Sie sich als sog. „angeregte Zustände" der Familie-1-Teilchen vorstellen, die mehr Energie haben.

Beispiel: Das Elektron hat ein Antiteilchen mit dem Namen *Positron*, dessen Ladung gleich groß aber positiv ist. Alle anderen Eigenschaften des Positrons sind wie die des Elektrons.

Die Teilchen der Familie 1 sind stabil, die der Familien 2 und 3 nicht; sie zerfallen nach mehr oder weniger kurzer Zeit wieder in Familie 1 Teilchen. Die gewohnte „normale" Materie besteht glücklicherweise ausschließlich aus Familie-1-Teichen! Die zugeordneten Teilchen der Familie 2 und 3 gibt es nur bei Prozessen sehr hoher Energie im All, oder auf der Erde bei Zusammenstößen von Teilchen oder Atomkernen in großen Teilchenbeschleunigern.

Andere, oft besser bekannte Elementarteilchen sind aus den fundamentalen Teilchen zusammengesetzt, z.B. besteht das Proton aus zwei u- und einem d-Quark, und das Neutron aus einem u- und zwei d-Quarks. Aus Protonen, Neutronen und Elektronen sind die Atome aufgebaut, aus diesen wiederum die Moleküle. Protonen und Neutronen nennt man auch *Nukleonen*, weil die Kerne der Atome aus ihnen aufgebaut sind.

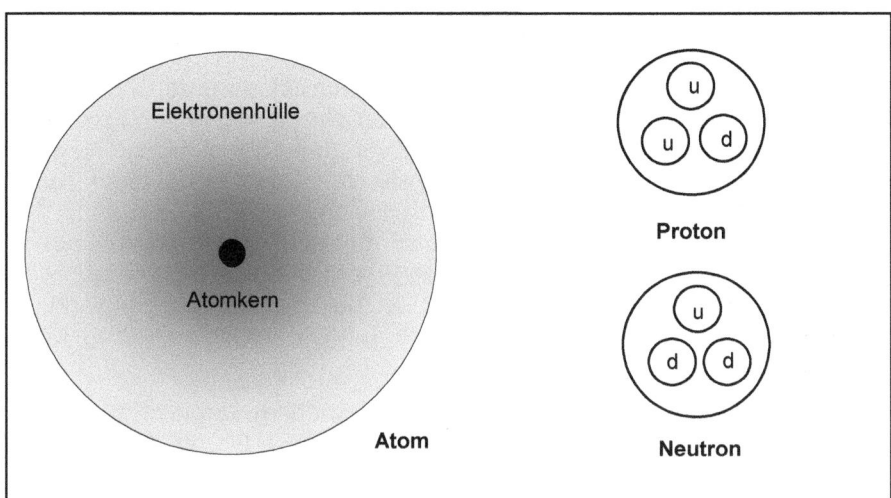

Bild 4: Aufbau eines Atoms und der Nukleonen (nicht maßstäblich).

Der Durchmesser eines Atoms ist etwa 100 000 Femtometer (fm; 1 fm = 10^{-15} m), der Durchmesser des Atomkerns etwa 10 fm, der von Protonen und Neutronen etwa 1,5 fm. Die kleinen Kreise im Proton und im Neutron stellen u- bzw. d-Quarks dar.

Fundamentale Kräfte

Die vier fundamentalen Kräfte sind die Starke Kernkraft, die Schwache Kernkraft, die Elektromagnetische Kraft und die Schwerkraft. Bei der Schwerkraft sind sich die Physiker allerdings noch nicht ganz einig, ob sie fundamental ist, oder vielleicht eine abgeleitete, eine emergente Kraft [23]. Die fundamentalen Kräfte wirken mehr oder weniger stark auf die diversen Elementarteilchen, und zwar aufgrund der mit ihnen verbundenen Kraftfelder:

- Die Starke Kernkraft wirkt primär auf die Quarks innerhalb von Protonen und Neutronen, aber auch auf die Nukleonen im Atomkern, weil sie die Quarks enthalten. Sie wirkt anziehend und hält auch die Nukleonen im Atomkern zusammen, insbesondere die Protonen, die sich ja wegen ihrer positiven elektrischen Ladung gegenseitig abstoßen.

• Die Schwache Kernkraft wirkt auf Nukleonen, Elektronen und Neutrinos. Sie ist 10^{13} Mal schwächer als die Starke Kernkraft und hat eine sehr geringe Reichweite von etwa 10% des Durchmessers des Protons. Sie wirkt nur bei atomaren Zerfalls- und Umwandlungs-Prozessen, z.B. bei der Umwandlung von Protonen in Neutronen (vgl. Kap. 5). Da noch nicht ganz klar ist, ob die Neutrinos eine Masse haben und wie groß sie ist, ist derzeit bei ihnen nur die Wirkung der Schwachen Kernkraft gesichert.

• Die Elektromagnetische Kraft und die Schwerkraft wirken auf alle Elementarteilchen sowie auf alle übergeordneten Systeme, wobei die Elektromagnetische Kraft nur auf elektrische Ladungen wirkt, und die Schwerkraft nur auf Masse (und Energie, die zur Masse äquivalent ist, vgl. Kap. 11).

Die Schwache Kernkraft ist nicht nur schwach im Vergleich zur Starken Kernkraft, sie bleibt auch sonst etwas „blass". Ein Grund dafür ist, dass sie keine sog. gebundenen Zustände erzeugt.

Beispiele Die Starke Kernkraft erzeugt Nukleonen durch die Bindung von Quarks, die Elektromagnetische Kraft Atome durch die Bindung von Atomkernen und Elektronen, und die Schwerkraft Galaxien, Sterne und Planeten durch die Bindung von Materie.

Die Kraftfelder werden repräsentiert durch sog. *Feldteilchen*. Das bekannteste Feldteilchen ist das *Photon* als Repräsentant des Lichts bzw. allgemein des elektromagnetischen Feldes. Der Grund ist, das auch die Felder quantisiert sind, wie man das nennt: Ein Feld besitzt u.a. Energie, aber diese Energie ist nicht beliebig fein unterteilbar, sondern abhängig von der Art des Feldes in Energiepakete aufgeteilt, die der Energie der Feldteilchen entsprechen. Für diese gilt die bekannte Formel von Max Planck

$E = h \cdot f$, in Worten:

Energie E = Plancksches Wirkungsquantum h multipliziert mit der Frequenz f des Feldteilchens.

Die Feldteilchen haben meist keine Masse. Die Energiepakete der Feldteilchen werden wirksam, wenn ein Feld eine Wechselwirkung mit anderen Teilchen oder mit Materie hat.

Beispiel Lichtelektrischer Effekt: Wenn Licht auf eine Metalloberfläche trifft, so können Elektronen aus der obersten Atomschicht des Metalls herausgeschlagen werden. Man würde erwarten, dass die Energie dieser Elektronen von der Intensität des Lichts abhängt nach dem Motto „je mehr Licht, umso mehr Energie". Tatsächlich hängt sie aber von der

Frequenz des Lichts ab, der Energie der Lichtquanten (sog. Photonen). Die Intensität des Lichts beeinflusst nur die Anzahl der herausgeschlagenen Elektronen.

Es ist bemerkenswert, dass Albert Einstein seinen ersten Nobelpreis nicht für die Spezielle Relativitätstheorie, sondern für die Erklärung dieses Effekts bekommen hat.

Die Feldteilchen der Starken Kernkraft heißen Gluonen, und sie haben diverse unangenehme Eigenschaften, die den theoretischen Physikern Kopfzerbrechen machen: Es gibt acht Arten davon, sie übertragen eine sehr exotische Ladung (die sog. Farbladung) zwischen den Quarks und ändern damit deren Zustand, sie haben Wechselwirkungen untereinander usw. Eine schöne Animation, wie die Gluonen die Anziehung zwischen einem Proton und einem Neutron vermitteln, finden Sie unter folgendem Link: http://de.wikipedia.org/wiki/Starke_Wechselwirkung

Kraft Teilchen	Starke Kernkraft	Schwache Kernkraft	Elektromagne-tische Kraft	Schwerkraft
u-Quark	x	x	x	x
d-Quark	x	x	x	x
Elektron		x	x	x
Neutrino		x		?

Bild 5: Welche Kräfte wirken auf welche Teilchen? Die Aussagen gelten jeweils für alle drei Teilchen-Familien.

Nun noch ein ganz skurriles Beispiel: Wenn man die Masse der drei Quarks addiert, aus denen die Nukleonen bestehen, erhält man nur etwa 2% der Masse der Nukleonen. Das bedeutet: 98 % der Nukleonenmasse steckt in der Feldenergie der Starken Kernkraft zwischen den Quarks, nach der abgewandelten Formel von Albert Einstein $m = E : c^2$.
Das muss man sich mal auf der Zunge zergehen lassen: Die Nukleonen und damit die Atomkerne und deshalb alle gewöhnliche Materie besteht zu 98 % aus (Feld-)Energie! (Den Beitrag der Elektronen zur Masse der Atome kann man dabei vernachlässigen, er ist kleiner als 1 Promille.)

Die Feldteilchen der Schwachen Kernkraft sind die zwei sog. W-Bosonen und das sog. Z-Boson (zu den Bosonen siehe nächste Seite).

In den letzten Jahren ist das sog. Higgs-Teilchen als Repräsentant des Schwerefeldes mehrfach in den Medien genannt worden, weil man am

CERN in Genf danach sucht, und inzwischen auch Hinweise dafür gefunden zu haben meint.

Fermionen und Bosonen

Es gibt noch einen weiteren sehr wichtigen Unterschied zwischen den Materie- und den Kraftteilchen: Materieteilchen sind *Fermionen* (benannt nach dem Physiker Enrico Fermi) und Kraftteilchen sind *Bosonen* (benannt nach dem Physiker Satyendranath Bose). Bosonen sind „außerordentlich verträglich" und können in großer Zahl ein und denselben *Quantenzustand* (vgl. Kap. 6) einnehmen, in der Regel den Grundzustand. Fermionen dagegen sind Einzelgänger und nicht bereit, einen Quantenzustand mit einem anderen Fermion zu teilen. Wir müssen diese Eigenschaft hier als empirisch hinnehmen, denn sie ist anschaulich sehr schwer zu erklären.

Ein Hinweis noch dazu, weil wir das später brauchen: Bosonen haben einen ganzzahligen Spin, und Fermionen einen halbzahligen. Elektronen z.B. haben den Spin ½, und können deshalb maximal zu zweit einen durch eine *Wellenfunktion* definierten Quantenzustand einnehmen: ein Elektron mit Spin + ½, und ein zweites Elektron mit Spin - ½. (Durch das unterschiedliche Vorzeichen des Spins wird ein Quantenzustand zu zwei Quantenzuständen.)

3. Weltall und Sterne

Nach der Hypothese vom Urknall ist die Welt vor 13,8 Mrd. Jahren aus purer Energie entstanden, und es bildeten sich in komplexen selbstorganisierten Prozessen Teilchen, Felder, leichte und schwere Atomkerne, Atome, Moleküle, Sterne und Planeten.

Der Urknall und die Entstehung der Welt

Nach der Hypothese vom Urknall ist unsere Welt vor ca. 13,8 Mrd. Jahren aus einer punktförmigen Zusammenballung von unvorstellbar viel Energie in einem unvorstellbar kleinen Raum mit unvorstellbar hoher Temperatur entstanden. Es gab am Anfang noch keine Materie, und man glaubt, dass die fundamentalen Kräfte noch in einer Art Urkraft vereinigt waren. Die geballte Energie hat sich dann aber rasch ausgedehnt, zusammen mit dem Raum, dabei abgekühlt und gleich einige Schritte der Selbstorganisation durchlaufen:

Nach etwa 10^{-30} Sekunden bildeten sich aus der Energie *spontan* die fundamentalen Teilchen, die u-Quarks, d-Quarks, Elektronen und Neutrinos, sowie deren Antiteilchen. Es sollen etwa 10^{80} Teilchen gewesen sein. Wegen der hohen Temperaturen entstanden zuerst die Familie-3-Teilchen, die erst später in die Teilchen der Familien 2 und 1 übergegangen sind, denn die Energie der Teilchen wird in von der Familie-3 zur Familie-1 hin geringer. Außerdem entstanden gleichzeitig schrittweise die Felder der fundamentalen Kräfte. Wichtig war in dieser ersten Phase vor allem die Starke Kernkraft mit ihren Feldteilchen, den Gluonen. Alle diese Zutaten bildeten eine Art äußerst heiße „Suppe", in der Fachsprache Quark-Gluonen-Plasma genannt.

Das ist schon eine große Überraschung: Aus purer Energie entstehen plötzlich Teilchen und damit als deren neue, emergente Eigenschaft die Materie! Wie dieser erste Schritt der spontanen Selbstorganisation verlaufen ist, ist nicht genau bekannt. Die riesigen Energien sind heute auch mit den größten Teilchenbeschleunigern nicht erreichbar. Ein Modell wie bei der Kondensation von Wassertropfen aus übersättigter Luft ist damit jedoch nicht vergleichbar, denn in der Luft sind die Wassermoleküle ja schon vorhanden. Obwohl ... wir werden im Kap. 10 sehen, dass der leere Raum, das Vakuum, nicht so leer ist, wie man landläufig meint. Das Vakuum enthält sog. virtuelle Elementarteilchen, und aus diesen können unter bestimmten Bedingungen reale Teilchen entstehen.

Etwa 10^{-6} Sekunden nach dem Urknall und weiterer „Abkühlung" (die Temperatur bzw. die Energiedichte ist immer noch unvorstellbar hoch) vereinigten sich jeweils drei Quarks aufgrund der Starken Kernkraft zwischen ihnen spontan zu Protonen und Neutronen, sowie wahrscheinlich deren Antiteilchen. Jetzt wird es schon anschaulicher: In den Begriffen der Selbstorganisation sind die Quarks die Elemente, die Starke Kernkraft entspricht der Wechselwirkung und die Nukleonen sind die emergenten Systeme. Sobald die Temperatur des Alls der Bindungsenergie der Quarks in den Nukleonen entspricht, beginnt die kritische Phase, in der sich irgendwo Nukleonen bilden können. Beispielsweise dort, wo die Temperatur aufgrund von statistischen Schwankungen etwas kleiner ist. Außerdem bildeten sich Elektronen, Neutrinos und noch viele andere Elementarteilchen mit hoher Energie. Im Ergebnis sind das ganz neue Strukturen mit neuen Eigenschaften.

Man geht übrigens davon aus, dass die elektrische Ladung im Weltall in Summe von Anfang an gleich Null war und heute noch ist. Es gab also im Mittel genau so viele positive wie negative Ladungen, von denen heute im wesentlichen Protonen und Elektronen übrig geblieben sind. Wie das Schicksal der Antiteilchen gewesen ist, weiß man bisher nicht so genau. Sie sind anscheinend aufgrund bestimmter Unsymmetrien zwischen Teilchen und Antiteilchen „ausgestorben". Antiteilchen werden heute nur noch vereinzelt als Produkte von Kernprozessen bei hoher Energie beobachtet. Sie werden aber sehr schnell wieder zu elektromagnetischer Strahlung, also purer Energie, wenn sie auf das ihnen entsprechende Teilchen treffen.

Nach etwa 10 Sekunden hatten Temperatur und Energiedichte im jungen Weltall soweit abgenommen, dass sich Protonen und Neutronen (als „Elemente") spontan zu ersten einfachen Atomkernen wie Deuterium, Helium und Lithium (den „Systemen") zusammenfinden konnten. Die Vereinigung passierte bei Zusammenstößen zwischen den Teilchen, und man nennt diesen Vorgang *Fusion*. Die „Wechselwirkungen" dabei waren die Starke und die Schwache Kernkraft und die Elektromagnetische Kraft. Die Fusion ist ein delikater Prozess, denn die Energie bei den Zusammenstößen muss hoch genug sein, damit sich z.B. die positiv geladenen Protonen, die sich ja gegenseitig abstoßen, zu Heliumkernen vereinigen können (diese bestehen aus zwei Protonen und zwei

Neutronen), aber auch niedrig genug, dass die entstandenen Atomkerne nicht gleich wieder durch weitere heftige Zusammenstöße mit anderen Atomkernen oder Nukleonen zerfallen.

Es gab noch eine zweite Schwierigkeit bei der Entstehung der einfachen, der sog. „leichten" Atomkerne: ihre Lebensdauer. Wenn ein bestimmter Kern durch Fusion entstanden ist, ist er meist instabil und zerfällt nach einiger Zeit wieder in andere stabile oder instabile Kerne (einige Details dazu finden Sie im Kap. 5). Wenn dieser Zerfall zu schnell erfolgt, gibt es für diese Art Kern kaum eine Chance, durch weitere Zusammenstöße andere Kerne zu erzeugen, und die Entstehung schwererer Kerne wird an dieser Stelle blockiert. Das ist speziell der Fall bei der Erzeugung des nächst schwereren Kerns nach Helium, dem Lithium: Sowohl Lithium mit zwei Neutronen als auch Helium mit drei Neutronen sind äußerst instabil und zerfallen nach weniger als 10^{-10} Sekunden. Und für die stabilen Kerne von Lithium mit 3 oder 4 Neutronen gibt es von Helium aus keine einfache Kernreaktion. Deshalb haben sich zu dieser Zeit im Weltall praktisch keine Lithiumkerne gebildet, und wegen dieser Blockade auch keine noch schwereren Kerne.

Man hat abgeschätzt, dass in diesem für die Kernfusion geeigneten Zeitraum etwa 25% Heliumkerne im Verhältnis zum Rest der 75% Wasserstoffkerne (das sind die noch freien Protonen) entstanden sind. Nach etwa drei Minuten war die Energie mit der weiteren Ausdehnung des Weltalls so weit abgesunken, dass sie zur Bildung von Heliumkernen nicht mehr ausgereicht hat. Ohne die Entstehung der Sterne und der mit ihnen verbundenen Fusionsvorgänge, die gleich zur Sprache kommen, wäre das Verhältnis heute noch so!

Sie werden sich vielleicht fragen, ob im Verhältnis von 75% Wasserstoff zu 25% Helium zahlenmäßig genügend Möglichkeiten für die Neutronen war. Die Frage ist berechtigt, und die wichtigste Antwort dafür ist, dass die freien Neutronen im Gegensatz zu den Protonen instabil sind und im Mittel nach etwa 20 Minuten in Protonen, Elektronen und Neutrinos zerfallen. (Die in den Atomkernen gebundenen Neutronen sind stabil, glücklicherweise!) Was am Ende der Phase der Kernfusion noch an Neutronen-„Singles" übrig war, ist im 20-Minuten-Takt auch noch zu Protonen zerfallen und in dem genannten 75% - Anteil der Wasserstoffkerne enthalten.

Nach etwa 400 000 Jahren hat sich das Weltall dann auf etwa 10 000 Grad abgekühlt, und die Atomkerne können sich mit den Elektronen zu

Atomen verbinden. Damit ist wieder eine dramatische Änderung verbunden: Das Weltall besteht jetzt aus neutralen Atomen statt aus elektrisch geladenen Atomkernen und Elektronen. Die Folge ist, dass die Lichtteilchen, die Photonen, relativ ungehindert herumfliegen können: Das Weltall wird durchsichtig!

Obwohl diese Beschreibung stark vereinfacht ist, kann man erkennen, dass – mit abnehmender Temperatur des Weltalls - immer wieder von selbst völlig neue Strukturen und Eigenschaften entstanden sind, auf der Basis der fundamentalen Naturgesetze. Als zugehörige Phasenübergänge erkennt man unmittelbar die spontane Entstehung des Quark-Gluonen-Plasmas aus der puren Energie, die Bildung der Nukleonen aus den Quarks, die Entstehung der ersten Atomkerne aus den Nukleonen und die Entstehung der Atome aus Atomkernen und Elektronen.

Der Urknall und die Entwicklung kurz danach ist, wie schon gesagt, nur eine Hypothese; d.h. die Wissenschaftler stellen es sich so vor, es gibt Indizien dafür wie die sog. kosmische Hintergrundstrahlung, und die Hypothese ist im Einklang mit den Naturgesetzen. Aber es ist eben keine fundierte Theorie, die durch Messungen bestätigt werden kann. Die unvorstellbar große Energie in den frühen Phasen der Entstehung der Welt sind für uns zwar etwa seit dem Zeitpunkt der Bildung des Quark-Gluonen-Plasmas an den größten Teilchenbeschleunigern der Welt experimentell zugänglich, aber nur für den Fall einzelner isolierter Atomkernreaktionen oder Zusammenstöße der Elementarteilchen. Nachrechnen oder simulieren kann man die Entwicklungen im All wegen der ungemein vielen beteiligten Objekte auch nicht.

In letzter Zeit gibt es vereinzelte Beobachtungen im All, die nicht zur Urknall-Hypothese passen. Man hat z.B. eine sehr weit entfernte (also sehr alte) Galaxie beobachtet, in der sehr viel mehr Sterne entstehen, als nach der Urknall-Hypothese zu erwarten wäre. Und sehr weit entfernte gigantische Lichtquellen (sog. Quasare), deren Licht auf einen viel höheren Anteil an schweren Atomen hinweist, als es ihn zu dieser Zeit gegeben haben dürfte (vgl. die Erläuterungen im folgenden Abschnitt). Außerdem wird die Hypothese vom Urknall auch grundsätzlich in Frage gestellt und vermutet, es sei möglicherweise „ ... the ultimate emergent phenomenon" [23].

Die Entstehung der Sterne

Der nächste große Schritt in der Entwicklung der Welt ist die Entstehung der Sterne und der Atome, die schwerer sind als Helium. Die Entstehung und Entwicklung der Sterne ist sehr komplex und in ihrer Vielfalt sehr unübersichtlich. Man würde bei der Betrachtung der Details sehr bald den Überblick verlieren. Ich werde also auch hier einen roten Faden darzustellen versuchen, den einfachen Weg zum grundsätzlichen Verständnis. Auch bei den Sternen gibt es einen ganzen Zoo von den Braunen Zwergen über die Roten Riesen bis zu den Neutronensternen; ich werde darauf aber nur eingehen, wenn es unbedingt notwendig ist. Eine interessante Beschreibung der großen Vielfalt der Sterne und ihrer Entwicklung finden Sie in [24].

Also: Etwa 100 – 200 Millionen Jahre nach dem Urknall war das Weltall immer noch deutlich kleiner als heute, und die mittlere Temperatur war auf etwa – 170 °C abgesunken. In dieser Zeit gab es noch keine Sterne, aber überall mehr oder weniger gleichmäßig verteilt Wasserstoff- und Helium-Atome, Photonen, Neutrinos und ein paar andere Elementarteilchen. Es gab im Mittel nur ca. 100 Atome pro Kubikzentimeter. Das ist äußerst wenig! Zum Vergleich: In der erdnahen Atmosphäre sind es heute ca. 10^{17} Atome pro Kubikzentimeter. Ohne die Entstehung von Sternen hätte sich an dieser Öde im All nichts geändert, es gäbe keine Sonne, keine Erde, kein Leben, einfach nichts als einzelne Wasserstoff- und Helium-Atome, Neutrinos und Photonen!

Glücklicherweise sind dann aber doch die Sterne entstanden. Man stelle sich das folgendermaßen vor: Eine große Gas- und Staubwolke (die Elemente) verdichtet sich unter der Wirkung der Schwerkraft (ein Teil der Wechselwirkung) so lange, bis in ihrem Inneren der Druck und die Temperatur so hoch sind, dass die Fusion von Wasserstoff zu Helium beginnt, und der Stern (das System) ist fertig. Bei der Fusion herrscht eine Temperatur von etwa 10 Mio. Grad, es wird sehr viel Energie frei, und die dabei entstehenden Photonen erzeugen im Stern einen Gegendruck zur Schwerkraft (ein zweiter Teil der Wechselwirkung). Es entsteht ein dynamisches Gleichgewicht zwischen der Kontraktion durch die Schwerkraft und der Expansion durch den Strahlungsdruck.

Leider geht das aber nicht ganz so einfach, insbesondere die Entstehung der ersten Generation von Sternen war offenbar deutlich schwieriger. Warum? Zunächst gab es damals keinen Staub im Weltall, sondern nur weitgehend gleichmäßig verteilte Wasserstoff- und Helium-Atome. Und wenn sich irgendwo zufällig eine Verdichtung dieser Atome bildete, wurde sie von den überall herumfliegenden Photonen gleich wieder verteilt. Um in der Urknall-Hypothese die Entstehung der ersten Sterne begründen zu können, müssen die Physiker einen hypothetischen Stoff bemühen, von dem bis heute noch niemand weiß, woraus er besteht: die sog. Dunkle Materie. Sie soll zusammen mit der normalen Materie entstanden sein, und man glaubt ihre Wirkung an mehreren Stellen im Weltall beobachten zu können, z.B. bei der Drehbewegung der Galaxien. Diese dunkle Materie hatte damals in der Zeit seit dem Urknall schon Strukturen im All gebildet, die nicht von den Photonen wieder verteilt worden waren, weil Dunkle Materie und Photonen keine Kraft aufeinander ausüben (denn sonst könnte man die Dunkle Materie ja sehen). Und die ungleichmäßig verteilte Dunkle Materie soll damals aufgrund der Schwerkraft zu einer ungleichmäßigen Verteilung der normalen Materie geführt haben (denn über die Schwerkraft üben sie Kraft aufeinander aus), und dadurch die Entstehung der konzentrierten Gaswolken für Bildung der ersten Generation der Sterne unterstützt haben. Tja, eine „dunkle" Hypothese, aber so soll es damals gewesen sein.

Die Sterne der ersten Generation müssen sehr groß gewesen sein (einige 100 Sonnenmassen), waren deshalb relativ schnell abgebrannt und haben sich am Ende mit einer gewaltigen Sternexplosion (einer sog. Supernova oder sogar einer Hypernova) verabschiedet. „Relativ schnell" heißt dabei „nach einigen Mio. Jahren", statt z.B. nach etwa 8 - 10 Mrd. Jahren wie bei der Sonne. Der Grund dafür ist, dass die Fusion im Inneren eines Sterns eine Energiemenge aufbringen muss, die mit mehr als der dritten Potenz der Masse des Sterns steigt, um dem Druck der Gravitation standhalten zu können. Man kann das aufgrund der Leuchtkraft der Sterne feststellen, die der gesamten nach außen abgestrahlten Energie entspricht ([24] S.48). Damit kann man abschätzen, wie lange ein Stern braucht, bis er sein fusionsfähiges Material verbraucht hat.

Beispiele:
- Ein Stern, der 10 Mal so schwer ist wie die Sonne, hat eine etwa 3000 Mal so starke Leuchtkraft ([24] S.48). Er verbraucht also sein fusionsfähiges Material in etwa 1/300 der Zeit im Vergleich zur Sonne, ist also nach etwa 30 Mio. Jahren „ausgebrannt".
- In einem „Stern", der 10 Mal weniger Masse hat wie die Sonne, zündet die Fusion nicht und es bildet sich kein Stern.

Die erste Generation der Sterne hat viele Atome mittlerer Größe erzeugt, beispielsweise Kohlenstoff, Sauerstoff, Silizium, vielleicht sogar auch schon Eisen und Nickel, und bereits einfache Moleküle wie Kohlenwasserstoffe, sowie auch Staub (winzige Graphit- und Silikat-Partikel). Dieses Material wurde durch spätere Sternexplosionen an vielen Stellen im Weltall verdichtet, und hat damit die Bildung neuer Sterne erleichtert.

Warum mussten die ersten Sterne so groß sein, und warum konnten später kleinere Sterne entstehen? Ein entscheidender Grund ist, dass bei der Kompression von Gas oder/und Staub durch die Schwerkraft von Anfang an eine Art Kompressionswärme entsteht, so wie in einer Luftpumpe, wenn man den Reifen eines Fahrrads aufpumpt. Wenn diese Wärme nicht abgeführt wird, baut sich in der Gas- und Staubwolke ein Gegendruck zur Schwerkraft auf und die Wolke erreicht die kritische Dichte nicht, bei der sie dann durch die Schwerkraft so lange kollabiert, bis die Fusion von Wasserstoff zu Helium zündet. Die Gaswolken müssen also zuerst gekühlt werden, um später zur Fusion kommen zu können.

Für die Kühlung gibt es mehrere Mechanismen wie Zusammenstöße von Atomen, Rotation von Molekülen usw., die meist zur Emission von Photonen führen, durch die die Wärme in den Weltraum abgegeben wird. Die ersten Sterne hatten zur Kühlung nur Wasserstoff- und Helium-Atome sowie Wasserstoffmoleküle zur Verfügung. Deren Beitrag zur Kühlung ist gering, und so wurden riesige Massen benötigt, um zum Kollaps für die Fusion zu kommen. Dafür gilt folgende Regel: Je höher am Anfang die Temperatur der Wolke ist, und je geringer ihre Dichte, umso größer ist die kritische Masse für den Kollaps. Für die späteren Sternengenerationen gab es dann, als Erbe der früheren, schon Staub, einfache Kohlenwasserstoff-Moleküle usw. in den interstellaren Wolken, die Kühlung funktionierte dadurch besser, und die notwendige Masse für den Kollaps war viel kleiner.

Wenn die Fusion im Kern eines Sterns gezündet hat, wird der Schwerkraft-Kollaps durch die hohe Dichte der Materie im Inneren des Sterns und durch den Druck der Photonen aus der Fusion gebremst. Zwischen diesen Kräften entsteht ein Gleichgewicht, das für einen lange und gleichmäßig leuchtenden Stern sorgt. Das Gleichgewicht funktioniert wie folgt (vgl. Bild 6): Wenn die Fusionsleistung zunimmt, wird der Kern des Sterns heißer und die Materie im Kern dehnt sich aus. Das wird noch verstärkt durch den wachsenden Strahlungsdruck, der den Druck der Schwerkraft reduziert und dadurch die Ausdehnung im Kern verstärkt.

Dadurch wird die Dichte der Materie im Kern geringer, die Häufigkeit der Zusammenstöße der Atomkerne sinkt und die Fusionsleistung nimmt wieder ab.

Beispiel: Die Fusion in unserer Sonne findet ziemlich gleichmäßig seit etwa 4,5 Mrd. Jahren statt und wird noch weitere 3 - 5 Mrd. Jahre so andauern. Danach bläht sich die Sonne zu einem Roten Riesen auf und verschluckt die inneren Planeten.

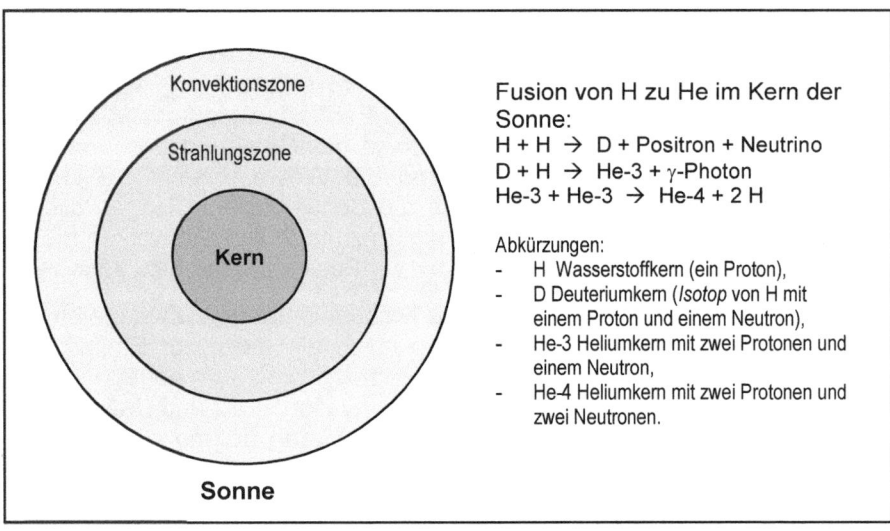

Bild 6: Der Aufbau der Sonne und der Ablauf der Fusion von Wasserstoff zu Helium.

Durchmesser: Sonne ca. $7 \cdot 10^5$ km, Kern ca. $1,7 \cdot 10^5$ km. Im Kern findet die Fusion statt; unterm Strich werden vier Wasserstoffkerne (Protonen) in einen Heliumkern mit zwei Protonen und zwei Neutronen umgewandelt. Der Kern der Sonne umfasst etwa die Hälfte der Sonnenmasse, die Temperatur beträgt dort bis zu 16 Mio. °C und der Druck bis zu 200 Mrd. bar. Die Temperatur an der Oberfläche der Sonne beträgt ca. 6000 °C.

Die Sonne ist sowohl ein Paradebeispiel für einen Stern mittlerer Größe, als auch für die Selbstorganisation und die selbsttätige Regulierung in der Natur. Und sie ist die weitaus überwiegende Quelle der Energie für die Selbstorganisation und das Leben auf der Erde. Die Leistung der Sonne beträgt übrigens ca. $4 \cdot 10^{26}$ Watt, die mittlere Leistungsdichte im Kern also nur etwa 2 Watt pro Kubikmeter! Auch in den Teilen des Kerns mit der höchsten Fusionsleistung beträgt die Leistungsdichte nur ca. 140 Watt pro Kubikmeter, das ist nicht mehr als in einem Komposthaufen! Die große Gesamtleistung der Sonne ist die Folge ihres riesigen Volumens, und die hohe Temperatur des Kerns eine Folge der Wärmeisolation durch die Strahlungs- und Konvektionszone.

Fassen wir es noch mal zusammen: Ohne die spontane Entstehung der ersten Sterne unter der Wirkung der Schwerkraft und der Patenschaft der Dunklen Materie, mit ihrer emergenten Fähigkeit zur Erzeugung von Energie und von Atomkernen jenseits von Helium, wäre das Weltall heute noch öde, kalt und so gut wie leer! Die Entstehung der Sterne war ein riesiger Schritt der spontanen Selbstorganisation in der Entwicklung des Alls. Die unglaubliche Vielfalt der Arten der Sterne und ihrer unterschiedlichen Lebensläufe [24] ist ein weiteres Indiz für die Dominanz der Selbstorganisation im Sternenzoo.

Die Entstehung der schweren Atomkerne

Die Entstehung der Sterne - einschließlich unserer Sonne - hat nicht nur Inseln der Wärme im All geschaffen, sondern auch auf andere Weise zur Weiterentwicklung und letzten Endes zur Entstehung des Lebens beigetragen: Mit der Erzeugung von Atomkernen, die schwerer sind als die von Helium. Denn ohne diese schweren Elemente wären keine Planeten möglich gewesen und auch kein Leben. Wie angedeutet, sind mit der ersten Sternengeneration schon Atome schwerer als Helium entstanden. Wie kann man sich das vorstellen? Helium ist schon durch die Zusammenstöße von Protonen und Neutronen entstanden, als das All noch ausreichend heiß war. Für die Entstehung der schwereren Elemente gibt es nun diverse Möglichkeiten, die im großen Maßstab nur in den Sternen und bei Sternexplosionen ablaufen können.

Wenn der Wasserstoffvorrat eines Sterns sich dem Ende nähert, sind weitere Stufen der Fusion möglich: Das bei der Fusion von Wasserstoff im Stern erzeugte Helium reichert sich immer mehr an und kann schließlich selbst fusionieren (sog. Heliumbrennen), z.B. zu Kohlenstoff und Sauerstoff. Bei Sternen, die mindesten zehnmal so schwer sind wie die Sonne, gibt es nach dem Heliumbrennen noch weitere Brennstufen: das Kohlenstoffbrennen, das Neonbrennen usw., vgl. beispielsweise [24]. D.h. die Produkte der vorangegangenen Fusionsstufen fusionieren selbst, indem die Atomkerne z.B. mit Heliumkernen zusammenstoßen und sich vereinigen. Das Ende dieser Stufen der Atomkernsynthese ist allerdings beim Eisen erreicht, weil bei der Fusion von Eisen keine Energie mehr frei wird: Im Eisenkern sind die Nukleonen fester gebunden als in jedem anderen Atomkern. Bei der Fusion von Eisenkernen zu noch schweren Atomkernen muss Energie zugeführt werden.

Wie entstehen dann aber die Atomkerne jenseits von Eisen? Bei den Fusionsprozessen in sehr großen Sternen (mindestens zehnmal so massereich wie die Sonne) und bei deren finaler Explosion werden sehr viele Neutronen erzeugt. Diese sind elektrisch neutral und werden von den positiv geladenen Atomkernen nicht abgestoßen. In den großen Sternen, in denen die Fusion sehr heftig ist, ist die Dichte der Neutronen sehr hoch. Deshalb werden immer wieder einzelne Neutronen von Atomkernen aufgenommen. Falls ein Atomkern dadurch instabil wird, wandelt sich ein Neutron im Atomkern in ein Proton um und es entsteht ein Atomkern mit einer höheren Ordnungszahl.

Noch höher ist die Neutronendichte bei der Explosion sehr großer Sterne am Ende des Lebens als sog. Supernova. Die Atomkerne können dann sogar viele Neutronen auf einmal einfangen, bevor radioaktive Umwandlungen einsetzen. Auch dabei werden die überschüssigen Neutronen im Atomkern in Protonen umgewandelt, bis sich wieder stabile oder sehr langlebige Atomkerne ergeben, die höhere Ordnungszahlen haben und mehr Nukleonen als davor. Große Teile des Sternmaterials einschließlich der neuen schweren Atomkerne werden durch die Supernova-Explosion ins Weltall geschleudert und können dort, zusammen mit dem übrigen Material im All, wieder neue Sterne bilden, wie z.B. unsere Sonne.

Der Lebenslauf eines Sterns und die Vorgänge in seinem Inneren sind sehr stark abhängig von seiner Masse und seiner Zusammensetzung, z.B. dem Anteil der schweren Elemente. Aber darauf will ich hier wegen des roten Fadens nicht weiter eingehen; eine sehr schöne Darstellung findet der interessierte Leser in [24].

Es gibt neuere Beobachtungen an sehr lichtstarken Objekten aus der Jugend des Universums (sog. Quasare, etwa eine Mrd. Jahre nach dem Urknall), die mit den dargestellten Hypothesen von der Entwicklung der Sterne und der der schweren Atomkerne nicht zusammen passen. Diese Beobachtungen sind zwar noch etwas spekulativ, aber die Forschung geht weiter ...

Die Erde

Aus dem Material, das bei der Bildung eines Sterns übrig bleibt, der sog. protoplanetaren Scheibe, können in seinem Umfeld die Planeten entstehen. Astrophysiker sind sich heute weitgehend einig darüber, dass sich die Gasplaneten wie der Jupiter und der Saturn relativ schnell bilden, nämlich innerhalb von wenigen Jahrmillionen. Das nötige Gas beziehen sie aus der protoplanetaren Scheibe des Sterns. Um ein Vielfaches länger dauert die Bildung von Gesteinsplaneten, wie in unserem Sonnensystem Merkur, Mars, Venus und die Erde. Für diesen Prozess ist der Staub in der Scheibe die wichtigste Zutat: Er sammelt sich anfangs spontan in mikrometerfeinen Teilchen, die dann durch Zusammenstöße wachsen. Dabei scheint gefrorenes Wasser auf der Oberfläche der Teilchen als eine Art Klebstoff eine wichtige Rolle zu spielen. Haben die Objekte die Größe von einigen Kilometern erreicht, sorgt die Schwerkraft für das weitere Wachstum. Ein Wettlauf um den Massenzuwachs entsteht zwischen den Objekten, wobei nur die am schnellsten wachsenden Objekte zu Planeten werden. Die zahllosen Verlierer dieses Prozesses werden von den wenigen Gewinnern geschluckt. Auch das ist ein Beispiel für die Selbstorganisation, mit einer materiellen Art der Selektion.

Einer der Gewinner war die Erde. Sie ist auch selbst aus dem Blickwinkel der Emergenz ein sehr dynamisches System und hat außerordentlich Spektakuläres zu bieten. Bei ihrer Entstehung vor etwa 4,6 Mrd. Jahren war sie noch ein homogener, kalter Himmelskörper. Durch einen 100 Mio. Jahre langen Beschuss mit Protoplaneten und anderen Brocken aus der protoplanetaren Scheibe der Sonne wurde die Erde dann aufgeschmolzen. Während und nach dem Beschuss bildeten sich in der Erde mehrere Schichten aus, vgl. Bild 7, die seit etwa 3,8 Mrd. Jahren stabil sind. Der Erdmantel ist unten flüssig, aber auch weiter oben unterhalb der Erdkruste noch verformbar. Wegen des Wärmetransports durch den Erdmantel entsteht eine langsame Konvektionsströmung. Deren Bewegung führt Teile der Erdkruste mit, die auf dem Mantel schwimmen. Dadurch entsteht eine langsame Bewegung der Kontinente, die sog. Plattentektonik. Bei Zusammenstößen der Platten wird eine Platte unter eine andere ins Erdinnere hinab gedrückt (und wieder aufgeschmolzen), und die andere empor gehoben. Dadurch entstehen im Bereich der Zusammenstöße große Gebirge wie der Himalaya und die Anden, es bilden sich aktive Vulkane und es treten starke Erdbeben auf. An anderen Stellen, wie z.B. am Meeresboden mitten im Atlantik oder im

ostafrikanischen Rift Valley, spreizt sich die Erdoberfläche auf und es
werden neue Teile der Erdkruste erzeugt.

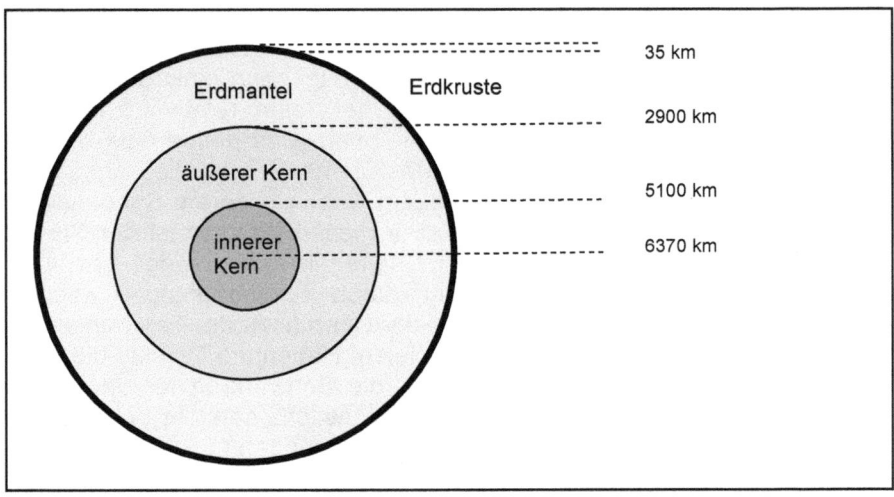

Bild 7: Der Aufbau der Erde (schematisch).

Die Erdkruste aus festem Gestein ist im Mittel ca. 35 km dick. Der Mantel darunter besteht aus
Mineralien, die nach innen immer heißer werden und immer stärker geschmolzen sind. An der
Grenze zum äußeren Kern herrschen ca. 2000 °C. Der äußere Kern besteht aus einer Schmelze
von Eisen und Nickel, und der innere Kern vermutlich wegen des riesigen Drucks dort aus einer
festen Legierung von Eisen und Nickel mit einer Temperatur von vermutlich 5000 °C.

Der äußere Erdkern besteht aus einer Schmelze von flüssigem Eisen
und Nickel. Wegen des Wärmetransports vom inneren Erdkern zum
Mantel entsteht im äußeren Erdkern eine Konvektionsströmung, die
wegen der Rotation der Erde schraubenförmig verformt wird (als Folge
der sog. Corioliskraft). Diese Konvektionsströmung erzeugt 95% des
Magnetfelds der Erde. Wie das passiert, ist nicht so einfach zu verstehen
und kann bis heute auch nur durch die Simulation entsprechender
Modelle mit einem Computer nachvollzogen werden. Das Prinzip ist wie
folgt: Da die Eisen-Nickel-Schmelze des äußeren Erdkerns elektrisch
leitfähig ist, kann ein Strom fließen. (Ferromagnetisch ist sie nicht, dazu
ist die Temperatur viel zu hoch.) Ein Strom erzeugt ein Magnetfeld und
ein Magnetfeld wieder einen Strom (vgl. Kap. 8). Sobald also ein erstes
kleines Magnetfeld da ist, entsteht aufgrund der beschriebenen
Rückkopplung von Strom und Magnetfeld mehr Strom und dadurch mehr

Magnetfeld. Kleine Magnetfelder gibt es aber überall im Weltraum, z.B. hat die Sonne ein Magnetfeld. Dieses Modell der Selbstorganisation des Erdmagnetfelds wird für zutreffend gehalten, weil seine Simulation die Eigenschaften des Erdmagnetfelds richtig wiedergeben kann: Die Größe, die Form, die Wanderungen der magnetischen Pole im Laufe der Zeit, und selbst die Umpolung des Erdmagnetfelds in Zeiträumen von im Mittel etwa 250 000 Jahren. Das Erdmagnetfeld ist übrigens in den letzten 100 Jahren um fast 6% schwächer geworden, und man vermutet deshalb, dass es sich in 3000 – 4000 Jahren umpolen könnte. Wenn man die Abnahme von 6% in hundert Jahren linear hochrechnet, würde das etwa in 1700 Jahren geschehen.

Das Magnetfeld der Erde ist zwar schwach, aber doch stark genug, um einige tausend Kilometer über der Erde die hochenergetischen, elektrisch geladenen Teilchen aufzuhalten, die von der Sonne und anderswo aus dem Weltall zur Erde kommen (sog. Sonnenwind). Dadurch wird das Leben auf der Erde geschützt. Das sichtbare Indiz für diese Schutzwirkung sind die Polarlichter, die beim Abbremsen der geladenen Teilchen entstehen. Auch die Zugvögel orientieren sich u.a. am Erdmagnetfeld. Die Folgen einer magnetfeldlosen Zeit von wahrscheinlich 10 000 Jahren Dauer während der Umpolung des Erdmagnetfelds für das Leben auf der Erde sind noch unklar, da auch der Sonnenwind selbst zu einer magnetischen Abschirmung – und damit seiner eigenen Schwächung – führen kann.

An dieser Stelle ist die Beschreibung der materiellen Entwicklung unsere Welt zunächst abgeschlossen und die Bühne für die Entwicklung des Lebens ist vorbereitet. Diese Entwicklung wird ab Kap. 13 mit der Evolution und in Kap. 14 mit einer großen Umgestaltung der Erdoberfläche und der Atmosphäre durch die Lebewesen fortgeschrieben.

4. Fundamentale Prinzipien

> Die wichtigsten Prinzipien, die die Entwicklung und den Aufbau der Welt bestimmen, sind Symmetrien und Erhaltungssätze, sowie die physikalischen Größen Energie und Wirkung, die Wahrscheinlichkeit von Zuständen und die vierdimensionale Raumzeit. Auf diesen Prinzipen bauen die Naturgesetze auf.

Bisher haben wir primär die Schritte der Selbstorganisation im zeitlichen Ablauf bei der Entstehung der Welt betrachtet. Nun wollen wir uns die Systeme selbst anschauen, wie wir sie als Ergebnis dieser Entwicklung heute in unserer Welt vorfinden. Dafür sind die strukturellen Aspekte wichtiger: Die Welt besteht aus einer Reihe von emergenten Systemen, die aufeinander aufbauen. Die emergenten Systeme einer bestimmten Ebene sind wieder die Elemente für die Systeme einer darauf aufbauenden Ebene. Im üblichen Sprachgebrauch werden die Ebenen grob beschrieben durch Physik, Chemie, Biologie usw. In jeder dieser Ebenen gibt es oft mehrere Systeme parallel zueinander. Bild 1 gibt einen schematischen Überblick.

Zunächst muss ich aber die Basis dafür noch etwas ergänzen, denn zusätzlich zu den bisher erläuterten fundamentalen Kräften gibt es weitere, ebenfalls fundamentale Prinzipien in der Natur, die ich hier kurz vorstellen möchte. Auf den Kräften und den Prinzipien bauen die Naturgesetze der höheren Ebenen mehr oder weniger direkt auf.

Die wichtigsten fundamentalen Prinzipien sind die folgenden:

Symmetrien und Erhaltungssätze

Eine Symmetrie ist die Eigenschaft eines Systems, sich bei bestimmten Vorgängen, zum Beispiel einer Drehung, einer Verschiebung oder einer Spiegelung, nicht zu verändern. Jeder kontinuierlichen Symmetrie eines physikalischen Systems entspricht eine Erhaltungsgröße (Satz von Emmy Noether [10]).

Beispiel: Wenn ein System sich bei Verschiebungen in der Zeit nicht ändert, so gilt für dieses System der Satz von der Erhaltung der Energie.

Erhaltungssätze gibt es für eine ganze Reihe fundamentaler physikalischer Eigenschaften. Beispielsweise kann Energie, Masse oder die elektrische Ladung in Raum und Zeit erhalten bleiben – d.h. es geht nichts verloren, und es kommt nichts dazu – wenn das betrachtete System die zugehörige Symmetrie aufweist. Ich habe das bereits weiter oben kurz gestreift, aber auch darauf hingewiesen, dass die Erhaltung von Masse und Energie nur mit der Einschränkung gilt, dass sie ineinander umwandelbar sind, nach der Formel von Albert Einstein

$E = m \cdot c^2.$

Beispiele zur Erhaltung der Energie:
- Bei einfachen mechanischen Systemen ist die Summe der Energie der Bewegung (kinetische Energie) und die der Lage (potenzielle Energie) unverändert, solange dem System keine Energie zugeführt oder entnommen wird.
- Man hat jahrhundertelang vergeblich versucht, ein sog. Perpetuum Mobile zu erfinden, ein Gerät, das aus sich selbst heraus Energie erzeugt oder sich wenigstens ohne Zufuhr von Energie unablässig bewegt.
- Wenn ein Photon sehr hoher Energie mit dem elektrischen Feld eines Atoms wechselwirkt, können ein Teilchen und ein Antiteilchen entstehen, z.B. ein Elektron und ein Positron. Pure Energie wird zu Masse! Umgekehrt zerstrahlen Elektron und Positron, wenn sie zusammentreffen, zu zwei Photonen sehr hoher Energie: Masse wird zu Energie.

Die Symmetrie eines Systems kann sich ändern, wenn eine Selbstorganisation eintritt, verbunden mit einem Phasenübergang. Abhängig davon, was passiert, kann das System in einen Zustand höherer Symmetrie oder in einen Zustand geringerer Symmetrie übergehen. Den Übergang zum Zustand geringerer Symmetrie nennt man *Symmetriebruch*.

Beispiel: Ein Stück Eisen ist bei 20 °C (ferro-)magnetisch, hat also eine Vorzugsrichtung in Richtung der Magnetisierung, und ist deshalb „nur" symmetrisch in einer Raumrichtung, nämlich um die Achse der Magnetisierung. Oberhalb der sog. *Curie-Temperatur* (bei Eisen 768 °C) wird die spontane Magnetisierung durch der Wärmebewegung der Atome aufgebrochen, und Eisen hat wieder seine „normale" Symmetrie in drei Raumrichtungen, wie sie durch die Symmetrie seines Kristallgitters gegeben ist. Wenn nun beim Abkühlen des Eisens bei der Curie-Temperatur die spontane Magnetisierung durch Selbstorganisation entsteht (vgl. Kap. 9), wird die Symmetrie von drei Raumrichtungen auf eine Raumrichtung „gebrochen".

Energie und Wirkung

Die Energie spielt ganz allgemein eine wichtige Rolle in der Physik und anderswo. In unserer gewohnten makroskopischen Welt beispielsweise besteht sie aus der Summe der Energien der Bewegung und der der Lage (sog. kinetische bzw. potenzielle Energie). Betrachtet man diese Summenenergie während der Zeit, die ein Vorgang in einem System „von Punkt A nach Punkt B" braucht, und multipliziert sie mit der zugehörigen Zeit, so erhält man als Produkt die Wirkung für diesen Vorgang:

Wirkung = Energie mal Zeit.

Die Wirkung ist nicht zufällig die erste physikalische Größe, die von Max Planck 1905 quantisiert wurde, und die seither unter dem Namen „Plancksches Wirkungsquantum" bekannt geworden ist. Die Wirkung ist als Begriff im Sinne der Physik außerhalb der Physik zwar wenig bekannt, aber eigentlich doch recht anschaulich, wie folgender Vergleich mit dem täglichen Leben zeigen soll (wie jeder Vergleich „hinkt" er ein wenig, wenn man ihn genau betrachtet):

Da die Maßeinheit der Energie der Maßeinheit der Arbeit entspricht, kann man die „Wirkung" eines Arbeitnehmers an einem Arbeitstag als seine Tagesarbeitsleistung betrachten.

Ein äußerst wichtiges fundamentales Prinzip für das Verhalten physikalischer und anderer Systeme ist das „Prinzip der kleinsten Wirkung", nach seinem Entdecker auch Hamiltonsches Prinzip genannt: „Jeder Vorgang in einem System läuft so ab, dass dabei die gesamte Wirkung des Vorgangs minimal ist".

In unserer gewohnten makroskopischen Welt besteht die sog. Hamilton-Funktion, um die es dabei geht, aus der Summe von kinetischer und potenzieller Energie. Die mit dem Prinzip der kleinsten Wirkung verbundenen Bewegungsgleichungen bestimmen den zeitlichen Verlauf physikalischer Systeme. Aus ihnen werden z.B. die Bewegungsgleichungen der Newtonschen Mechanik abgeleitet, die Gesetze des Elektromagnetismus, die Schrödingergleichung der *Quantentheorie* und die Gleichungen der Allgemeinen Relativitätstheorie!

Man kann das Hamiltonsche Prinzip etwa wie folgt veranschaulichen:
*   Alle Systeme versuchen, sich so zu verhalten oder einzustellen, dass ihre gesamte Energie minimal ist;

Beispiele:

Ein frei im Raum befindlicher Gegenstand fällt unter dem Einfluss der Schwerkraft so lange nach unten, bis er auf dem Erdboden im Zustand minimaler Energie der Lage zur Ruhe kommt.

Oder: Wenn ein Lichtstrahl aus der Luft in Wasser eintritt, und dabei um einen bestimmten Winkel abgelenkt („gebrochen") wird, so ist der Brechungswinkel gerade so groß, dass die Wirkung für den Lichtstrahl auf seinem Weg minimal ist.

- Bei einer Bewegung setzt sich die gesamte Energie in einfachen Fällen aus einer Folge von Schritten minimaler Energie zusammen.

Bezogen auf das Beispiel von der Tagesarbeitsleistung könnte man das Prinzip der kleinsten Wirkung auch etwas locker das „Prinzip der maximalen Faulheit" nennen.

Entropie und Wahrscheinlichkeit

Ein System im sog. *thermischen Gleichgewicht*, dem von außen keine Energie zugeführt wird, und das auch keine nach außen abgibt, verändert sich nur in Richtung auf den Zustand, der mit der größten Wahrscheinlichkeit eintritt. Und das ist, wie wir auch im täglichen Leben immer wieder feststellen müssen, der Zustand der gleichmäßigen Verteilung aller Gegenstände bzw. der größten Unordnung. Für ein derartiges System gilt der Zweite Hauptsatz der Wärmelehre. Umgangssprachlich kann man ihn so ausdrücken: „Unordnung entsteht von selbst, Ordnung aber nur, wenn man dafür Energie aufwendet", Energie im physikalischen Sinne oder auch als persönlicher Entschluss, endlich mal aufzuräumen. Die physikalische Größe, die das Maß der Gleichverteilung oder Unordnung in einem System beschreibt, bzw. die Wahrscheinlichkeit des Zustands eines Systems, heißt *Entropie*. In einem System ohne Energieaustausch mit seiner Umwelt nimmt die Entropie also nur zu, und niemals ab.

An dieser Stelle ist der Hinweis wichtig, dass es bei der spontanen Selbstorganisation meist (vgl. Kap. 1) nicht um Vorgänge im thermischen Gleichgewicht geht, sondern überwiegend um Nichtgleichgewichts-Vorgänge, bei denen ein Austausch von Energie mit der Umgebung der emergenten Systeme stattfindet. Denn nur auf diese Weise kann mehr

Ordnung, Struktur und Komplexität entstehen, die das Wesen der emergenten Vorgänge ausmacht.

Der Zweite Hauptsatz bricht übrigens als einziges fundamentales Naturprinzip die Symmetrie im Ablauf der natürlichen Prozesse, weil er eine Vorzugsrichtung der Zeit festlegt: Ein Vorgang kann aufgrund des Zweiten Hauptsatzes nicht mehr „zurück" ablaufen.

Bekannte Beispiele dafür sind der vom Tisch gefallene Gegenstand, der nicht von selbst wieder auf den Tisch springt, oder die Wärme, die von selbst nur von warm nach kalt fließt, und nie von kalt nach warm (außer mit Hilfe einer Wärmepumpe, die dafür aber elektrische Energie verbraucht).

Die Entropie führt aber auch schon den Begriff der *Wahrscheinlichkeit* in die Naturgesetze ein, dem wir im Kap. 6 bei der Quantentheorie wieder begegnen werden.

Das Relativitätsprinzip

Man hat mit vielen sehr genauen Messungen festgestellt, dass die Geschwindigkeit des Lichts in allen Richtungen des (Welt-)Raums gleich groß ist, und z.B. nicht von der Bewegung der Erde im Weltall abhängt. Albert Einstein hat diese Beobachtung ernst genommen, und zusammen mit der Annahme von der Gleichberechtigung aller gleichförmig zueinander bewegten Systeme sowie der Symmetrie von Raum und Zeit zu einer Hypothese der vierdimensionalen Raumzeit verbunden.

Aus der „normalen" Geometrie dieser Raumzeit ergibt sich verblüffender Weise das, was man seither Spezielle Relativitätstheorie nennt, und mit der man zwanglos erstaunliche Beobachtungen wie die Dehnung der Zeit und die Vergrößerung der Masse bei sehr großen Geschwindigkeiten erklären kann, in völliger Übereinstimmung mit den besten Messungen, damals und heute. Der Name „Relativitätstheorie" ist übrigens nicht besonders glücklich gewählt, denn er bezieht sich nur auf die Gleichberechtigung der „relativ" zueinander bewegten Systeme. Viel wichtiger sind die Aussagen zur vierdimensionalen Raumzeit; man sollte die Relativitätstheorie deshalb besser „Raumzeitprinzip" nennen.

Das Relativitätsprinzip erklärt nicht nur die Äquivalenz von Masse und Energie, das geringere Altern von Raumfahrern im Vergleich zu den daheim gebliebenen Menschen usw., sondern es ist inzwischen auch als fundamentales Prinzip in andere physikalischen Theorien integriert worden, bei denen hohe Geschwindigkeiten oder hohe Energien eine Rolle spielen. Auch in den praktischen Anwendungen auf der Erde und in der Raumfahrt geht es oft nicht ohne die Berücksichtigung relativistischer Einflüsse. Die Bestimmung einer Position mit drei Satelliten des Global Positioning Systems (GPS) beispielsweise wäre weit weniger genau, wenn nicht die Dehnung der Zeit der Atomuhren in den GPS-Satelliten aufgrund ihrer Geschwindigkeit berücksichtigt würde, und der Einfluss der relativen Bewegung der Satelliten gegen den Empfänger auf der Erdoberfläche. Um diese Fehler weitgehend zu eliminieren, braucht ein GPS-Empfänger die Signale von vier Satelliten, und kann daraus die drei Koordinaten seiner Position und die Zeit bestimmen. Im Übrigen hat bereits der Astronom Joseph-Louis de Lagrange 1796 die dynamischen Abläufe als Teil einer vierdimensionalen Raumzeit-Geometrie der Welt gesehen ([29] S.11). Das Relativitätsprinzip hat aus Sicht der Emergenz nur einen gravierenden „Nachteil": Es beschreibt aus heutiger Sicht keinen kollektiven Effekt, sondern „nur" die mathematische Anwendung der Geometrie der Raumzeit.

Lassen Sie mich kurz erklären, wie das mit der Geometrie der Raumzeit gemeint ist: Unser gewohnter Raum hat drei Dimensionen, und die Entfernung zwischen zwei Punkten (die sog. Metrik) ist durch eine Art dreidimensionaler „Pythagoras" bestimmt, bei dem die Katheten die Koordinaten der drei Dimensionen des Raums sind, und die Hypotenuse die Entfernung ist. Man nennt die Koordinaten meist x, y und z. Die Entfernung des Punktes (x, y, z) vom Punkt (0, 0, 0), dem „Mittelpunkt" des Koordinatensystems, im dreidimensionalen Raum ist dann folgendermaßen definiert:

Entfernung = Wurzel aus $x^2 + y^2 + z^2$

(Will man die Entfernung zwischen beliebigen Punkten im Raum berechnen, ist die Formel geringfügig komplizierter, weil die Koordinaten des zweiten Punkts noch eingetragen werden.)

Die vierdimensionale Raumzeit hat als vierte Dimension die Zeit t multipliziert mit der Lichtgeschwindigkeit c. Das ist deshalb notwendig, damit auch diese Dimension die Einheit einer Länge hat: Die Zeit multipliziert mit der Lichtgeschwindigkeit von 300 000 km pro Sekunde ergibt eine Länge.

Beispiel: Die Länge 1 m entspricht der Zeit, die das Licht braucht, um 1 m zurückzulegen; das sind etwa $3 \cdot 10^{-9}$ Sekunden.

Wenn man den o.g. „Pythagoras" für die Entfernung zwischen zwei Punkten in drei Dimensionen - wie Albert Einstein - auf die vier Dimensionen der Raumzeit überträgt, so kommt unter der Wurzel noch ein vierter Term $(ct)^2$ dazu, und - hokus pokus - ist die Zeit ein Teil der Entfernung in der vierdimensionalen Raumzeit:

Entfernung = Wurzel aus $x^2 + y^2 + z^2 - (ct)^2$

Das Minuszeichen vor dem Term $(ct)^2$ kann man am einfachsten damit erklären, dass für die Darstellung der vierdimensionalen Raumzeit komplexe Zahlen verwendet werden, und die Zeit dabei als sog. imaginärer Teil der komplexen Zahl dargestellt wird. Die komplexen Zahlen werden im Abschnitt Kap. 7 kurz vorgestellt.

Daraus ergeben sich dann nach einigen Rechnungen die übrigen Aussagen der Speziellen Relativitätstheorie. Aber eben nicht emergent, sondern *analytisch*: Mit Funktionen, die aus der Mathematik bekannt sind. Die Anwendung der „Relativität" in anderen physikalischen Theorien, wie z.B. dem Elektromagnetismus, geschieht dadurch, dass man, statt Raum und Zeit einzeln in deren Formeln zu benutzen, die Formeln an die vierdimensionale Raumzeit anpasst. So einfach kann Physik sein …   ;-)

Auch die Beziehung zwischen Energie und Masse eines Körpers

$E = m \cdot c^2$

kann man aus dem Relativitätsprinzip ableiten. Genau genommen ist dieser Anteil die Energie des Körpers im Zustand der Ruhe. Sie ist das erste Glied einer längeren Summe, bei der die weiteren Glieder der Bewegungsenergie des Körpers entsprechen.

Soweit zu den fundamentalen Prinzipien, auf denen mehr oder weniger unmittelbar die Gesetze der Systeme der physikalischen Welt aufbauen. Sie werden vielleicht Aussagen zur Mathematik vermissen, die ja in der Physik und den anderen Naturwissenschaften eine große Rolle spielt. Ich möchte hier nur soviel dazu sagen: Die Mathematik mit ihren Zahlen, Regeln usw. ist aus Sicht der übrigen Naturwissenschaften ein Werkzeug und nicht mehr. Die Mathematiker sagen übrigens auch gern zu ihren Forschungsergebnissen, sie hätten etwas „entdeckt", und nicht etwas „erfunden". Ich werde aber, wie schon gesagt, Formeln und Mathematik weitestgehend durch verbale Erläuterungen ersetzen.

Beispiel: Schon Alfred Marshall, einer der Väter der mathematischen Ökonomie, soll gesagt haben: „ ... benutze die Mathematik als stenografische Sprache, ... wir sollten alles tun, was in unserer Macht steht, um zu verhindern, dass die Leute die Mathematik in Fällen benutzen, in denen die (englische) Sprache genau so kurz ist wie die mathematische ..." (nach [35]).

Als nächstes werden einige wichtige Systeme aus dem Bereich der Physik näher vorgestellt, natürlich immer wieder unter dem Aspekt der Selbstorganisation und den damit verbundenen kollektiven Eigenschaften. Sie werden dabei den Eindruck bekommen (und das ist natürlich kein Zufall!), dass in den diversen Systemen häufig unterschiedliche, sozusagen System-lokale Theorien gelten. Auch das ist ein Hinweis darauf, dass es offenbar zweckmäßig ist, nicht alle physikalischen Systeme mit einer einzigen einheitlichen Theorie zu beschreiben. Mit sehr großer Wahrscheinlichkeit ist es überhaupt nicht möglich.

5. Elementarteilchen und Atomkerne

Fundamentale Felder und Teilchen werden vom sog. Standardmodell der Elementarteilchen beschrieben, das aus mathematisch höchst anspruchsvollen Theorien wie der Quantenchromodyamik QCD besteht. Die Beobachtungen können aber nur mit Hilfe von mehreren Parametern beschrieben werden, die aus Messungen abgeleitet werden müssen.

Die Atomkerne sind aus Protonen und Neutronen aufgebaut. Bis auf die ganz einfachen Kerne sind sie nur für spezielle Aspekte modellhaft empirisch beschreibbar. Sie entstehen offensichtlich durch die Selbstorganisation der Nukleonen auf Basis der Kernkräfte und der Elektromagnetischen Kraft.

Die Elementarteilchen

Der Zoo der fundamentalen Teilchen und ihrer Verwandten wird vom sog. Standardmodell der Elementarteilchen geordnet. Das ist eine bewährte, anerkannte Hypothese, die vieles in dem Zoo erklärt, einiges aber auch nicht. Das Standardmodell ist eine sog. Quantenfeldtheorie, bei der die fundamentalen Objekte Felder sind, und nicht Teilchen. Die Felder bestehen dabei aus diskreten Energiepaketen, sind also quantisiert. Aus diesen Feldern werden dann die Teilchen abgeleitet. Sie entsprechen den Energiepaketen. Eine alternative Sicht der Dinge: Erst die Felder, dann die Teilchen!

Beim Standardmodell ergeben sich aus den Energiepaketen nicht nur die Feldteilchen, die wir schon kennen gelernt haben, sondern auch die Materieteilchen, und zwar durch die Anwendung von drei abstrakten mathematischen Symmetrien (die hier aber nicht weiter behandelt werden). Das Standardmodell enthält die Starke, die Schwache und die Elektromagnetische Kraft, die wir schon kennen gelernt haben. Es berücksichtigt die vierdimensionale Raumzeit, aber nicht die Schwerkraft.

Ein gewichtiges Teilgebiet des Standardmodells ist die sog. Quantenchromodynamik QCD, die das Feld der Starken Kernkraft und die Quarks zu erklären versucht. Eine äußerst komplexe Hypothese, wegen der sehr komplexen Eigenschaften der starken Kernkraft. Für die QCD gibt es bis heute nur näherungsweise Lösungen, obwohl daran bereits seit Jahrzehnten intensiv gearbeitet wird. Das Standardmodell sagt alle bekannten Feld- und Materieteilchen voraus (und ausschließlich diese), und zusätzlich das Higgs-Teilchen. Es erfordert aber zu diesem Zweck die Festlegung von 18 frei wählbaren Parametern. Außerdem beantwortet es eine ganze Reihe wichtiger Fragen nicht, wie z.B. die Masse der Teilchen, die relativen Stärken der fundamentalen Kräfte und warum es mehr Teilchen als Antiteilchen gibt. Es hat bei den Bemühungen um Verbesserungen der QCD bisher kaum Fortschritte gegeben, die beobachtbar sind, obwohl das Standardmodell schon vor einigen Jahrzehnten entwickelt wurde. Heute bemühen sich die Physiker um Verbesserungen und Erweiterungen, die unter Schlagworten wie „Stringtheorie", „Theorie für Alles" oder „Weltformel" bekannt geworden sind, und versuchen dabei vor allem die Schwerkraft zu integrieren.

Aus dem Blickwinkel der Emergenz ist die Lage hier eher unklar: Einerseits ist es erstaunlich, was das Standardmodell leistet, und es ist offen, ob es zukünftig noch Erweiterungen geben wird, die das Modell bezüglich der fundamentalen Felder und Teilchen in sich abschließen. Wenn auch vielleicht ohne Berücksichtigung der – möglicherweise emergenten – Schwerkraft. Andererseits wirkt das Standardmodell angesichts der vielen frei wählbaren Parameter und der offenen Themen derzeit mehr wie „Brehms Tierleben" für den Elementarteilchen-Zoo, eine empirische Beschreibung auf Basis der Beobachtungen [23]. Vielleicht muss man irgendwann später einmal akzeptieren, dass sich Felder und Teilchen aus einem „Urfeld" bei der Abkühlung kurz nach dem Urknall spontan entwickelt haben, ohne dass die Wissenschaftler diesen Vorgang berechnen können. Umso mehr, als die Physiker heute schon davon ausgehen, dass kurz nach dem Urknall noch alle fundamentalen Kräfte in einer „Urkraft" vereint waren, und die einzelnen Kräfte erst während der Abkühlung durch Symmetriebrüche entstanden sind. Das erinnert allerdings sehr an eine selbstorganisierte Entwicklung. Es bleibt spannend.

Die Atomkerne

Wir wissen nun ungefähr, wie die Kraftfelder und die Elementarteilchen entstanden sind, und welche physikalischen Hypothesen für diese Erklärung verwendet werden. Wie kann man auf dieser Basis –

selbstorganisiert oder nicht - den Aufbau der Atomkerne verstehen? Dazu brauchen wir erst ein paar Begriffe und Fakten aus der Kernphysik.

Wir wissen bereits, wie die Atomkerne (in diesem Kapitel oft mit „Kerne" abgekürzt) im Prinzip aufgebaut sind: aus Protonen und Neutronen. Die unterschiedlichen Atome wie Wasserstoff, Helium, Eisen, Uran usw. (vgl. Bild 11) unterscheiden sich in ihren Kernen durch die Anzahl der Protonen, die der sog. Kernladungszahl entspricht: Wasserstoff besitzt 1 Proton, Helium 2, Eisen 26, Blei 82, Uran 92 usw. Da sich die Protonen wegen ihrer positiven elektrischen Ladung gegenseitig abstoßen, gibt es noch eine Art Klebstoff in den Kernen: die Neutronen. Ein Atomkern mit einer bestimmten Kernladungszahl kann unterschiedlich viele Neutronen enthalten. Diese Varianten des Kerns werden *Isotope* genannt. Beispiele: Es gibt Wasserstoffkerne mit 0, 1 und 2 Neutronen, Heliumkerne mit 1, 2, 4 und 6 Neutronen. Viele Isotope mit ungefähr ein- bis anderthalbmal so vielen Neutronen wie Protonen (mit zunehmender Kernladungszahl) sind stabil, d.h. sie zerfallen nicht von selbst. Dieser Bereich der Isotope ist die „Zone der stabilen Kerne". Andere Isotope sind instabil, sie zerfallen im Mittel nach einer bestimmte Zeit, der sog. *Halbwertszeit*, irgendwann von selbst.

Beispiele: Wasserstoffkerne ohne Neutronen oder mit einem Neutron sind stabil, ebenso Heliumkerne mit einem und zwei Neutronen. Wasserstoffkerne mit zwei Neutronen sind instabil, ebenso Heliumkerne mit mehr als drei Neutronen.

Die Halbwertszeit ist das Ergebnis des kollektiven Verhaltens gleicher, instabiler Objekte oder Systeme wie Elementarteilchen oder Atomkerne, die der Quantentheorie gehorchen (vgl. Kap. 6). Es ist das einzig sinnvolle Maß für ihre Lebensdauer. Über den Zeitpunkt des Zerfalls des einzelnen Kerns ist dabei keine Aussage möglich; man könnte den individuellen Kern ja nicht mal identifizieren, denn – „aufgemerkt", jetzt kommt etwas Neues – Quantenobjekte gleicher Art sind nicht unterscheidbar. Die Halbwertszeit als kollektive Eigenschaft einer großen Anzahl gleicher Quantenteilchen wird oft als Mangel der Quantentheorie angesehen, beispielsweise von Albert Einstein („Gott würfelt nicht"), oder von Hans Küng als Indiz für die grundsätzliche Unvollständigkeit der Naturwissenschaften [21]. Sie ist aber, ebenso wie z.B. die Unbestimmtheitsrelation (vgl. Kap. 6) nur ein Mangel in unseren menschlichen Erfahrungen, die ausschließlich aus der idealisierten makroskopischen Welt stammen.

Für die Instabilität eines Kerns gibt es mehrere Gründe:
- Der Kern ist zu groß
- Der Kern hat zu viele Neutronen
- Der Kern hat zu wenige Neutronen
- Der Kern hat zu viel Energie

Warum kann ein Kern zu groß sein?

Der Grund ist, dass die Reichweite der Anziehung zwischen den Nukleonen, also den Protonen und Neutronen, durch die Starke Kernkraft nur etwa dem Durchmesser der Nukleonen entspricht (vgl. Bild 4). Die Abstoßung zwischen den Protonen hat aber wegen ihrer elektrischen Ladung eine sehr große Reichweite. Auf ein Proton an der Oberfläche des Kerns wirken also anziehend nur die nächsten Nachbarn, abstoßend aber alle Protonen des Kerns. Darum beobachtet man, dass Kerne mit mehr als 82 Protonen (entspricht dem Kern von Blei) nicht mehr stabil sind. Ab dieser Größe kann auf der Oberfläche des Kerns kein weiteres Proton mehr stabil festgehalten werden, denn die Starke Kernkraft reicht nicht weit genug. Die Neutronen im Kern „verdünnen" die Protonen, und damit ihre abstoßende Wirkung untereinander. Andererseits erhöhen sie die Anziehung zwischen den Nukleonen, denn auch sie üben die Starke Kernkraft aus.

Bei Kernen mit mehr als 92 Protonen (dem Uran) reicht aber auch die zusätzliche Anziehung durch zusätzliche Neutronen nicht mehr aus. Diese Kerne sind derart instabil, d.h. ihre Halbwertszeit ist derart kurz, dass sie in der Natur nicht mehr vorkommen, weil sie schon bald nach ihrer Entstehung bei einer Sternexplosion wieder zerfallen sind. Sie können auf der Erde nur künstlich erzeugt werden. Damit ist auch plausibel, dass für schwere Kerne (bis hin zum Blei) die stabilen Isotope bis zu anderthalb mal soviel Neutronen wie Protonen benötigen.

Was passiert, wenn ein Kern zu viele oder zu wenige Neutronen hat?

Bei einem instabilen Kern mit Neutronenüberschuss wandelt sich im Kern ein Neutron in ein Proton, ein Elektron und ein Anti-Neutrino um. Dadurch wird der Überschuss an Neutronen abgebaut, die Kernladung wird größer, und der Kern rückt dadurch näher an die Zone stabiler Kerne heran. Das beim Zerfall freiwerdenden Elektron und das Anti-Neutrino fliegen davon und nehmen die freiwerdende Energie mit (sog. β-Zerfall). Ist der neue Kern immer noch instabil, kann sich der Vorgang wiederholen, oder ein anderer Zerfall stattfinden.

Bei einem instabilen Kern mit Protonenüberschuss wandelt sich im Kern ein Proton in ein Neutron, ein Positron und ein Neutrino um (eine andere Art des β-Zerfalls). Dadurch wird der Protonenüberschuss abgebaut, die Kernladung kleiner und der Kern rückt näher an die Zone stabiler Kerne heran. Ist der neue Kern immer noch instabil, kann sich der Vorgang wiederholen, oder ein anderer Zerfall stattfinden. Beim β-Zerfall wirkt die Schwache Kernkraft, ebenso wie bei der Umwandlung von Protonen in Neutronen während der Fusion von Wasserstoff zu Helium in den Sternen.

Was passiert, wenn ein Kern zu viel Energie hat?

Wenn der Kern zu viel Energie hat, z. B. nach einem β-Zerfall, gibt er sie als Photon, d.h. in Form elektromagnetischer Strahlung mit hoher Energie wieder ab (sog. γ–Strahlung). Dabei ändert sie die Art des Kerns nicht, denn die Anzahl der Protonen und Neutronen bleibt gleich. Beispiel: Ein bestimmtes Eisen-Isotop bleibt auch nach der Emission von γ–Strahlung das gleiche Eisen-Isotop.

Die Energie, die mit einem Kernzerfall oder mit einer anderen Kernreaktion verbunden ist, ist riesengroß, etwa 10 Millionen Mal so groß wie die für uns gewohnte Energie bei chemischen Reaktionen! Darum hat die γ–Strahlung eine sehr große Energie, und darum kann man bei Atomkraftwerken oder Fusionsreaktoren (falls es sie mal geben sollte) sehr viel Energie aus sehr wenig Brennmaterial gewinnen. Das ist auch der Grund, warum die Sonne etwa 10 Mrd. Jahre lang sehr viel Energie erzeugen kann, denn in ihrem Inneren läuft die Fusion von Wasserstoff- zu Heliumkernen. Wenn in der Sonne beispielsweise Kohle verbrennen würde, wäre sie nach ein paar Millionen Jahren schon erloschen.

Es gibt interessanterweise auch zahlenmäßige oder strukturelle Gründe, warum manche Kerne ganz besonders stabil sind bzw. eine bevorzugte Rolle spielen. Ein ganz spezieller Fall ist dabei der normale Heliumkern, das Isotop aus zwei Protonen und zwei Neutronen. In diesem Kern sind die Nukleonen derart fest miteinander verbunden, dass er bei Kernreaktionen fast wie ein einheitliches Elementarteilchen wirkt.

Beispiel: Bei schweren instabilen Kernen mit einer Kernladungszahl größer als 60 und Protonenüberschuss zerfallen viele Isotope unter Abgabe eines Heliumkerns (sog. α-Zerfall), wenn sie mindestens zwei Protonen zu viel haben, verglichen mit dem nächsten stabilen Isotop. Sie werden mit dieser Art des Zerfalls gleich zwei Protonen auf einmal los, plus zwei Neutronen, werden dadurch kleiner und nähern sich schneller der Zone stabiler Kerne.

Es gibt noch weitere Zerfallsarten für instabile Kerne, aber dies waren die Wichtigsten. Die Vielfalt beim Kernzerfall ist auch so schon beeindruckend genug und führt uns zwanglos zu der Frage, mit welchen Gesetzen die Atomkerne, ihr Zerfall und ihre Reaktionen beschrieben werden können. Um es gleich vorweg zu nehmen: Es gibt keine einheitliche Theorie, die die Atomkerne erklärt, sondern nur einige spezielle Modelle, wie das Tröpfchenmodell, das Schalenmodell oder das Kollektivmodell, die näherungsweise unterschiedliche Aspekte der Kerne beschreiben. Und die stammen alle schon aus den 1950er Jahren. Seither hat es keine nennenswerten neuen Erkenntnisse zu den Modellen gegeben, obwohl sich viele kompetente Wissenschaftler darum bemüht haben.

Diese Art der Theorien heißen auch „phänomenologische" Theorien, weil sie zwar den beobachteten Sachverhalt modellartig beschreiben, die Verhältnisse aber nicht von Grund auf erklären, d.h. von den elementaren Feldern und Teilchen her. Im Fall der Atomkerne wären das mindestens die Nukleonen und die Kräfte zwischen ihnen. Die Schwierigkeiten haben zwei wesentliche Gründe:

- Die Starke Kernkraft ist, wie schon skizziert, eine außerordentlich komplizierte Kraft, für deren Theorie, die Quantenchromodynamik, es bisher noch keine exakten Lösungen gibt. Auch die Schwache Kernkraft, die primär beim Zerfall wirkt, ist eine komplizierte Kraft.

- Der Atomkern stellt mit seinen vielen Nukleonen, die alle durch die Starke Kernkraft und die Elektromagnetische Kraft miteinander verbunden sind, ein hochgradiges Vielteilchenproblem dar. Wir haben gesehen, dass es schon in der Mechanik für mehr als zwei Körper nur ausnahmsweise berechenbare Lösungen der Newtonschen Bewegungsgleichungen gibt. Die sind aber im Vergleich zu den Gleichungen der Starken und Schwachen Kernkraft sehr einfach.

Der Atomkern ist also ganz offensichtlich ein Paradebeispiel für die kollektive Selbstorganisation der Nukleonen, und die Eigenschaften der Kerne ein Fall von Emergenz. Wer hätte denn erwartet, was aus den relativ einfachen Protonen und Neutronen alles werden kann, wenn man es nicht in der Natur beobachten könnte? Schließlich sind die unterschiedlichen Atomkerne die Basis für die Atome und damit für enorme Vielfalt der Materialien der Physik, der Moleküle der Chemie und alles, was darauf aufbaut, bis hin zu den Lebewesen.

6. Die Atome und die Quantentheorie

Atome und Moleküle bestehen aus den Atomkernen und den Elektronen der Atomhülle; sie werden durch die Quantentheorie beschrieben. Die Quantentheorie hat einen großen Geltungsbereich in der Natur. Ihre Lösungen sind die Wellenfunktionen, die die Quantenteilchen beschreiben und sowohl einen Teilchen- als auch einen Wellencharakter haben. Eine exakte Lösung der Quantentheorie gibt es nur für das einfache Wasserstoffatom, das aus einem Proton und einem Elektron besteht.

Ein Atom besteht aus dem zuletzt beschriebenen Atomkern und aus der Atomhülle. Die Atomhülle wird von Elektronen gebildet, und zwar von genau so vielen, wie der Kern Protonen hat, denn das Atom ist normalerweise in Summe elektrisch neutral. Der Kern ist etwa 10 000 Mal kleiner als das Atom, dafür aber etwa 2000 – 5000 Mal schwerer als die Hülle. Atome haben neue Eigenschaften, die ihre Bausteine, die Kerne und die Elektronenhüllen, nicht haben, sie können beispielsweise Photonen von genau festgelegten Energien aussenden („emittieren") und verschlucken („absorbieren").

Die üblichen Bilder der Atome zeigen die Elektronen in der Hülle als kleine Punkte, die den Atomkern umkreisen wie Planeten die Sonne. Andererseits hört oder liest man auch von den Elektronen, dass sie einen Wellencharakter haben und Interferenzmuster erzeugen können wie das Licht. Kann denn beides stimmen? Teilchen und Welle?

Die Antwort ergibt sich aus der Theorie, die für den Aufbau und die Eigenschaften der Atome, Moleküle, Festkörper usw. gilt: Die berühmt-berüchtigte Quantentheorie. Ich werde an einigen wichtigen Beispielen zeigen, dass die Ergebnisse dieser Theorie nicht so unverständlich sind, wie man es ihnen nachsagt. Dazu muss man sich aber an eine bestimmte Vorstellung „gewöhnen": Der Schlüssel zum Verständnis der Quantentheorie ist, dass die Elektronen und alle anderen Feld- und Materieteilchen weder punktförmige Teilchen noch Schwingungen irgendeiner unbekannten Substanz sind, sondern durch die schon einmal erwähnten Wellenfunktionen repräsentiert werden. Alle aus den elementaren Teilchen zusammengesetzten Systeme wie Atome, Moleküle, feste Körper usw. sind aus den Wellenfunktionen der elementaren Teilchen zusammengesetzt. Eine ähnliche „sowohl – als auch" Situation ist uns bei der Materie und der Energie schon begegnet:

Aufgrund der Formel $E = m \cdot c^2$, die aus dem Relativitätsprinzip abgeleitet werden kann, sind beide äquivalent, also offenbar nur unterschiedliche Erscheinungsformen von etwas wie „Energie-Masse".

Was ist das nun, eine Wellenfunktion? Jetzt wird's abstrakt, aber da müssen Sie durch: „Die Wellenfunktion ist eine mathematische Beschreibung des physikalischen Zustands und der physikalischen Eigenschaften eines *Quantenteilchens*". Nicht mehr und nicht weniger, nur eine abstrakte mathematische Beschreibung ... aber die sagt eben alles über das Quantenteilchen: Seine Art, seine Energie, seine Bewegung, seinen Aufenthaltsbereich usw. Quantenteilchen sind: Fundamentale Teilchen, Feldteilchen, Atome, Moleküle, aber auch Kollektive aus sehr vielen Atomen oder Elektronen (vgl. Kap. 9 und 10). Einfach alle Objekte, auf die die Quantentheorie anwendbar ist. Wir werden davon in den folgenden Kapiteln mehreren Beispielen begegnen. Den physikalischen Zustand eines Quantenteilchens nennt man auch Quantenzustand.

Wie schon gesagt, die Wellenfunktion ist gewöhnungsbedürftig. Es ist beispielsweise nicht sinnvoll zu fragen, woraus die Wellenfunktion besteht, Wellenfunktionen „sind" die Materie. Man darf auch nicht anspruchsvoll sein wegen der anschaulichen Vorstellung: Die quantentheoretischen Wellenfunktionen werden nämlich beschrieben durch mathematische Funktionen in drei Dimensionen (genau genommen sogar in der vierdimensionalen Raumzeit). Das ist halt für unsere menschliche Vorstellung ein Problem: Unsere Erfahrungen stammen nur aus unserer einfachen makroskopischen Welt. Man kann die Wellenfunktionen deshalb auch nur sehr eingeschränkt auf einem (zweidimensionalen) Blatt Papier zeichnen oder auf andere Weise anschaulich darstellen. Bild 9 zeigt die vier einfachsten Wellenfunktionen des Wasserstoffatoms, abgebildet auf das Papier. Wellenfunktionen für gebundene Teilchen kann man auch ein wenig mit stehenden Wellen vergleichen, vgl. dazu Bild 8.

Das Problem mit dem anschaulichen Verständnis der Wellenfunktion ist vergleichbar mit dem bei der Emergenz: Wie sich die Elemente spontan organisieren, und welche Eigenschaften eines kollektiven Systems dabei entstehen, ist meist weder unserer Anschauung noch den besten physikalischen Theorien samt allen uns bekannten mathematischen Funktionen zugänglich. Die Entstehung des Systems aus den Teilchen ist ja auch meist ein sehr komplizierter Prozess, wie in Kap. 1 beschrieben. Wir können nur beobachten, untersuchen und bewundern, was auf der Basis der Naturgesetze entstanden ist, das Ergebnis als gegeben hinnehmen und auf der Basis der kollektiven Eigenschaften der emergenten Systeme weiterarbeiten.

Wie sind die Physiker auf die Wellenfunktionen gekommen? Sie müssten nach den bisherigen Erläuterungen schon recht gut auf die Antworten vorbereitet sein:

- Es gibt Felder von Teilchen und Kräften: Die Wellenfunktionen sind spezielle Felder, die Materie- oder Kraftteilchen im Bereich der Atome repräsentieren.

- Ein fundamentales Prinzip der Natur ist das von der minimalen Wirkung: Die Wellenfunktionen sind die Lösungen der sog. *Schrödingergleichung* der Quantentheorie, die dieses Prinzip auf das Verhalten der Elektronen in den Atomen oder andere physikalische Situationen im Bereich der Atome überträgt.

- Die Schrödingergleichung verbindet den aktuellen Zustand der Wellenfunktion im Raum und die auf sie wirkenden Kräfte mit der zeitlichen Änderung der Wellenfunktion. Sie ist also deterministisch, weil sie die Gegenwart mit der Zukunft ursächlich verbindet.

- Die Energie der Wellenfunktionen ist nach Max Planck in Portionen aufgeteilt (quantisiert), nämlich in Vielfache des Planckschen Wirkungsquantums.

- Die Lösungen der Schrödingergleichung für die Elektronen des Wasserstoffatoms sind Wellenfunktionen mit Energiewerten, die mit den beobachteten Energiewerten (siehe nächste Seite) des Wasserstoffatoms sehr genau übereinstimmen. Für alle andere Atome muss man die Schrödingergleichung mit Näherungsverfahren im Computer lösen, aber die so berechneten Energiewerte stimmen auch sehr gut mit den Beobachtungen überein.

Als anschaulichen, wenn auch kräftig „hinkenden" Vergleich sei in Bild 8 noch die bekannte Geigensaite und ihre „quantisierten Wellenfunktionen" erwähnt: Die Saite wird durch den Geigenbogen zu Schwingungen angeregt. Da sie aber am Steg befestigt ist und auf dem Hals niedergehalten wird, kann sie nur solche Schwingungen ausführen, bei denen sie sich an diesen beiden Stellen nicht bewegt. Die dabei mögliche Schwingung mit der größten Wellenlänge entspricht dem Grundton, die mit kürzeren Wellenlängen den Obertönen. Da kürzere Wellenlängen höheren Frequenzen entsprechen, entsprechen die Obertöne auch einer größeren Energie der Schwingung.

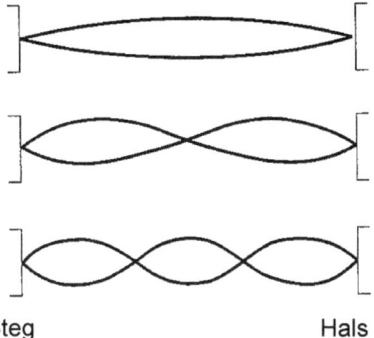

Steg   Hals

Bild 8: Drei Eigenschwingungen einer Geigensaite, die am Steg befestigt ist und an einer bestimmten Stelle am Hals niedergehalten wird. Oben die Grundschwingung und darunter zwei höhere Eigenschwingungen.

Für das Verständnis der Atome und den Fortschritt der Naturwissenschaften hat die Quantentheorie mit der Entdeckung der Wellenfunktionen als (mathematische) Lösungen der Schrödinger-gleichung einen gewaltigen Beitrag geleistet. Die Schrödingergleichung könnte man deshalb als die eigentliche „Weltformel" bezeichnen, wenn man diesen Titel unbedingt vergeben will [23]. Es wäre sicher nicht einfach gewesen, die vielfältigen und oft der Anschauung widersprechenden Beobachtungen an den Atomen ohne diesen innovativen Beitrag der Theorie zu erklären. Um welche Beobachtungen handelt es sich dabei? Die wichtigsten Beobachtungen stammen von den diskreten Energiewerten der Wellenfunktionen im Atom, denn die kann man einfach beobachten: Die Elektronen der Atomhülle können Energie aufnehmen oder abgeben, wenn diese Energie einer Differenz der Energie von zwei diskreten Energiewerten der Wellenfunktionen von Elektronen im Atom entspricht. Und diese Energie wird meist als Lichtteilchen, als *Photon*, aufgenommen („absorbiert") oder abgegeben („emittiert"). Da Photonen unterschiedlicher Energie unterschiedliche Farben haben, kann man beobachten und genau messen, was in der Atomhülle passiert. Solche Messungen gab es natürlich schon vor der Erfindung der Quantentheorie, und es hat sich schnell herausgestellt, dass Messungen und Theorie ausgezeichnet zusammenpassen. Das ist bis heute so geblieben.

Beispiel: Etwa 25% des Bruttosozialprodukts in der westlichen Welt waren 2002 auf Entwicklungen zurückzuführen, die direkt oder indirekt durch die Quantentheorie ermöglicht wurden ([18] S.3). Der Anteil dürfte seither deutlich gewachsen sein.

So weit, so gut. Es gibt aber auch im Bereich der Quantentheorie große Einschränkungen im Hinblick auf exakte Lösungen: Man kann mit der Schrödingergleichung und den bekannten mathematischen Funktionen nur die Wellenfunktionen des einfachsten Wasserstoffatoms berechnen, bzw. die schwererer Atome mit nur einem einzigen Elektron als Hülle (sog. *Ionen*). Schon beim Wasserstoffmolekül, das zwei Atomkerne enthält, gibt es keine Lösungen mehr auf Basis bekannter mathematischer Funktionen, und die Wissenschaftler sind auf näherungsweise Berechnungen mit Computern angewiesen. Für sehr schnelle Teilchen wie beispielsweise Photonen gilt die Schrödingergleichung ebenfalls nicht, dafür braucht man eine erweiterte Theorie, die das Relativitätsprinzip berücksichtigt, eine Quantenfeldtheorie.

Trotz dieser vielen Einschränkungen im Hinblick auf exakte Lösungen kann man die Bedeutung der Quantentheorie gar nicht hoch genug einschätzen. Sie ist die Grundlage für die Physik der Atome und des Lichts, die Physik der Flüssigkeiten und Festkörper und die darauf aufbauende Technik, die Moleküle der Chemie samt der chemischen und pharmazeutischen Technik, bis hin zu den biochemischen Grundlagen des Lebens. Wie schon gesagt, sie ist bisher die eigentliche „Theorie von (fast) Allem".

Die Wellenfunktionen sind nicht nur hilfreich bei der Erklärung der Vorgänge in der Atomhülle, sondern auch bei anderen Themen aus der Welt der Atome. In den folgenden Abschnitten beschreibe ich ein paar wichtige Beispiele. Zusammenfassend nenne ich dabei die Teilchen oder auch die Kollektive von Teilchen, für die die Quantentheorie gilt, Quantenteilchen.

Der Aufbau der Atomhülle

Die Elektronen sind in der Atomhülle in sog. Schalen angeordnet, die mit zunehmender Energie der Elektronen mit den Zahlen 1, 2, 3, ... nummeriert werden. Im Fall des Wasserstoffatoms kann man die unterschiedlichen Wellenfunktionen je Schale als Lösungen der Schrödingergleichung berechnen. In der Schale 1 haben die Elektronen die geringste Energie, und es gibt dort nur eine Wellenfunktion. In der Schale 2 ist die Energie der Elektronen etwas höher, und es gibt vier unterschiedliche Wellenfunktionen, in Schale 3 mit noch höherer Energie neun Wellenfunktionen usf. Bild 9 deutet an, wie die Wellenfunktionen der Elektronen der Schale 1 und 2 aussehen. Man kann sie sich als dreidimensionale Wolken vorstellen, über die das jeweilige Elektron verteilt ist. Der Buchstabe kennzeichnet die Symmetrie der Wolken bzw. Wellenfunktionen: s bedeutet kugelförmig und p bedeutet hantelförmig, und zwar in drei Richtungen senkrecht zueinander (im Bild sind die „Hanteln" bei den 2p-Wolken übereinander bzw. hintereinander bzw. nebeneinander). Für höhere Elektronenzustände der Atome haben die Elektronenwolken deutlich komplexere Formen.

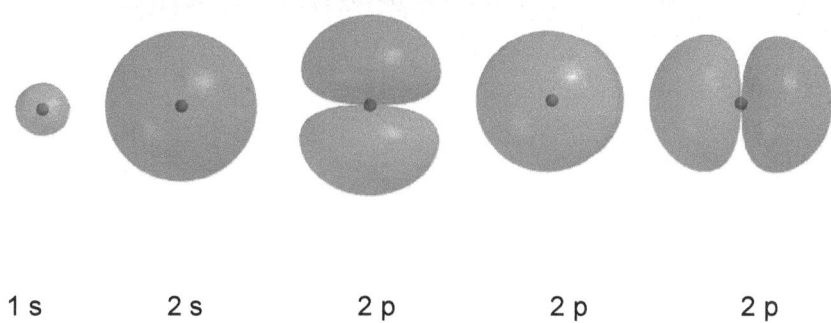

1 s   2 s   2 p   2 p   2 p

Bild 9 Atomhülle: Form der Elektronenwolken bzw. Wellenfunktionen in den Schalen 1 und 2 des Wasserstoffatoms (schematisch; Bereich der Aufenthaltswahrscheinlichkeit von 90%); vgl. Text.

Die Energie-Niveaus und weitere Kennzahlen des Wasserstoffatoms zeigt Bild 10 schematisch in einer Dimension.

Elektronen sind *Fermionen* und haben den *Spin* ½. Ein durch eine Wellenfunktion beschriebener Quantenzustand kann deshalb mit zwei Elektronen besetzt sein: ein Elektron mit Spin + ½, und ein zweites mit Spin - ½. In die Schale 1 passen also zwei Elektronen, in die Schale 2 acht Elektronen usw., je zwei Elektronen für jede unterschiedliche Wellenfunktion je Schale. Ihr Quantenzustand ist also durch Wellenfunktion und Spin bestimmt. Die Elektronenschalen der Atome werden mit ihrer wachsenden Kernladungszahl in der Reihenfolge der

Schalen 1, 2, 3, ... mit Elektronen aufgefüllt. Da ein Atom elektrisch neutral ist, ist die Gesamtzahl der Elektronen gleich der Kernladungszahl.

Beispiele (vgl. Bild 11): Beim Heliumatom He mit der Kernladungszahl 2, das zwei Protonen im Kern hat, ist die Schale 1 mit zwei Elektronen gefüllt, eins mit Spin + ½, und ein zweites mit Spin - ½. Beim Lithiumatom Li mit der Kernladungszahl 3 ist zusätzlich noch ein Elektron in der Schale 2.

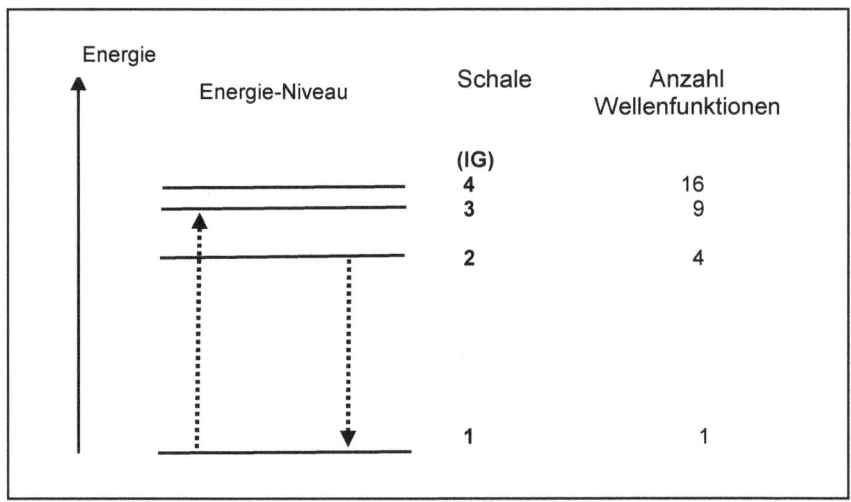

Bild 10 Wasserstoffatom:

Beispiele für Schalen und Energie-Niveaus sowie Anzahl der Wellenfunktionen je Schale, mit je einem Beispiel für den Übergang des Elektrons bei der Absorption (Pfeil 1 → 3) und Emission (Pfeil 2 → 1) von Photonen. IG ist die Ionisierungsgrenze: Wenn die Energie, die dem Atom zugeführt wird, größer ist als die Differenz zwischen IG und der Schale des Elektrons, verlässt das Elektron das Atom ganz, und das Atom wird zum positiv geladenen Ion, weil es ein Elektron zu wenig hat.

Beim Auffüllen der Schalen von 1 nach 7 gibt es allerdings eine Menge Ausnahmen, z.B. diverse Gruppen von sog. Übergangselementen. Bei ihnen ist zwar beim ersten Element der Gruppe die äußerste Elektronenschale schon mit zwei Elektronen gefüllt, aber weiter innen sind noch viele Plätze frei. Die werden bei den Übergangselementen schrittweise aufgefüllt, aber auch hier mit einigen Ausnahmen, für Beispiele vgl. Bild 22. Trägt man die unterschiedlichen Atome mit zunehmender Kernladungszahl von links nach rechts und von oben nach unten in eine Liste mit acht Spalten ein, so ergibt sich das bekannte Periodensystem der Elemente, vgl. Bild 11.

Gruppe:

Gruppe:	1	2	3	4	5	6	7	8

Schalen:

Schalen:								
1	1 H							2 He
2	3 Li	4 Be	5 B	6 C	7 N	8 O	9 F	10 Ne
3	11 Na	12 Mg	13 Al	14 Si	15 P	16 S	17 Cl	18 Ar
4	19 K	20 Ca	31 Ga	32 Ge	33 As	34 Se	35 Br	36 Kr
5	37 Rb	38 Sr	49 In	50 Sn	51 Sb	52 Te	53 J	54 Xe
6	55 Cs	56 Ba	81 Ti	82 Pb	83 Bi	84 Po	85 At	86 Rn
7	87 Fr	88 Ra	113 Uut	114 Fl	115 Uup	116 Lv	117 Uus	118 Uuo

Übergangselemente (die Lanthaniden zwischen La und Hf sowie die Actiniden zwischen Ac und Rf sind nicht dargestellt):

21 Sc	22 Ti	23 V	24 Cr	25 Mn	26 Fe	27 Co	28 Ni	29 Cu	30 Zn
39 Y	40 Zr	41 Nb	42 Mo	43 Tc	44 Ru	45 Rh	46 Pd	47 Ag	48 Cd
57 La	72 Hf	73 Ta	74 Wf	75 Re	76 Os	77 Ir	78 Pt	79 Au	80 Hg
89 Ac	104 Rf	105 Rf	106 Db	107 Sg	108 Bh	109 Hs	110 Mt	111 Rg	112 Cn

Bild 11: Periodensystem der Elemente

Oben im Feld jeweils die Kernladungszahl, darunter das Symbol des Elements. Die Übergangselemente werden entsprechend ihrer Kernladungszahl dort eingefügt, wo die Kernladungszahl zwischen zwei Elementen um mehr als 1 springt, z.B. zwischen Ca und Ga. Diese Stellen sind durch einen Doppelstrich markiert. Die Elemente ab der Ordnungszahl 95 kommen in der Natur nicht vor, konnten aber künstlich hergestellt werden.

Das Periodensystem ist eine empirische Darstellung der Atome und weitgehend auch der Struktur der Atomhüllen, die sich durch die Selbstorganisation der Elektronen beim Aufbau der Atome ergeben haben. Man hat diese Struktur durch Beobachtungen und Messungen herausgefunden. Mit der Quantentheorie kann man sie nicht exakt nachvollziehen.

Jeder Kombination aus Schale und Wellenfunktion ist ein genau festgelegter Energiewert zugeordnet. Genau genommen ist jeder dieser Energiewerte allerdings zwei Elektronen zugeordnet, denn jede Wellenfunktion kann zwei Elektronen aufnehmen, eins mit Spin + ½, und eins mit Spin - ½. Wenn das Atom in einem Magnetfeld ist, spalten sich deren zunächst gleiche Energiewerte in zwei unterschiedliche Werte auf, weil die unterschiedlichen Spins der beiden Elektronen im Magnetfeld eine unterschiedliche Energie haben.

Übergänge der Elektronen von einer Schale auf eine andere sind möglich, wenn in der aufnehmenden Schale ein Platz frei ist. In der abgebenden Schale ist nach dem Übergang ein Platz nicht besetzt. Die Übergänge sind meist mit der Aufnahme oder Abgabe von Photonen verbunden, deren Energie und damit Frequenz bzw. Farbe der Differenz der Energiewerte der Elektronen im Atom entspricht. Die Energie kann aber auch bei anderen Ereignissen wie Zusammenstößen von Atomen aufgenommen oder abgegeben werden. Die diskreten Farben der Photonen, die von einem Atom ausgesandt werden können, nennt man Spektrallinien.

Wenn die Schalen eines bestimmten Atoms von der Schale 1 her lückenlos mit den Elektronen aufgefüllt sind, befindet sich das Atom im Zustand niedrigster Energie, dem sog. Grundzustand. Der Grundzustand eines Atoms ist ein stabiler Zustand. Wenn sich ein oder mehrere Elektronen in höheren Schalen befinden und weiter unten Plätze frei sind, so ist das Atom in einem angeregten Zustand. Ein angeregter Zustand ist nicht von Dauer; das Atom geht sobald wie möglich in den Grundzustand über. Falls ein oder mehrere Elektronen das Atom ganz verlassen haben, so ist das Atom ionisiert und elektrisch positiv geladen.

Die maximale mögliche Anzahl der Elektronen in einer Schale und ihre Besetzung mit Elektronen spielt in der Chemie eine große Rolle, weil sie die chemische Bindung der Atome zu Molekülen bestimmt: Jedes Atom versucht zu erreichen, dass seine äußerste noch mit Elektronen besetzte Schale die maximal mögliche Zahl Elektronen enthält, die in die Schale passt. Es nimmt deshalb entweder ein oder mehrere Elektronen auf oder gibt sie ab. Deshalb verbinden sich Atome so gern zu Molekülen, beispielsweise zwei Wasserstoffatome zu einem Wasserstoffmolekül, oder in der Atmosphäre Sauerstoff oder Stickstoff zu zweiatomigen Molekülen. Das Beispiel der chemisch völlig inaktiven Edelgasatome mit ihren komplett gefüllten äußeren Schalen zeigt, dass das eine stabile, also energetisch günstige Lösung für ein Atom ist.

Der Laser

Mit einer kleinen Erweiterung der Energienieveaus eines Atoms kann man das Prinzip des *Lasers* erläutern. Der Name steht für „Light Amplification by Stimulated Emission of Radiation" und beschreibt eigentlich schon seine grundsätzliche Funktion. Bild 12 zeigt als Beispiel die Energie-Niveaus eines sog. Drei-Niveau-Lasers.

In einem Material, das aus Atomen besteht, die drei Energieniveaus mit den passenden Eigenschaften haben, werden durch Energiezufuhr von außen laufend Elektronen vom Grundzustand E1 in den angeregten Zustand E3 „gepumpt". E3 muss die Eigenschaft haben, dass die Elektronen nach kurzer Zeit (einige µs) rasch in einen etwas tieferen Zustand E2 übergehen, aber nicht direkt nach E1 zurück. Im Zustand E2, auch „metastabil" genannt, müssen die Elektronen länger verweilen als in E1 (einige ms) und sich ansammeln, weil der Übergang von E2 in den Grundzustand E1 nicht ohne weiteres möglich sein darf.

Wenn dann irgendwann ein erstes Photon mit der passenden Energie, die der Differenz E2 – E1 entspricht, in das Material gelangt (z.B. ein Elektron, das nach einigen ms spontan von E2 nach E1 übergeht), wird ein kollektiver Vorgang ausgelöst. Die Elektronen im Zustand E2 fallen, ausgelöst („stimuliert") durch das erste Photon, und sich von selbst vervielfachend wie eine Lawine hinunter in den Grundzustand E1. Sie haben alle die gleiche Farbe und Richtung und schwingen sogar mit der gleichen Phase, d.h. die Maxima und Minima der elektromagnetischen Schwingungen der Photonen fallen zusammen. Es entsteht ein intensiver Strahl von identischen Photonen gleicher Energie bzw. Farbe. Ihre Farbe entspricht der Energiedifferenz E2 – E1.

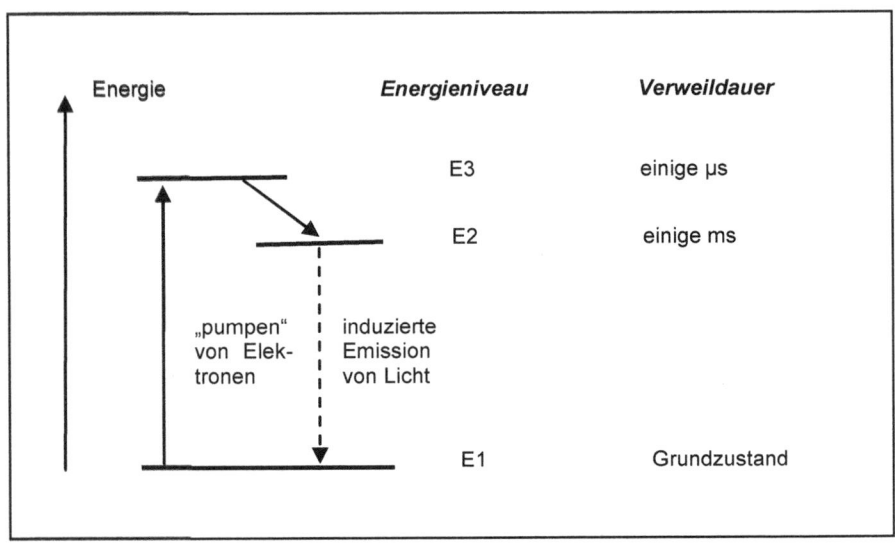

Bild 12: Energie-Niveaus eines Lasers (sog. Drei-Niveau-Laser; schematisch)

Damit die Lawine der Elektronen zustande kommt, muss von jedem Elektron im Laser etwas mehr als ein Nachfolger stimuliert werden. Das erreicht man durch Spiegel an den Enden des Lasermediums oder durch ein Medium mit ausreichend großer Vervielfachung der Elektronen bei der stimulierten Emission. Es war nicht ganz einfach, Materialien mit den passenden Eigenschaften zu finden; Energieniveaus, Übergangswahrscheinlichkeiten und Verweildauern müssen passen. Der erste Laser wurde erst 1960 mit einem Rubin-Kristall verwirklicht. Inzwischen kann man Laser in einer Vielzahl von Materialien und mit vielen unterschiedlichen Arbeitsweisen technisch realisieren.

Aus Sicht der kollektiven Prozesse befindet sich der Laser in einem kritischen Ungleichgewichts-Zustand, wenn das angeregte Niveau E2 besetzt ist, denn der Zustand niedrigster Energie ist der Grundzustand. Das oben genannte „erste" Photon mit der Energie E2 − E1 erfüllt die Rolle des Keims, der die Lawine in Richtung Grundzustand auslöst und den kritischen Zustand beendet.

Das Licht eines Lasers hat mehrere ganz spezielle Eigenschaften:

- Es kann sehr intensiv sein, denn die im Energieniveau E2 allmählich durch „pumpen" gespeicherte Energie kann in sehr kurzer Zeit in Licht umgesetzt werden.
- Es besteht aus einer sehr genau definierten Farbe, entsprechend der Energie E2 – E1.
- Alle Photonen schwingen im Gleichtakt, sie sind „kohärent".
- Alle Photonen fliegen in der gleichen Richtung, der Lichtstrahl ist deshalb sehr gut gebündelt.

Worin unterscheidet sich das kohärente Licht des Lasers vom normalen Licht einer Glühbirne? In der Glühbirne wird die Glühwendel durch den elektrischen Strom erhitzt und dadurch werden Elektronen auf diverse höhere Energieniveaus der Atome der Glühwendel gehoben. Von dort fallen sie nach kurzer Zeit alle einzeln wieder auf freie Plätze des Grundzustands oder andere tiefere Zustände hinunter. Dabei senden sie einzeln und unabhängig voneinander Photonen aus, in alle Richtungen und nicht koordiniert. Es ist kein kollektiver Vorgang, und das Licht hat deshalb nicht die oben aufgezählten besonderen Eigenschaften. Das wird noch etwas anschaulicher, wenn man bedenkt, dass ein Photon aus einer Glühbirne einem Wellenzug von etwa einem Meter Länge entspricht, der aber mit 300 000 km/sec in beliebiger Richtung die Glühwendel verlässt.

Aufgrund der besonderen Eigenschaften seines Lichts hat der Laser sehr viele und wichtige Anwendungen in Wissenschaft und Technik gefunden: als Laserpointer, beim Brennen und Wiedergeben von CDs, für sehr genaue Entfernungs- und Höhenmessungen aller Art, beim Bearbeiten von Material, in medizinischen Anwendungen, in der Forschung usw.

Beispiel: Um die Entfernung des Mondes sehr genau zu messen, haben die Astronauten seit Apollo 11 mehrere Spiegel auf dem Mond aufgestellt. Auf diese Spiegel wird von der Erde aus ein Laserstrahl gerichtet, und die Laufzeit der reflektierten Photonen wird gemessen. Der Laserstrahl hat auf der Erde etwa 3 m Durchmesser und auf dem Mond etwa 4,5 km Durchmesser. Das ist eine sehr geringe Aufweitung des Lichtstrahls, verglichen mit der riesigen Entfernung des Mondes von etwa 380 000 km, nur etwa 0,04 ‰ pro km. Man hat mit dieser Messung u.a. festgestellt, dass sich der Mond jedes Jahr um 3,8 cm von der Erde entfernt. Die Ursache dafür ist, dass ständig Energie aus der Drehbewegung der Erde durch die Gezeitenreibung teils auf der Erde in Wärme umgewandelt und teils auf die Drehbewegung des Mondes übertragen wird.

Beugung am Doppelspalt

Wenn man „normale" Wellen wie beispielsweise die Wellen auf einer
Wasseroberfläche gegen ein Hindernis anrollen lässt, das zwei Öffnungen
hat, so erzeugt jede Öffnung hinter dem Hindernis eine neue, kreisförmige
Welle. Diese Wellen überlagern sich und bilden auf der Wasseroberfläche
ein sog. Interferenzmuster, weil die Wellen aus den beiden Öffnungen
sich gegenseitig verstärken oder abschwächen, abhängig davon, ob an
der betrachteten Stelle zwei Wellenberge bzw. Wellentäler aufeinander
treffen, oder ein Wellenberg und ein Wellental (vgl. Bild 13).

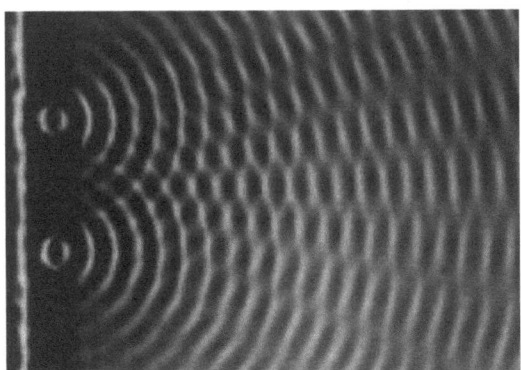

Bild 13: Überlagerung und Interferenz von Wasserwellen:

Von links kommt eine gerade Welle und trifft auf ein Hindernis mit zwei Öffnungen (als kleine Kreise
zu erkennen). Rechts vom Hindernis ist das Muster der Verstärkung oder Abschwächung bei der
Überlagerung der Wellen zu erkennen.

Da auch die Quantenteilchen einen Wellencharakter haben, können
auch sie hinter einem Doppelspalt Interferenzmuster erzeugen. Der
Doppelspalt muss natürlich viel kleiner sein als der für die „großen"
Wellen auf dem Wasser; der Abstand der Spalte muss etwa von der
Größe der halben „Breite" der Wellenfunktion sein. Wenn man die
Wellenfunktion aber gemäß ihrer Doppelnatur als Teilchen betrachtet,
erhebt sich die Frage: Wie kommt in diesem Fall die Interferenz
zustande? Müssen es nicht immer mindestens zwei Teilchen sein, die
durch beide Spalte fliegen, damit überhaupt eine Interferenz zustande
kommt? Und wie wissen die voneinander? Über diese Problematik haben

sich schon viele Leute den Kopf zerbrochen und sich bei den Lösungsideen bis zu sog. Viele-Welten-Hypothesen verstiegen. Betrachtet man das Problem aber aus der Sicht der Wellenfunktionen, ist die Lösung anschaulich nicht schwierig, denn schon die Wellenfunktion eines einzigen Quantenteilchens ist räumlich ausgedehnt, und kann deshalb beide Spalte passieren und so zwanglos Interferenz erzeugen. Ein Quantenteilchen kann also mit sich selbst interferieren ([18] S. 15). Diese anschauliche Erklärung des Doppelspalt-Versuchs bei Quantenteilchen ist zweifellos etwas locker, aber es gibt auch strenge und wissenschaftlich anerkannte Interpretationen des Versuchs, die im gleichen Modell zum gleichen Ergebnis führen, wie z.B. die mit Hilfe des sog. Quantenpotentials von David Bohm, vgl. [18].

Die Interferenz hinter dem Doppelspalt gibt es sowohl für Photonen, die ja die Repräsentanten von Lichtwellen sind, wie auch für Elektronen, die für unsere Anschauung in erster Linie Teilchen sind, und alle anderen Quantenteilchen. Der Doppelspalt muss nur die passende Größe haben. Selbst für einzelne Fulleren-Moleküle aus 60 oder 70 Kohlenstoffatomen konnte man schon Quantenteilchen-Interferenz nachweisen.

Fazit: Im Konzept der Wellenfunktionen hängt es von der physikalischen Situation ab, wie ein Quantenteilchen sich „outet": Am Doppelspalt oder bei der Beugung an einem Kristallgitter (vgl. Kap. 9) als Welle, und beim Zusammenstoß mit anderen Quantenteilchen oder mit einem Atom als Energiepaket, also wie ein Teilchen. Es ist aber von seiner Natur her immer nur eine Wellenfunktion.

Die Aufenthaltswahrscheinlichkeit

Da die Wellenfunktion eines Quantenteilchens im Raum ausgedehnt ist, entsteht die Frage, an welchem Ort sich das Quantenteilchen denn eigentlich befindet. Die Antwort ist: Der Ort des Teilchens ist im Rahmen der Quantentheorie nicht genau festgelegt, sondern nur mit einer bestimmten *Wahrscheinlichkeit*. Und diese wird durch den Wert der Wellenfunktion an einem Ort festgelegt: An den Stellen, wo die Wellenfunktion große Werte hat, ist auch die Wahrscheinlichkeit groß, das Quantenteilchen anzutreffen. Zahlenmäßig entspricht sie an jeder Stelle im Raum dem Quadrat des Betrags der Wellenfunktion. Diese Erkenntnis war während der Entwicklung der Quantentheorie natürlich „ein Hammer" und ausgesprochen gewöhnungsbedürftig. Es gab deshalb damals kontroverse Diskussionen darüber, ob das mit der Quantentheorie und den Wellenfunktionen wirklich schon alles ist, denn man konnte sich nicht damit abfinden, dass das gewohnte Bild vom genau feststellbaren Ort eines Teilchens nicht mehr gilt, sondern durch suspekte Aufenthaltswahrscheinlichkeiten ersetzt wird. Albert Einstein meinte dazu „Gott würfelt nicht", und versuchte weitere „verborgene" physikalische Größen in der Quantentheorie zu finden, die sie wieder deterministisch machen. Er hat aber nichts gefunden. Für Sie als Leser ist es aber nicht ganz überraschend, dass in der Physik die Wahrscheinlichkeit eine Rolle spielt; wir haben sie ja schon bei der Entropie kennen gelernt.

Eine besondere Rolle bei diesen Diskussionen hat auch die Frage gespielt, wie man „gewöhnliche" (*makroskopische*) Messungen von physikalischen Eigenschaften der Quantensysteme verstehen soll, denn das Ergebnis einer Messung ist ja eine Zahl, und keine Wahrscheinlichkeit. Diese Diskussion ist auch heute noch nicht völlig abgeebbt. Dazu kann man aber folgendes sagen: Man kann zwar inzwischen mit aufwändigen physikalische Methoden bei sehr tiefen Temperaturen einzelne Atome oder sogar einzelne Photonen längere Zeit isolieren. Aber eine normale makroskopische Messung mit gewöhnlichen Messgeräten erfordert als Messobjekt eine große Anzahl gleichartiger Quantenteilchen, die ja alle, wie wir gleich sehen werden, mit Wahrscheinlichkeiten behaftet sind. Also ist auch ein Messergebnis für eine große Anzahl von Teilchen keine genau festgelegte Zahl. Die Abweichungen fallen nur wegen der großen Zahl der Teilchen bei einer Messung nicht weiter auf, weil man ja nur den Mittelwert über alle Teilchen feststellen kann.

Wir werden im Kap. 10 sogar sehen, dass Messungen an Systemen aus vielen Teilchen manchmal genauere Ergebnisse liefern, als Messungen an einzelnen Teilchen!

Die Unbestimmtheitsrelation

Die sog. Heisenbergsche *Unbestimmtheitsrelation* sagt aus, dass man den Ort und den Impuls eines Quantenteilchens nicht gleichzeitig genau feststellen kann: Entweder der Ort ist genau feststellbar, dann ist der Impuls unbestimmt, oder umgekehrt. Was ist ein Impuls? In der Mechanik ist der Impuls das Produkt aus Masse und Geschwindigkeit eines

Körpers. Und weil man in der Mechanik Ort und Geschwindigkeit für einen Körper gleichzeitig sehr genau messen kann, war es sehr rätselhaft, warum das für ein Quantenteilchen nicht auch möglich sein soll. Betrachtet man das Quantenteilchen als Wellenfunktion, so kann man die Unbestimmtheitsrelation mit einem anschaulichen Vergleich an einem einfachen Beispiel erläutern. Ich verwende dazu als Modell zwei Wellenfunktionen in einer Dimension:

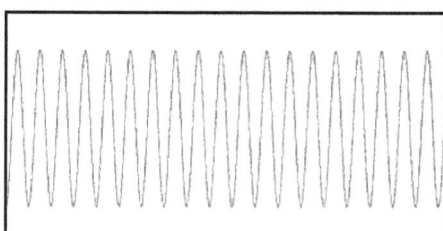 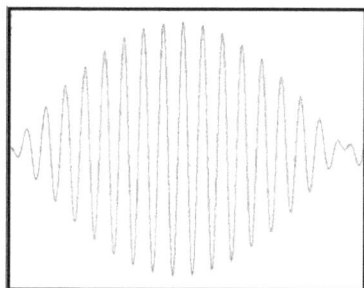

Bild 14: Zwei Arten von Wellenfunktionen in einer Dimension

Links ein Abschnitt einer (unendlich) langen Welle mit nur einer Frequenz, und rechts ein lokalisiertes Wellenpaket, das aus Wellen unterschiedlicher Frequenzen zusammengesetzt ist

Im Bild 14 ist auf der linken Seite die Wellenfunktion eines „freien" Teilchens schematisch dargestellt, und rechts die Wellenfunktion eines „lokalisierten" Teilchens; beides nur in einer Dimension: Die Amplitude der Wellenfunktion ist nur von einer Koordinate abhängig. Man sieht, dass beide Wellenfunktionen im Raum ausgedehnt sind. Der Unterschied besteht aber darin, dass das freie Teilchen aus einer Welle mit nur einer Frequenz besteht, die unendlich weit ausgedehnt ist. Das gebundene Teilchen ist dagegen aus vielen Wellen mit unterschiedlichen Frequenzen zusammengesetzt und relativ gut lokalisiert. Durch eine geeignete Überlagerung von Wellen unterschiedlicher Frequenzen entsteht ein sog. Wellenpaket, das auf eine bestimmte räumliche Ausdehnung konzentriert ist. In drei Dimensionen ist das beispielsweise vergleichbar mit einem Elektron, das in einem Atom gebunden ist, vgl. Bild 9.

Für die Erläuterung der Unbestimmtheitsrelation müssen wir nun noch wissen, wie der Impuls einer Welle festgelegt ist (was Sie mir an dieser Stelle glauben müssen): Der Impuls einer Welle ist proportional zu ihrer Frequenz. Damit können wir dann in Bild 14 folgenden Vergleich vornehmen:

- Für das „freie" Teilchen links ist zwar die Frequenz und damit der Impuls genau festgelegt, weil es nur eine einzige Frequenz hat. Der Ort ist aber völlig unbestimmt, weil die Welle unendlich ausgedehnt ist.
- Für das „lokalisierte" Teilchen rechts ist zwar der Ort recht genau bekannt (dort, wo der größte Teil des Wellenpakets konzentriert ist), dafür kann man aber den Impuls nicht festlegen, weil das Wellenpaket aus vielen Wellen mit unterschiedlichen Frequenzen – und damit vielen unterschiedlichen Impulsen – zusammengesetzt ist.

Diese Erläuterung der Unbestimmtheitsrelation ist wissenschaftlich nicht ganz exakt, aber dafür einigermaßen einfach und anschaulich. Und wenn man es genauer wissen will, hat man als Grundlage dafür schon mal eine anschauliche Vorstellung, mit der man weiterarbeiten kann.

Die Quantenverschränkung

Ein anderes kontroverses Thema der Quantentheorie ist die sog. *Quantenverschränkung* von zwei oder mehr Quantenteilchen (besser – weil verständlicher – wäre der Ausdruck Quantenkorrelation). Sie wurde von Albert Einstein seinerzeit auch „spukhafte Fernwirkung" genannt. Betrachten wir als Beispiel die Wellenfunktionen von zwei Quantenteilchen genauer, so müssen wir folgende Fälle unterscheiden:
1. Die beiden Teilchen haben jeweils eine eigene Wellenfunktion (so ist es normalerweise), oder
2. die beiden Teilchen haben eine gemeinsame Wellenfunktion.

Den Fall der gemeinsamen Wellenfunktion für zwei oder mehr Quantenteilchen kann man nur mit bestimmten physikalischen Tricks erzeugen, und nur in diesem Fall gibt es die Verschränkung zwischen den Teilchen.

Beispiel: Ein Photon mit einer sehr hohen Energie kann in der Nähe eines Atoms „aus dem Nichts" (nämlich dem Vakuum) ein Elektron-Positron-Paar erzeugen (Teilchen und Antiteilchen), die dann auseinander fliegen. Diese beiden Teilchen sind nach der Paarerzeugung miteinander verschränkt.

Was bedeutet die Verschränkung? Die verschränkten Quantenteilchen haben, wie schon gesagt, eine gemeinsame Wellenfunktion. Diese ist übrigens abhängig von den zweimal drei Koordinaten der zwei Teilchen, in Summe also von sechs Koordinaten. Sie bestimmt den Zustand des verschränkten Systems und ist nicht lokalisiert, sondern erstreckt sich über das gesamte räumlich verteilte System der Teilchen, und darüber hinaus. Wenn man nun in irgendeiner Weise diese gemeinsame Wellenfunktion ändert, sind beide Teilchen betroffen. Die physikalischen Eigenschaften des einen Teilchens sind über die gemeinsame Wellenfunktion ausdrücklich mit denen des anderen korreliert. Wenn man an einem Teilchen etwas ändert, reagiert auch das andere mit der „entgegengesetzten" Änderung, und zwar ganz unmittelbar und über beliebig weite Entfernungen! Das ist natürlich wirklich verblüffend, und die dafür gemessene Geschwindigkeit ist größer als die des Lichts! Eine Herausforderung für Science Fiction Autoren ...

Aber: Eine Übertragung von Information (oder gar Materie) mit Überlichtgeschwindigkeit ist auch mit der Verschränkung nicht möglich, weil verschränkte Teilchen zwar zur Korrelation einer Übertragung benutzt werden können, aber ausschließlich zusammen mit einem „normalen" Informations- oder Übertragungskanal, beispielsweise einer Glasfaserverbindung. Diese überträgt die Information aber maximal mit der Lichtgeschwindigkeit in der Glasfaser. Die Verschränkung von Quantenteilchen soll aber irgendwann für die absolut abhörsichere Übertragung von Information genutzt werden, weil jeder Eingriff in die Übertragung mit verschränkten Quantenteilchen die Korrelation der zu übertragende Information unabdingbar ändert, was der Empfänger dann feststellen kann. Verschränkte Quantenteilchen kann man übrigens auch nicht „klonen". Wir werden der Verschränkung durch eine gemeinsame Wellenfunktion von Quantenteilchen später noch mehrfach bei den kollektiven Eigenschaften von Festkörpern begegnen.

Quantentheorie und Emergenz

Die Quantentheorie muss man aus Sicht der Emergenz sehr differenziert sehen: Einerseits hat sie den Physikern mit dem Konzept der Wellenfunktionen einen Durchbruch für das Verständnis der Welt der Atome und Moleküle verschafft, vergleichbar mit dem der Raumzeitgeometrie im Fall des Relativitätsprinzips. Andererseits gibt es exakte Lösungen mit bekannten mathematischen Funktionen nur für zwei ganz einfache Systeme, für das einfache Wasserstoffatom ohne weiteren Schnickschnack, und für freie Teilchen im homogenen Schwerefeld. Alle anderen Atome, Moleküle usw. sind nur näherungsweise mit Verfahren der sog. quantenmechanischen Störungstheorie oder mit Computersimulationen berechenbar. Die Wirklichkeit ist also auch im Bereich der Atome vor allem eine Leistung der spontanen Selbstorganisation, und die Physiker sind gut beraten, wenn sie mehr auf die Ergebnisse der Messungen vertrauen, als auf die der Theorie.

7. Chaotische Prozesse

Chaotische Prozesse sind verwandt zu den Prozessen der Selbstorganisation, weil auch bei ihnen kleinste Änderungen am Anfang große, nicht vorhersagbare Auswirkungen haben können. Das Verhalten von selbstorganisierten Prozessen im kritischen Bereich kann chaotisch wirken.

Es gibt einen großen Bereich von Erscheinungen in der Natur und in der Mathematik, die verwandt sind mit der spontanen Selbstorganisation: Das sind die sog. chaotischen Prozesse. Hier spielt die geringe Vorhersagbarkeit eine große Rolle, nämlich die Beobachtung, dass kleine Änderungen am Anfang große, nicht vorhersagbare Auswirkungen im weiteren Verlauf eines Prozesses haben können. Das ist vergleichbar mit den kritischen Zuständen selbstorganisierter Phasenübergänge und der Nicht-Vorhersagbarkeit der kollektiven Eigenschaften aus den Eigenschaften der Elemente. Ein bekanntes Beispiel ist das Wetter, mit der oft zitierten Frage, ob „…der Flügelschlag eines Schmetterlings in Brasilien einen Tornado in Texas auslösen kann". Einige Prozesse der Selbstorganisation wie das Verhalten von strömenden Flüssigkeiten enden unter bestimmten Bedingungen in einem chaotischen Zustand. Auch im Bereich der Chemie und der Biologie gibt es bekannte Beispiele wie die Belousov-Zhabotinsky-Reaktion bzw. den Lebenszyklus des zelligen Schleimpilzes [11].

Ursachen

Wie kommen chaotische Prozesse zustande? Zur Beantwortung dieser Frage muss ich einen kleinen Ausflug in die Mathematik machen. Viele Abläufe in Raum und Zeit werden mathematisch durch sog. *Differenzialgleichungen* beschrieben. Das sind Gleichungen, die nicht nur eine unbekannte Größe y mit einer bekannten Größe x verbinden, so wie Sie das aus der Schule kennen, sondern auch Veränderungen von Größen in Raum und Zeit mit den Größen, ausgehend von einem bestimmten Zustand im Raum zu einem bestimmten Anfangszeitpunkt.

Beispiele für Differenzialgleichungen:
- Die zweite Newtonsche Bewegungsgleichung: Die zeitliche Änderung der Geschwindigkeit eines Körpers ergibt sich aus der Kraft auf den Körper, geteilt durch seine Masse
- Die Schrödingergleichung der Quantentheorie: Sie verbindet die zeitliche Änderung der Wellenfunktion mit dem aktuellen Zustand der Wellenfunktion und den Kräften auf die Wellenfunktion.

Für diese Differenzialgleichungen gibt es manchmal Lösungen mit bekannten mathematischen Funktionen, oft aber auch nicht. Relativ einfach mit bekannten Funktionen lösbar sind nur die sog. linearen Differenzialgleichungen. Sie sind dadurch gekennzeichnet, dass die Größen x und y in den Differenzialgleichungen nur „linear", also nicht „zum Quadrat" oder mit noch höheren Exponenten vorkommen. Wenn aber ein Prozess durch eine sog. nichtlineare Differenzialgleichung beschrieben wird, in der x oder y „zum Quadrat" usw. vorkommen, gibt es in der Regel keine exakten Lösungen mit bekannten mathematischen Funktionen, sondern man kann die Lösungen nur näherungsweise per Computer berechnen.

Bei chaotischen Prozessen stellt sich oft die Frage, ob ihr Verhalten denn überhaupt deterministisch ist, d.h. „ob die Zukunft vollständig durch die Vergangenheit festgelegt ist". Die Antwort lautet etwas diplomatisch: Es ist ein *deterministisches Chaos*. Was ist das?
- Das Verhalten ist im Prinzip deterministisch, weil jeder genau definierte Zustand am Anfang zu einem genau festgelegten Verlauf des Prozesses führt,
- das Verhalten wirkt aber chaotische, weil beliebig kleine Änderungen am Anfang sehr große Änderungen im Verlauf des Prozesses zur Folge haben können.

Wegen der Abhängigkeit von den beliebig genauen Werten am Anfang sind chaotische Prozesse experimentell nicht reproduzierbar, d.h. nicht mit identischem Verlauf wiederholbar, denn man kann in einem Experiment den Anfangszustand wegen der unvermeidlichen Ungenauigkeiten nicht genau wiederherstellen. Wir erkennen eine gewissen Ähnlichkeit mit der Frage, ob die Quantenprozesse deterministisch sind: Sie sind es, weil die Schrödingergleichung deterministisch ist. Nur führen ihre Lösungen, die Wellenfunktionen, nicht zu der gewohnten Vorstellung von Teilchen, die in Raum und Zeit genau festgelegt („determiniert") sind, sondern „nur" zu Wahrscheinlichkeits-aussagen für Ort, Geschwindigkeit usw.

Chaotisches Verhalten kann nur in Systemen auftreten, deren Dynamik durch nichtlineare Gleichungen beschrieben wird. Den meisten Vorgängen in der Natur liegen aber nichtlineare Prozesse zugrunde. Entsprechend vielfältig sind die Systeme, die chaotisches Verhalten zeigen können, und entsprechend groß ist die Überlappung mit den Prozessen der spontanen Selbstorganisation.

Hier einige Beispiele:
- Wenn mehr als zwei Planeten durch die Schwerkraft miteinander verbunden sind, können minimale Änderungen der Ausgangssituation im Laufe der Zeit zu sehr großen, nicht vorhersagbaren Änderungen ihrer Bahnen führen. Ihr Verhalten ist nicht exakt, sondern nur näherungsweise numerisch berechenbar.
- Dynamik von Flüssigkeiten und Gasen: Wenn Wasser durch ein Rohr strömt, oder Luft um die Tragfläche eines Flugzeugs, so kann die Strömung gleichmäßig (laminar) sein, verwirbelt (turbulent) oder sogar chaotisch. Die laminare Strömung ist für die technischen Anwendungen vorteilhaft, weil sie mehr Durchsatz im Rohr erlaubt bzw. der Luftwiderstand eines Flugzeug geringer ist. Ob und wann eine Strömung vom laminaren Zustand in den turbulenten oder chaotischen umschlägt, ist nur näherungsweise berechenbar. Die notwendigen Untersuchungen werden deshalb meist experimentell in Modellsystemen durchgeführt, wie z.B. in einem Windkanal.
- Bereits Benoit Mandelbrot hatte darauf hingewiesen, dass zahlreiche Verlaufskurven von Wirtschaftsdaten chaotische Eigenschaften haben. Der nichtlineare Faktor in der Wirtschaft ist der Einfluss der Menschen.

Auch bei chaotischen Prozessen gibt es den von der spontanen Selbstorganisation her bekannten kritischen Zustand: Wegen des deterministischen Chaos gibt es dann keine Korrelation mehr zwischen den Details einer Störung und der Reaktion des Systems.

Beispiele:
- Wenn man einen Sandhaufen aufschüttet, ist nicht vorhersagbar, ob und bei welchem zusätzlichen Sandkorn kleinere oder größere Teile des Sandhaufens abrutschen. Man kann nur vorhersagen, dass es bei einem Böschungswinkel von etwa 34° passieren wird. Bei diesem Winkel ist der Sandhaufen kritisch, es entsteht eine instabile Situation, in der eine beliebige Sandlawine abgehen kann, die den Böschungswinkel wieder verringert. Ergebnis: Der Böschungswinkel des (wachsenden) Sandhaufens fluktuiert von selbst um den kritischen Wert; er wird vom kritischen Wert gewissermaßen „angezogen". Den kritischen Böschungswinkel nennt man im Sprachgebrauch der chaotischen Prozesse deshalb auch einen „Attraktor".
- Entsprechendes gilt für den Schnee auf einem ausreichend steilen Hang und den möglichen Abgang einer Lawine, die in einem kritischen Zustand von einem Skifahrer ausgelöst werden kann.

– Im flüssigen Wasser bilden sich in der Nähe des Gefrierpunkts irgendwann Keime, die aus ersten geordnete Strukturen von Eis bestehen. Es sind Aggregate aus 500 – 1000 Molekülen, die dann von selbst weiter wachsen. Ab dieser Größe wird die Fernordnung der Wassermoleküle im Eis möglich. Es kann aber auch zur Unterkühlung des Wassers auf bis zu - 48 °C kommen, wenn die Abkühlung äußerst vorsichtig erfolgt und es keine anderen Keime gibt.

Wir werden sehen, dass wichtige Prozesse der Selbstorganisation wie die Evolution und die Funktion des Gehirns in kritischen Zuständen ablaufen, am Rande des Chaos sozusagen, u.a. weil dann die Geschwindigkeit der Abläufe besonders hoch ist.

Wetter und Klima

Die Gleichungen für die Physik des Wetters sind nichtlinear. Es geht um komplexe Energietransport-, Strömungs- und Kondensationsvorgänge usw. Außerdem sind die Anfangswerte für die Wetterprognose immer unvollständig, weil nicht alle Werte für Temperatur, Luftfeuchtigkeit, Luftströmungen usw. von Atmosphäre, Festland, Meer usw. für genau einen überall gleichen Zeitpunkt zur Verfügung stehen. Aber auch bei vollständiger Information würde eine exakte Wettervorhersage am chaotischen Charakter des Wettergeschehens scheitern.

Das Klima als Mittelwert des Wetters über 30 Jahre ist im Laufe der Zeit noch weit mehr komplexen Einflüssen unterworfen wie das Wetter; beispielsweise den langfristigen Änderungen astronomischer Parameter im Sonnensystem, den Veränderungen der Sonne, dem Verlauf der Meeresströmungen, dem wechselnden Gehalt an CO_2 in der Atmosphäre usw. In geologischen Zeiträumen hat auch die Erzeugung von Sauerstoff durch Lebewesen wie die Cyanobakterien oder die Bindung von CO_2 in Karbonaten einen gewaltigen Einfluss auf das Meer, die Atmosphäre und das Klima gehabt. Außerdem weisen die Messwerte sehr große statistische Schwankungen auf, auch noch in Zeitfenstern von Jahrzehnten. Deshalb sind alle Klimamodelle und die daraus abgeleiteten Prognosen mit äußerster Vorsicht zu bewerten, besonders wenn ihre Vertreter stark ideologisch orientiert sind, oder wenn die Modelle nicht ausreichend am Klima der Vergangenheit kalibriert worden sind. Bild 15 zeigt als Beispiel den Verlauf der mittleren Jahrestemperatur der Welt und den CO_2-Gehalt der Atmosphäre in den letzten 1000 Jahren. Man erkennt, dass es über den gesamten Zeitraum keine Korrelation zwischen den relativ starken Schwankungen der Temperatur und dem ziemlich gleichmäßigen CO_2-Gehalt gibt.

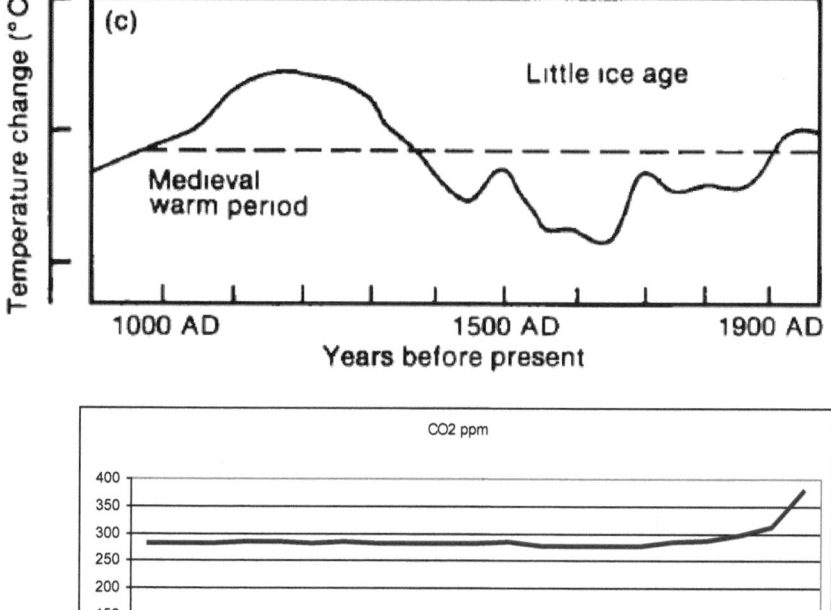

Bild 15: Die mittlere Jahrestemperatur der Welt und der CO_2-Gehalt der Atmosphäre seit ca. 1000 Jahren

(Quellen: IPCC FAR Ch. 7, 1990 bzw. Daten von Eisbohrkernen von D. M. Etheridge et al., http://cdiac.ornl.gov/trends/co2/lawdome.html). Die kleine „Warze" ganz rechts in der Temperaturkurve muss als „Beweis" für die globale Erwärmung durch das CO_2 herhalten. Zum Vergleich: Am Ende des sog. Jüngeren Dryas vor knapp 10 000 Jahren ist die Temperatur in weniger als 10 Jahren um 7 °C gestiegen (http://en.wikipedia.org/wiki/Younger_Dryas).

Der sog. Treibhauseffekt besteht in einer unauffälligen „Warze" am Ende der Temperaturkurve. Die mittlere Temperatur der Erde ist übrigens entgegen allen anders lautenden Prognosen des IPCC in den letzten 15 Jahren nicht mehr gestiegen.

Auch der Gletscherrückgang in den Alpen wird meist völlig einseitig auf die globale Erwärmung durch Treibhausgase zurück geführt. Die Gletscher haben aber seit Jahrtausenden immer wieder sehr stark zu- und abgenommen; die heutigen Alpengletscher stammen noch aus der sog. Kleinen Eiszeit der Jahre 1400 – 1900 (vgl. Bild 15), und schmelzen seither allmählich ab. Zur Zeit von Hannibals Alpenüberquerung vor ca. 2000 Jahren waren die Alpen weitgehend eisfrei.

Die Mandelbrot- Menge

Chaotisches Verhalten gibt es nicht nur bei Prozessen in der Natur. Man kann auch rein mathematisch mit nichtlinearen Differenzialgleichungen oder nichtlinearen rekursiven Anweisungen chaotische Lösungen erzeugen. In diesen Fällen ist das Verhalten der Lösungen zwar schwer vorhersagbar, aber natürlich aus den Gleichungen erklärbar.

Beispiel: Die bekannte Mandelbrot-Menge. Sie besteht aus der Menge aller (komplexen) Zahlen C, die berechnet wird aus der Folge

$$C = Z_{n+1} - Z_n^2 \qquad \text{mit dem Anfangswert } Z_0 = 0$$

und der zusätzlichen Bedingung, dass die Werte von C von der Größe her beschränkt bleiben; d.h. nicht unendlich groß werden.

Aus dem „hoch 2" am Term Z_n^2 können Sie erkennen: Aha, nichtlinear! Das Ergebnis der Berechnungen dieser Menge mit dem Computer ist im Bild 16 veranschaulicht und sieht recht bizarr aus. Wo bei der Berechnung in der Zahlenebene ein Punkt erscheint, ist nicht vorhersagbar. Die wirkliche Komplexität dieser Menge wird aber erst sichtbar, wenn man Teile der Menge vergrößert, denn diese Teile sind wieder der gesamten Menge ähnlich, und zeigen immer neue Details bis zu beliebig hoher Vergrößerung.

Noch eine Erläuterung dazu: Komplexe Zahlen unterscheiden sich von unseren gewohnten reellen Zahlen dadurch, dass sie nicht nur in einer Dimension auf einem Zahlenstrahl, sondern in zwei Dimensionen in einer

Zahlenebene definiert sind, zusammen mit bestimmten Rechenregeln für die Addition usw. Da die Mandelbrot-Menge aus komplexen Zahlen besteht, kann sie nur in einer Zahlenebene dargestellt werden.

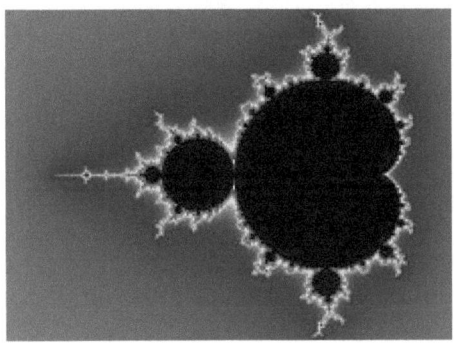

Bild 16: Mandelbrot-Menge

Detaillierte Einblicke in die Schönheit und Komplexität der Mandelbrot-Menge finden Sie unter folgendem Link:
http://de.wikipedia.org/wiki/Mandelbrot-Menge#Verallgemeinerte_Mandelbrot-Mengen

Das Beispiel soll zeigen, wie sehr einfache Anweisungen, sehr oft wiederholt, sehr komplexe Ergebnisse erzeugen können. Das ist vergleichbar mit den komplexen Strukturen, die sich aus den vielen einfachen Elementen der selbstorganisierten Systeme bilden. Die Verwandtschaft zwischen selbstorganisierten und chaotischen Prozessen geht aber noch weiter: Auch Prozesse der Selbstorganisation, wie z.B. die Bénard-Konvektion (vgl. Kap. 8), unterliegen meist nichtlinearen Differenzialgleichungen und können nach Phasen der Ordnung chaotisch werden.

8. Die „klassische" Physik

Die klassische Physik ist von großer Bedeutung für die Technik und unser tägliches Leben. Sie wird beschrieben durch viele unterschiedliche empirische Modelle und Theorien auf der makroskopischen Ebene unserer gewohnten Umwelt. Eine exakte Ableitung dieser makroskopischen Theorien aus der Welt der Atome gibt es nicht.

Die klassische Physik zerfällt in mehrere Bereiche, für die jeweils eigene Theorien oder Hypothesen gelten. Es gibt im Bereich der klassischen Physik keine „Weltformel", keine einheitliche Theorie, die alle Bereiche abdeckt, obwohl sie schon seit Jahrhunderten intensiv erforscht wird. Es ist auch keine einheitliche Theorie absehbar.

Die wichtigsten Bereiche der klassischen Physik, die nicht unmittelbar von der Elementarteilchenphysik oder der Quantentheorie bestimmt werden, sind:
- Mechanik von Massenpunkten und festen Körpern
- Wärmelehre und Thermodynamik
- Mechanik von Flüssigkeiten und Gasen
- Elektromagnetismus und Elektrodynamik
- Wellenlehre und Optik
- Plasmaphysik.

Die Einteilung kann auch anders vorgenommen werden, ist aber hier nur als Überblick gedacht und für die ausgewählten Beispiele nicht von Bedeutung.

Auf die Mechanik, mit der in der Physik alles angefangen hat, bin ich ja schon eingegangen. Die Formeln dafür sind exakt, gelten aber nur in der makroskopischen Welt und unter idealen Bedingungen, also ohne dass Reibung, Luftwiderstand o.ä. mit im Spiel sind.

Wärmelehre, Thermodynamik usw. beschreiben das kollektive Verhalten von Atomen oder Molekülen, die meist in einem der drei Aggregatzustände gasförmig, flüssig oder fest vorliegen, vgl. Bild 17. Die Übergänge zwischen den Aggregatzuständen sind komplexe Vorgänge und geschehen durch spontane Selbstorganisation.

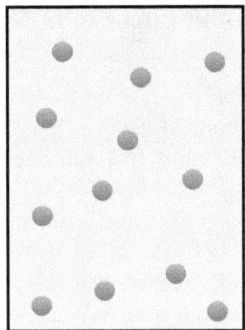  

Bild 17: Die Aggregatzustände gasförmig, flüssig und fest (von links; schematisch); die Kugeln stellen Atome oder Moleküle dar. Die Gasatome bewegen sich frei im verfügbaren Raum und füllen ihn gleichmäßig aus (abgesehen von statistischen Schwankungen). Ihre mittlere Geschwindigkeit ist abhängig von der Temperatur. Die Atome in der Flüssigkeit sind beweglich und nicht geordnet. Die Flüssigkeit ist oben durch eine Oberfläche abgeschlossen. Im Festkörper sind die Atome in einer Gitterstruktur mit einer Fernordnung an ihre Plätze gebunden und können nur noch kleine Schwingungen um diese Plätze herum ausführen (abhängig von der Temperatur).

Als Beispiel für die komplexen Abläufe vor und während eines Phasenübergangs hier ein paar Details vom Phasenübergang des Wassers zum Wasserdampf:

- Wenn man reines Wasser in einem sauberen Gefäß bei normalem Luftdruck erschütterungsfrei und vorsichtig erhitzt, siedet es. Aber nicht in jedem Fall bei 100 °C, sondern es kann bis zu 110 °C heiß werden, bevor der Versuch dann möglicherweise in einer Siedeverzugs-Explosion endet.

- Wie man leicht selbst beobachten kann, entstehen vor dem Sieden im Wasser erste kleine Wasserdampf-Blasen, die dann aber wieder verschwinden, und erst beim Siedepunkt sprudeln die Blasen bis zur Oberfläche des Wassers. Die Erklärung dafür ist nicht einfach.

- Kurz vor dem Siedepunkt treten kritische Fluktuationen im Wasser auf, und das Wasser wird trüb. Der Grund ist, dass sich die Wassermoleküle zunehmend heftig bewegen und das Licht dadurch gestreut wird.

- Wenn Wassermoleküle aus der flüssigen in die gasförmige Phase übergehen, müssen sie Arbeit gegen die Anziehungskräfte der Moleküle in der flüssigen Phase leisten. Das ist schon mal ein Viel-Körper-Problem, und bekanntlich nicht exakt lösbar. Hinzu kommt, dass die Kräfte zwischen den Wassermolekülen Wasserstoff-brückenbindungen sind. Sie sind quantenmechanischer Natur (vgl. Kap. 12), aber man kann ihre Stärke nicht berechnen, sondern nur messen.

Alle beobachteten Erscheinungen in den unterschiedlichen Aggregatzuständen wie Wärmeleitung, elektrischer Strom, Diffusion, Osmose usw. sind kollektive Effekte, für die es nur empirische Modelle gibt.

Beispiele:
- Ein Gas besteht aus sehr vielen Atomen, die nicht geordnet sind. Es besitzt aber kollektive Eigenschaften wie Temperatur, Druck und Entropie, die einzelne Atome nicht haben.
- Bei idealen Gasen gibt es einen einfachen Zusammenhang zwischen Volumen, Druck und Temperatur, das bekannte Gasgesetz. Es gilt aber nur für ideale Gase, bei denen man für die Atome oder Moleküle ausschließlich die Masse und die mittlere Geschwindigkeit berücksichtigt, und nur Zusammenstöße wie bei elastischen Kugeln. Alle anderen Wechselwirkungen der Atome oder Moleküle bleiben unberücksichtigt.

Aus den Eigenschaften der Atome oder Moleküle sind die genannten Eigenschaften nicht exakt ableitbar, sondern nur näherungsweise und mit Methoden der Statistik. Die empirischen Eigenschaften dieser Bereiche der Physik sind jedoch von großer Bedeutung für eine Vielzahl technischer Anwendung wie Dampfmaschinen, Kühlschränke, Wärmepumpen, Vakuumtechnik usw., die unsere naturwissenschaftlich-technische Kultur und unser tägliches Leben bestimmen, heute meist zusammen mit Anwendungen des Elektromagnetismus.

Die Mechanik bzw. Dynamik von Flüssigkeiten und Gasen bieten gleich mehrfache Schwierigkeiten: Einmal das Problem der Aggregatzustände und ihrer Phasenübergänge, und zum anderen die Bewegungsgleichungen, die die Strömungen beschreiben, denn die sind nichtlinear, ihre Lösungen also chaotisch. Wichtige physikalische Größen sind hier die Geschwindigkeit der Strömung, die innere Reibung des strömenden Mediums, ausgedrückt durch die Viskosität, der Druck, die Dichte, und bei Gasen auch die Kompressibilität. Das selbstorganisierte Verhalten zeigt sich z.B. darin, dass eine Strömung gleichmäßig (laminar) sein oder Wirbel ausbilden kann (turbulent), abhängig von der Geschwindigkeit der Strömung. Bei hoher Geschwindigkeit treten auch chaotische Strömungsverhältnisse ohne erkennbare Strömungsmuster auf. Es ist nicht genau vorhersagbar, wann das eine Verhalten in das andere übergeht. Ein schönes Beispiel dafür ist die Konvektion von Flüssigkeiten oder Gasen, die in ebenen Schichten von unten erwärmt werden, die sog. Bénard-Konvektion.

Beispiel: Wenn man Wasser in einer flachen Schale vorsichtig und gleichmäßig von unten erwärmt, wird die Wärme zunächst durch reine Wärmeleitung im Wasser von unten nach oben transportiert, ohne dass sich das Wasser bewegt. Oberhalb einer kritischen Temperaturdifferenz zwischen Boden und Oberfläche reicht die Wärmeleitung allein nicht mehr aus, und die Wassermoleküle geraten in Bewegung. Zunächst zufällig und ungeordnet; später bilden sich aber lokale Strömungen, die die Wärme mehr oder weniger erfolgreich transportieren. Der Grund ist, dass sich das Wasser am warmen Boden der Schale ausdehnt und aufgrund seiner geringeren Dichte nach oben steigt, während das kältere, dichtere Wasser aus dem oberen Bereich nach unten sinkt (vgl. Bild 18). Die innere Reibung der Flüssigkeit begrenzt die Geschwindigkeit dieser Bewegungen. Die erfolgreichen lokalen Strömungen verstärken sich durch eine Art Kaminwirkung von selbst und verdrängen die weniger erfolgreichen lokalen Strömungen. Schließlich bilden sich von selbst regelmäßige, geometrische, vertikal angeordnete Konvektionszellen im Wasser aus, die sog. Bénard-Zellen. Es können sich horizontale Walzen in unterschiedlichen Lagen, sechseckige Säulen oder auch unregelmäßig geformte Konvektionszellen ausbilden, die Form der Zellen ist u.a. abhängig von der Form der Schale. Unterschiedliche Zellen konkurrieren miteinander. Wenn die vertikale Temperaturdifferenz einen weiteren kritischen Wert überschreitet, werden die Zellen tendenziell kleiner und komplexer. Dies ist ein typisches Verhalten für chaotische Prozesse. Bei einer noch größeren Temperaturdifferenz kippt die geordnete Konvektion und wird komplett chaotisch; d.h. es gibt dann keine definierten Konvektionsmuster mehr.

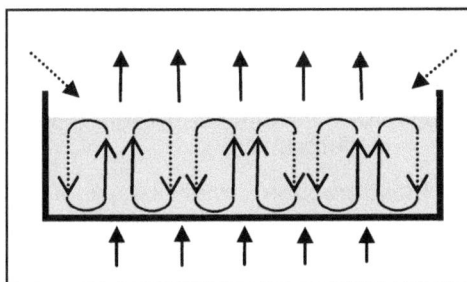 

Bild 18: Das Prinzip der Bénard-Konvektion,
Links von unten erwärmte Flüssigkeit in einer flachen Schale (Seitenansicht; nicht maßstäblich). An den Rändern der Schale, wo die kalte Luft (punktierte Pfeile) zuströmt, bewegt sich die Flüssigkeit bevorzugt abwärts, wird am Boden erwärmt und steigt wieder auf. Dabei kann sie eine benachbarte aufsteigende Strömung mitnehmen oder verstärken, und so das Muster der Konvektionszellen großräumig beeinflussen.
Rechts: Streifenförmige Kumulus-Wolken als Folge von walzenförmigen Bénard-Zellen in einer hohen, flachen Luftschicht an der Grenze zur Wolkenbildung.

Bénard-Zellen sind ein seit 1900 bekanntes, vielfältig untersuchtes Musterbeispiel der Selbstorganisation. Es gibt sie auch in anderen Flüssigkeiten und in Gasen, beispielsweise entstehen so die streifenförmigen Kumulus-Wolken am Himmel (Bild 18). Bei der Entstehung und Entwicklung der Zellen gibt es Abläufe, die an Selektionsvorgänge in der belebten Welt erinnern.

Wegen der Nichtlinearität der Bewegungsgleichungen und des chaotischen Verhaltens werden Strömungen meist experimentell untersucht, z.B. im Windkanal oder im Strömungstank. Für den Energieverbrauch von Autos, Schiffen, Flugzeugen, den Durchsatz von Öl-Pipelines usw. ist es wichtig, Turbulenzen zu vermeiden.

Beispiel: Bei Raubvögeln oder Geiern, die bestmöglich in aufsteigenden Luftströmungen gleiten können müssen, werden Wirbel an den Enden der Flügel durch große einzelne Federn, sog. Handschwingen, reduziert. Die großen Randwirbel der Flügel werden durch die einzelnen Federn auf mehrere kleine Wirbelfäden reduziert, die sich noch gegenseitig günstig beeinflussen. Bei modernen Verkehrsflugzeugen und Segelflugzeugen wird diese Erfindung der Natur mit sog. Winglets oder Wingtips nachempfunden.

Für elektrische und elektromagnetische Vorgänge gibt es zwei unterschiedliche Modelle: Im täglichen Leben und bei vielen technischen Anwendungen verwendet man Schaltungen, die aus Bauteilen wie Widerständen, Kondensatoren, Spulen, Dioden, Transistoren usw. bestehen, und Leitungen, die die Bauteile verbinden. Alle Formeln für dieses Modell sind empirisch, beschreiben aber das Verhalten der Schaltungen sehr gut. Dass dabei Elektronen durch die Drähte und die Schaltelemente fließen, tritt völlig in den Hintergrund.

Das allgemeine Modell des Elektromagnetismus ist aber die Elektrodynamik, sie beginnt beim elektromagnetischen Feld, das durch die elektrische und die magnetische Feldstärke überall im Raum bestimmt ist. Das Feld enthält Energie und besteht aus Photonen. Das Verhalten des elektromagnetischen Feldes wird durch einen Satz von vier linearen Differenzialgleichungen beschrieben, den bekannten Maxwellschen Gleichungen. Anschaulich kann man diese Gleichungen mit den folgenden vier Aussagen beschreiben:

- Die elektrischen Ladungen bilden die Quellen des elektrischen Feldes.
- Das magnetische Feld hat keine Quellen.
- Elektrische Ströme und Änderungen des elektrischen Feldes erzeugen ein magnetisches Feld.

- Die Änderung des magnetischen Feldes erzeugt ein elektrisches Feld.

Es gibt diese Gleichungen für den normalen dreidimensionalen Raum und für die vierdimensionale Raumzeit. Die Maxwellschen Gleichungen haben im Rahmen des makroskopischen Modells relativ viele exakte Lösungen. Eine wichtige Lösung sind die elektromagnetischen Wellen, zu denen das sichtbare Licht zählt. Eine wichtige Ergänzung der Maxwellschen Gleichungen ist die Kraft des Magnetfeldes auf bewegte elektrische Ladungen, die sog. Lorentzkraft. Der Elektromagnetismus besteht aus den Lösungen der Maxwellschen Gleichungen mit nicht zu stark beschleunigten Ladungen. Die meisten Vorgänge in elektrischen Schaltkreisen lassen sich ebenfalls auf dieser Ebene beschreiben. Der Elektromagnetismus ist die Basis für die gesamte Elektrotechnik und Elektronik, die unser modernes Leben stark geprägt hat.

Eine Anmerkung noch zum Fusionsreaktor. Im Inneren des Reaktors werden die elektrisch geladene Atomkerne der Wasserstoff-Isotope Deuterium und Tritium bei einer Temperatur von etwa 100 000 000 °C mit möglichst hoher Dichte in starke, komplex geformte Magnetfelder eingeschlossen. Temperatur und Dichte müssen so hoch sein, damit die Fusion der Deuterium- und Tritium-Kerne zu Helium zündet und dauerhaft brennt. Es sind im Reaktor andere Atomkerne vorgesehen wie bei der Fusion in der Sonne (vgl. Kap. 3), weil die Fusion im Reaktor damit bei dem geringen Druck von nur 2 bar möglich ist. Mit Fusionsreaktoren soll möglicherweise ab etwa 2050 Strom erzeugt werden.

Die Physik eines derartigen Fusionsreaktors ist äußerst komplex und die Gleichungen dafür sind nichtlinear. Dem entsprechend lassen sich die Verhältnisse im Reaktor weder berechnen noch annähernd genau genug simulieren, denn die Lösungen der Gleichungen sind chaotisch. Man kann die immensen Schwierigkeiten z.B. daran erkennen, dass in den 1960er Jahren von den Fusionsforschern vorausgesagt wurde: „In etwa 30 Jahren liefert der erste Fusionsreaktor Strom". Heute, 50 Jahre später, heißt es immer noch: „In etwa 30 Jahren liefert der erste Fusionsreaktor Strom". Ich will damit nicht die Fusionsforschung kritisieren, sondern nur auf die offensichtlich unerhört große technische Komplexität der Fusionsreaktoren hinweisen, die bestenfalls mit jahrzehntelangen Versuchen und Messungen in den Griff zu bekommen ist.

Noch ein Beispiel zur Veranschaulichung dieser Schwierigkeiten. Selbst wenn ein Fusionsreaktor in seinem Fusionsraum die maximale Energiedichte der Fusion der Sonne von ca. 140 Watt pro Kubikmeter erreicht (vgl. Kap. 3), so muss er sehr groß sein: Für einen Reaktor mit 1000 Megawatt Leistung, einer in der Technik gängigen Kraftwerksgröße, wäre ein Volumen des Fusionsraums von ca. 7 Mio. m^3 notwendig. Und zwar vollständig umgeben von äußerst komplexen, wahrscheinlich mit flüssigem Stickstoff gekühlten Spulen zur Erzeugung der notwendigen Magnetfelder.

9. Feste Körper

Der Phasenübergang vom flüssigen in den festen Zustand ist ein spontaner selbstorganisierter Prozess. Feste Körper bilden eine kristalline Struktur, bei der die Atome regelmäßig angeordnet sind. Die Elektronen der äußersten Schale der Atome, die sog. *Valenzelektronen*, sind im Kristallgitter frei beweglich. Feste Körper haben erstaunliche emergente Eigenschaften, die ganz anders sind als die im flüssigen oder gasförmigen Zustand.

Kühlt man eine Flüssigkeit eines bestimmten Stoffes ab, so geht sie am oder knapp unter dem Schmelzpunkt des Stoffes in den festen Zustand über. Das ist ein Phasenübergang vom flüssigen zum festen Aggregatzustand. Was passiert am Gefrierpunkt? In der Flüssigkeit nehmen die Atome oder Moleküle zwar ein festes Volumen ein, sammeln sich auch unter dem Einfluss der Schwerkraft alle „unten", in einem Gefäß, in einem See oder anderswo, sind aber relativ frei beweglich und nicht an feste Plätze gebunden. Im festen Zustand ist das anders: Der typische Festkörper hat eine Kristallstruktur, d.h. die Atome (gleiches gilt auch für einen Festkörper aus Molekülen) sind an die Plätze eines regelmäßigen Kristallgitters gebunden. Am Gefrier- oder Erstarrungspunkt beginnt die kritische Phase, und es bilden sich allmählich Keime, d.h. Aggregate aus mehreren bis vielen Atomen mit der Struktur des Festkörpers, und zwar an vielen Stellen in der Flüssigkeit gleichzeitig, wenn man sie überall gleichmäßig abkühlt.

Im Ergebnis bildet sich ein (poly-)kristalliner Festkörper, der aus vielen kleineren und größeren (ein-)kristallinen Bereichen zusammen gesetzt ist, abhängig davon, wo die Kristallisation jeweils begonnen hat (vgl. Bild 19).

Beispiele: Eis, Mineralien und technisch hergestellte Metalle sind aus einzelnen kristallinen Bereichen aufgebaut.

In Wissenschaft und Technik sind oft Festkörper von besonderer Bedeutung, die durchgängig aus einem einzigen Kristall bestehen, die sog. Einkristalle.

Beispiel: Die Basis für die gesamte Halbleitertechnologie sind Einkristalle aus hochreinem Silizium, die zwei Meter lang sein können, mit Durchmessern von derzeit bis zu 45 cm. Aus diesen Einkristallen werden dann Scheiben (sog. Wafer) geschnitten, z.B. für die Herstellung von Logik- und Speicherbausteinen der Computer.

Bild 19: Geschliffene polykristalline Festkörper: links Granit, rechts Stahl. Man erkennt die einkristallinen Bereiche am unterschiedlichen Kontrast.

Größere Einkristalle werden hergestellt, indem man einen kleinen Einkristall, einen sog. Impfkristall oder Keim, in eine Schmelze des Materials taucht, die knapp oberhalb des Schmelzpunkts gehalten wird, so dass sie gerade noch nicht von selbst kristallisiert. Der Keim wird dann langsam herausgezogen und an der Grenze von Keim und Schmelze lagern sich die Atome geordnet so am Keim bzw. am wachsenden Einkristall an, dass die Kristallstruktur des Keims fortgesetzt wird. Auf ähnliche Weise kann man zu Hause Einkristalle von Salzen züchten, die in Wasser gelöst sind, z.B. von Alaun, indem man einen kleinen Alaunkristall als Keim in eine gesättigte Alaun-Lösung hängt. Das Wort Keim kommt nicht nur zufällig mehrfach vor; Keime sind generell wichtig bei der Kristallisation, so wie wir es auch bei der Kondensation gesehen haben. Ohne Keime findet der Phasenübergänge zum Festkörper wegen des Eintritts in die kritische Phase verzögert statt, solange die Abkühlung einer ganz reinen Flüssigkeit allmählich und erschütterungsfrei abläuft.

Beispiel Wasser und Eis: Kühlt man sehr reines Wasser in einem sauberen Gefäß langsam und erschütterungsfrei ab, so kann es bis auf − 48 °C unterkühlt werden, bevor es schlagartig gefriert. Ähnliche Unterkühlungen kann es auch in der Atmosphäre bei einem Gewitter geben, und das Ausfrieren von viel Wasser an Kondensationskeimen in dieser instabilen Situation kann dann zu Hagelkörnern führen.

Es gibt übrigens auch Festkörper ohne regelmäßige Anordnung der Atome, wie z.B. Glas. Diese Festkörper sind eigentlich unterkühlte Flüssigkeiten, ein instabiler Zustand, bei dem die kristalline Ordnung aber äußerst langsam fortschreitet. Sie haben keinen definierten Schmelzpunkt, sondern gehen mit steigender Temperatur zunächst allmählich in einen zähflüssigen Zustand über. Wir werden sie hier nicht weiter betrachten.

Bindungen zwischen Atomen

Es gibt diverse Möglichkeiten, wie sich Atome zu Molekülen, Flüssigkeiten oder Festkörpern verbinden können. Diese Bindungen werden durch die Quantentheorie und die Eigenschaften der Atomhüllen der einzelnen Atome bestimmt. Die entscheidende Rolle für die Bindungen spielen die Elektronen in der äußersten Schale eines Atoms, die u.a. für die chemische Bindungsfähigkeit, die Valenz, wichtig sind. Diese Elektronen nennt man deshalb auch Valenzelektronen. Insbesondere kommt es darauf an, wie viele Elektronen in der äußersten Schale sind, und wie viele maximal hinein passen: Jedes Atom versucht zu erreichen, dass seine Valenz-Schale die jeweils optimale Zahl von Elektronen enthält (wie ein Edelgas, siehe unten). Die optimale Zahl sind zwei Elektronen bei der 1. Schale oder acht bei den Schalen darüber. Optimal besetzte Elektronenschalen werden angestrebt, weil die Gesamtenergie dieser Schalen minimal ist, und damit auch die Gesamtenergie des Atoms. Die Schalen ab der dritten Schale sind zwar mit acht Elektronen noch nicht komplett gefüllt, befinden sich aber schon in einem lokalen Minimum der Energie, bezogen auf die Anzahl der Elektronen. Um zu einer optimalen Schale zu kommen, versucht ein Atom mit vier oder mehr Valenzelektronen, die fehlenden Elektronen von einem anderen Atom aufzunehmen. Ein Atom mit drei oder weniger Valenzelektronen versucht, diese abzugeben, weil die Schale unterhalb der Valenzschale i.d.R. optimal besetzt ist. Die chemisch völlig inaktiven Edelgase Helium, Neon usw. mit ihren bereits optimal gefüllten äußeren Schalen zeigen, dass dies eine stabile, energetisch günstige Lösung für ein Atom sein muss.

Beispiel: Edelgasatome sind so überzeugte „Singles", dass sie nicht mal Moleküle bilden.

Man kann übrigens diese stabilen Schalen zwar mit der dadurch erreichten Symmetrie begründen, exakt berechnen kann man die Stabilität aber nicht. Wieder so ein Fall, wo es die Natur von sich aus besser kann als der Mensch mit seinen mathematischen Methoden.

Es gibt drei primäre Bindungsarten zwischen Atomen: Ionische, kovalente und metallische Bindungen. Die Ionische und die kovalente Bindung sind für den Aufbau der Moleküle wichtig und werden im Kap. 12 beschrieben. Die metallische Bindung wirkt in den Kristallen der Metalle und der Halbleiter.

Kristallgitter und metallische Bindung

Schauen wir uns jetzt einige wichtige Festkörper etwas genauer an: Die Metalle und die Halbleiter. Die Atome, die Metalle bilden, stehen im Periodensystem in den Gruppen 1 - 3 und die Halbleiter in der Gruppe 4 (vgl. Bild 11). Auch alle Übergangselemente hinter Kalzium bzw. Lanthan bilden Metalle. Man kann beobachten, z.B. mit Hilfe der Beugung von Röntgenstrahlen oder Elektronen, dass die Atome im Festkörper ein regelmäßiges Kristallgitter bilden.

Die Frage ist aber: Was hält die Atome im Gitter zusammen?

Und: Was wird im Kristallgitter aus den Valenz-Elektronen der Atome?

Gehen wir die Fragen empirisch an, ausgehend von den Valenzelektronen, denn eine exakte Theorie der metallischen Bindung gibt es nicht. Bei den Atomen der Gruppen 1 – 4 im Periodensystem (und auch bei den Übergangselementen) sind die Valenz-Schalen nicht optimal besetzt. Wie kann nun eine sehr große Menge gleichartiger Atome zu einem verbesserten Zustand für die Valenzelektronen kommen? Indem die Atome sich als Kristall organisieren und alle ihre Valenzelektronen gemeinsam besitzen. Das ist das Prinzip der metallischen Bindung. Wie die Beobachtungen gezeigt haben, gibt dabei jedes Atom des Kristalls seine Valenzelektronen frei, und sie bilden das sog. Elektronengas im Festkörper. Der Rest der Atome, die sog. Atomrümpfe, bilden das Kristallgitter. Die detaillierte Struktur des Gitters wird von zwei Anforderungen bestimmt:

- Die Atomrümpfe müssen möglichst dicht gepackt sein, um möglichst nah beieinander zu sein.
- Die Symmetrie des Kristallgitters wird von den Symmetrien der Wellenfunktionen der Rumpfelektronen bestimmt; es gibt kubische Kristallstrukturen, hexagonale usw.

Die metallische Bindung ist übrigens nicht sehr stark, deshalb sind Metalle mit einer durchgängig homogenen Kristallstruktur gut verformbar: Man kann sie biegen, schmieden oder zu Drähten ziehen. Metalle werden erst fest und steif, wenn das Kristallgitter gestört ist, also entweder wenn noch andere Atome im Gitter sind, die von der Größe her nicht passen (eine sog. Legierung), oder wenn das Metall polykristallin ist, mit sehr kleinen einkristallinen Bereichen, oder wenn andere Störungen des homogenen Gitters vorliegen wie z.B. sog. Versetzungen, das sind größere Verwerfungen der Gitterstruktur.

Beispiel: Wenn ein Kraftmensch im Varieté lässig ein Hufeisen verbiegt, und ein Zuschauer das gleiche Hufeisen danach nicht mehr gerade biegen kann, so ist die Ursache nicht die geringere Kraft des Zuschauers, sondern der eben angesprochene physikalische Effekt: Der Kraftmensch hat sein Hufeisen vor der Vorstellung nämlich ausglühen und langsam abkühlen lassen, damit die Kristallstruktur des Eisens weitgehend homogen und deshalb relativ leicht verformbar ist. Wenn er es dann verbogen hat, ist die Kristallstruktur stark gestört und das Hufeisen ist sehr steif.

Die Atomrümpfe im Festkörper sind der Wärmebewegung unterworfen, sie führen kleine Schwingungen um ihren Platz im Kristallgitter herum aus. Die Schwingungen sind umso stärker, je höher die Temperatur des Festkörpers ist. Am Schmelzpunkt werden sie so stark, dass sich die kristalline Struktur von selbst auflöst.

Elektronenstrukturen

Wenden wir uns noch mal der Frage zu, was mit den Valenzelektronen im Festkörper passiert. Sie sind ja nicht mehr an die Atomrümpfe des Kristallgitters gebunden, sondern wie die Atome oder Moleküle eines Gases im Kristallgitter frei beweglich. Noch mal zur Erinnerung: Struktur und Eigenschaften der Festkörper basieren auf der Quantentheorie und den Eigenschaften der Atome, aus denen der Festkörper besteht. Solange die Valenzelektronen an ein individuelles Atom gebunden sind, unterliegen sie den Regeln der Quantentheorie für das individuelle Atom. Insbesondere ist jeder Kombination aus Elektronenschale und Wellenfunktion ein genau festgelegter, scharfer Energiewert zugeordnet. Wir wissen aber auch, dass jedem dieser Energiewerte zwei Elektronen zugeordnet sind, eins mit Spin + ½, und eins mit Spin − ½, der Energiewert also aus zwei gleichen Werten besteht.

Das Ergebnis der spontanen Selbstorganisation beim Kristallisieren der Schmelze zum kristallinen Festkörper ist die Kristallstruktur der Atomrümpfe und der gemeinsame Besitz der Valenzelektronen im Kristall. Die Valenzelektronen sind also alle irgendwie gleich und könnten alle den gleichen Zustand und die gleiche Wellenfunktion im Kristall einnehmen. Das geht aber nicht, weil die Elektronen ja Fermionen sind, und deshalb will jedes Elektron einen Zustand für sich allein. Das führt nun dazu, dass die ursprünglich scharfen Energie-Niveaus der Atome (vgl. Kap. 6) im Festkörper bei den äußeren Schalen in einen Stapel ganz fein geschichteter Niveaus für jedes einzelne der freien Valenzelektronen aufspalten, die zusammen ein sog. Energieband bilden, vgl. Bild 20.

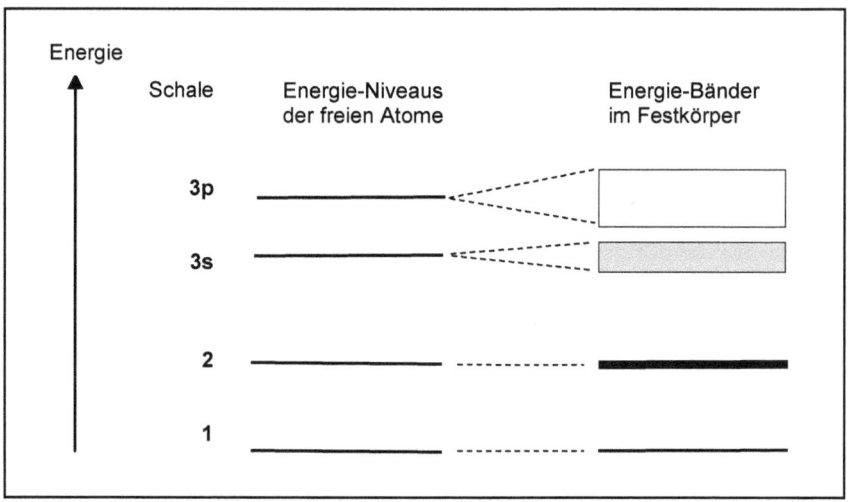

Bild 20: Beispiel für die Aufspaltung der Energie-Niveaus des freien Natriumatoms (links) zu Energiebändern in einem Kristall aus Natrium (rechts) (schematisch, stark vereinfacht). Natrium ist ein Element der 3. Zeile des Periodensystems, vgl. Bild 11. Die Schalen 1 und 2 sind voll mit Elektronen besetzt, Schale 3s aber nur mit einem Elektron. Die höheren Schalen sind im Grundzustand leer. Die Niveaus der Schale 1 und 2 bleiben weitgehend unbeeinflusst von der kristallinen Umgebung, weil sie ganz im Inneren der Atomrümpfe sind. Die Niveaus der Schale 3s spalten zum Valenzband auf. Die Energieniveaus von Band 3p sind ebenfalls aufgespalten, bleiben aber leer, solange keine Elektronen nach Band 3p gelangen. Die Bereiche zwischen den Bändern sind für die Elektronen nicht zugänglich (sog. Bandlücken). Die graue Schraffur im Band 3s deutet die Anwesenheit von Elektronen an, die gestrichelten Linien die Zuordnungen von Niveaus und Bändern.

Es gibt so viele Niveaus in einem Band, wie es Atomrümpfe im Festkörper gibt. Da ihre Zahl riesig ist und irgendwo im Bereich der 10^{24}

Atome pro Mol liegt, kann man die Bänder als kontinuierlich betrachten. Die Elektronen der inneren Schalen der Atome werden durch die äußeren Elektronenschalen von der Umgebung im Festkörper abgeschirmt und ihre Niveaus spalten weniger oder gar nicht auf. Die Aufspaltung der Energieniveaus in Energiebänder kann man auch näherungsweise aus der Schrödingergleichung für die Elektronen im dreidimensional periodischen Kraftfeld der Atomrümpfe berechnen. Sie ist natürlich abhängig von der Richtung im Kristallgitter des Festkörpers.

Mit dem Modell der Energiebänder kann man sehr anschaulich wichtige Eigenschaften der Festkörper erläutern, wie die elektrische Leitfähigkeit oder die Wärmeleitfähigkeit. Nehmen wir als Beispiel die elektrische Leitfähigkeit mit der üblichen Einteilung in Leiter, Halbleiter und Isolatoren. Wie sehen deren Energiebänder aus (vgl. Bild 21)? Man nennt das oberste Band, das Elektronen enthält, das Valenzband und das leere Band darüber das Leitungsband. Im unteren Band sind die Valenzelektronen, und auch im oberen Band können Elektronen sein, die den Strom leiten. Zwischen den Bändern sind Lücken, die für die Elektronen nicht zugänglich sind. Die beiden wichtigsten Fakten, die die Leitfähigkeit bestimmen, sind:

• Ist ein Band komplett mit Elektronen gefüllt oder nicht?
• Wie groß ist der Abstand vom Valenzband zum Leitungsband?

Fassen wir zunächst das Ergebnis in einer Tabelle zusammen (vgl. auch Bild 21):

	Leiter	Halbleiter	Isolator
Valenzband	nicht voll	voll	voll
Leitungsband	leer	leer	leer
Bandlücke	(spielt keine Rolle)	klein	groß

Wie ist diese Übersicht zu interpretieren?

Beim Leiter ist das Valenzband nicht gefüllt, d.h. nicht alle Elektronenzustände sind besetzt, und die Elektronen können sich bewegen, d.h. in andere Zustände übergehen. Bewegte Elektronen leiten den elektrischen Strom. Das Valenzband ist hier auch das Leitungsband.

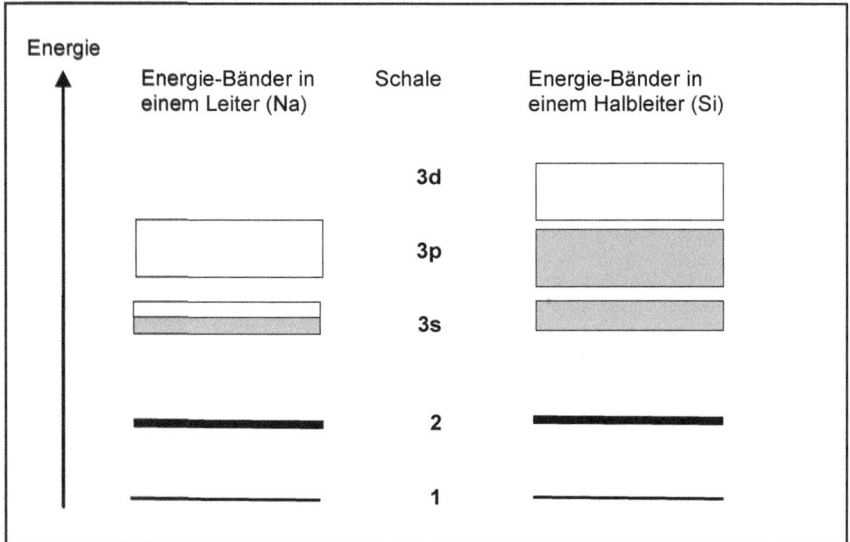

Bild 21: Energiebänder für Leiter und Halbleiter (schematisch, stark vereinfacht).
Wie im Bild 20 sind von unten die Schalen bzw. Bänder schematisch dargestellt. Die graue Schraffur
zeigt die Füllung der Bänder mit Elektronen. Weitere Erläuterungen sind im Text.
Beim Leiter ist das Beispiel wieder Natrium: In Band 1 und 2 sind alle Elektronenzustände gefüllt
und das Valenzband 3s ist mit einem Elektron halb voll; es wirkt deshalb auch als Leitungsband.
Beim Halbleiter ist Silizium das Beispiel: Band 1, 2, 3s und 3p sind gefüllt. 3s und 3p deshalb, weil
jedem Siliziumatom aufgrund der kovalenten Bindung (vgl. Kap. 12) vier Elektronenpaare
zugeordnet sind. Die 3s- und 3p- Energieniveau bilden das Valenzband, die 3d-Niveaus das
Leitungsband. Die Bandlücke zwischen Valenz- und Leitungsband ist klein.

Und wie ist es beim Halbleiter? Das Valenzband ist voll, es gibt also
keine freien Zustände für die Elektronen. Deshalb können sie sich im
Valenzband nicht bewegen, wenn man eine elektrische Spannung anlegt:
Sie können keine Energie aufnehmen, weil sie dazu in einen anderen
Elektronenzustand wechseln müssten, aber die sind alle besetzt. Also
kann im Valenzband kein Strom fließen. Wenn die Bandlücke klein genug
ist, können trotzdem einige Valenzelektronen ins Leitungsband gelangen,
z.B. aufgrund der durch die Wärmebewegung zugeführten Energie oder
durch die Aufnahme der Energie von Photonen, die auf den Festkörper
treffen. Im Leitungsband können sie dann den Strom leiten, denn dort gibt
es viele nicht besetzte Zustände. Durch den Übergang ins Leitungsband
werden auch im Valenzband Elektronenzustände frei (sog. „Löcher"), und

dadurch ist auch dort Stromleitung möglich. Wie gut die elektrische Leitfähigkeit ist, hängt dann von der Anzahl und der Beweglichkeit der Elektronen im Leitungsband ab, sowie der Anzahl und Beweglichkeit der korrespondierenden Löcher im Valenzband.

Diese Anzahl der Elektronen im Leitungsband von Halbleitern kann man technisch auch mit dem Einbau einer bestimmen Anzahl von Fremdatomen beeinflussen (sog. Dotierung), die ein Valenzelektron mehr oder weniger haben wie die Atome des Halbleiters. Die zusätzlichen Elektronen werden für die kristalline Bindung nicht gebraucht und können sehr leicht ins Leitungsband übergehen. Entsprechend entstehen Löcher im Valenzband, wenn die Dotierung mit Fremdatomen erfolgt, die ein Elektron weniger haben. Halbleiter wie Silizium oder Germanium aus der vierten Gruppe des Periodensystems sind die Basis für die modernen digitalen Technologien, weil daraus Transistoren, Speicherbausteine, Dioden usw. gebaut werden können.

Nun kommen wir zum Isolator: Die Situation der Bänder ist wie beim Halbleiter in Bild 21, nur mit dem Unterschied, dass der Abstand zwischen dem komplett mit Elektronen gefüllten Valenzband und dem leeren Leitungsband groß ist. Deshalb können keine Elektronen in das Leitungsband gelangen, und weder im Valenzband noch im Leitungsband kann Strom fließen.

In Bezug auf die Selbstorganisation ist folgendes zu sagen: Die Vorstellungen und Modelle für die Festkörper und ihre Elektronenstrukturen sind nicht exakt, und nur sehr begrenzt näherungsweise aus der Quantentheorie ableitbar. Es handelt sich ja um sehr viele Atome in einem dreidimensionalen Kristallgitter, mit komplizierten dreidimensionalen Wellenfunktionen, sowie den Einflüssen der sehr vielen Spins aller Elektronen, und weiterer Besonderheiten, die ich hier nicht erwähnt habe. Die Strukturen und Eigenschaften der Festkörper wurden auch primär aus Experimenten und Messungen erschlossen, und damit werden empirische Modelle „gefüttert".

Magnetismus

Mit Magnetismus bezeichnet man das Verhalten von Stoffen, vorwiegend von Festkörpern, in magnetischen Feldern. Es gibt mehrere Arten des Magnetismus; die wichtigsten sind:

- Paramagnetismus,
- Diamagnetismus,
- Antiferromagnetismus, und
- Ferromagnetismus.

Welche Art des Magnetismus sich in einem Festkörper spontan einstellt, hängt in komplizierter Weise von den Details der Atomrümpfe im Kristallgitter, der Struktur des Kristallgitters und der Temperatur ab. Besonders wichtig ist, ob sich die Spins der Elektronen innerhalb eines Atomrumpfs gegenseitig kompensieren oder der Atomrumpf in Summe einen Gesamtspin hat. Der Ferromagnetismus ist ein Beispiel für die spontane, kollektive Selbstorganisation der Spins bestimmter Festkörper und hat eine große technische Bedeutung. Er soll deshalb später etwas genauer betrachtet werden. Zur Einstimmung aber zunächst ein kurzer Blick auf die anderen Arten des Magnetismus.

Relativ leicht vorstellbar ist der Paramagnetismus: Bei Atomen mit einem Gesamtspin der einzelnen Atomrümpfe, der nicht gleich Null ist, beispielsweise Titan (Ti) und Vanadium (V), vgl. Bild 22, richten sich die Gesamtspins in einem äußeren Magnetfeld parallel zum Feld aus und verstärken es dadurch. Wenn der Gesamtspin aber gleich null ist, wie beispielsweise bei Zink (Zn), hat ein Magnetfeld nichts auszurichten (im doppelten Sinne des Wortes) und wird nicht verstärkt. Diese Festkörper sind diamagnetisch. (Wenn man genau hinschaut, reagiert die Elektronenhülle aber doch ein wenig auf das Magnetfeld und schwächt es; das betrachte ich hier aber nicht weiter.) Beim Paramagnetismus sind die Spins der Atomrümpfe unabhängig voneinander und reagieren individuell auf das Magnetfeld.

Sehr viel spektakulärer ist aber das kollektive magnetisches Verhalten:
- Beim Ferromagnetismus entsteht spontan eine weit reichende, homogene Magnetisierung (Fernordnung) im Kristallgitter bestimmter Elemente, weil sich die magnetischen Momente der Atomrümpfe innerhalb eines einkristallinen Bereichs parallel zueinander einstellen. Diese Metalle wirken als starke Magnete.
  Beispiele dafür sind die Metalle Eisen (Fe), Kobalt (Co) und Nickel (Ni).
- Im Fall des Antiferromagnetismus sind die Gesamtspins der Atomrümpfe ebenfalls spontan, weit reichend und homogen ausgerichtet, aber innerhalb eines einkristallinen Bereichs immer abwechselnd entgegengesetzt zueinander. Diese Metalle wirken nach außen nicht als Magnete.
  Beispiele dafür sind die Metalle Chrom (Cr) und Mangan (Mn).

Die Verstärkung eines Magnetfelds durch einen Ferromagneten ist millionenfach größer als die durch einen paramagnetischen Stoff; deshalb sind die Ferromagnete sehr wichtig für viele technische Anwendungen wie Elektromotoren, Generatoren, Transformatoren, magnetische Speichermedien wie die Festplatten der Computer usw. Wie kommt diese erstaunliche Ordnung zustande? Um es gleich vorweg zu nehmen: Es gibt keine exakte Theorie dafür. Die ferromagnetische Ordnung kann man, wie bereits erwähnt, analytisch nur in einem zweidimensionalen Gitter berechnen, dem sog. Ising-Modell. Ich möchte Ihnen aber mit einer einfachen empirischen Betrachtung die grundsätzlichen Möglichkeiten der Selbstorganisation dabei aufzeigen. Damit eine Ausrichtung der Gesamtspins der Atomrümpfe stattfindet, muss die ordnende Kraft auf die Gesamtspins stärker sein als die Kraft durch die thermische Unordnung. Aus dieser Bedingung ergeben sich kritische Temperaturen für die Phasenübergänge zum Ferro- oder Antiferromagnetismus: Oberhalb der kritischen Temperatur sind die Stoffe paramagnetisch, unterhalb aufgrund der Fernordnung der Gesamtspins ferro- bzw. antiferromagnetisch.

Ein Beispiel ist die sog. Curie-Temperatur für den Phasenübergang zum ferromagnetischen Zustand. Sie beträgt bei Eisen 786 °C.

Die Frage, wie die spontane parallele oder antiparallele Ausrichtung unterhalb der kritischen Temperatur zustande kommt, ist allerdings nicht so leicht zu beantworten. Beginnen wir mit den zwei wichtigsten Wechselwirkungen, die dabei eine Rolle spielen:
1. Die magnetische Wechselwirkung zwischen den Summenspins der Atomrümpfe: Benachbarte Spins versuchen immer, sich antiparallel auszurichten, so wie man das von den Stabmagneten aus dem Physikunterricht kennt: Der Nordpol versucht, sich an einen Südpol anzulagern, und umgekehrt. Der Grund dafür ist, dass die Energie des Magnetfelds der Magnete dann kleiner ist, als wenn man die Stabmagnete mit den gleichnamigen Polen zusammen zwingt. Die magnetische Wechselwirkung hat eine relativ große Reichweite und begünstigt die antiferromagnetische Ausrichtung.
2. Die sog. *Austauschwechselwirkung* zwischen den nicht aufgefüllten Schalen der Atomrümpfe: Unter bestimmten Umständen ist es günstiger, wenn sich die Summenspins gegen die magnetische Wechselwirkung parallel ausrichten, weil dadurch die elektrostatische Energie im Kristallgitter reduziert wird. Das kommt von der Austauschwechselwirkung, deren Stärke abhängig ist vom Verhältnis des Atomabstands zum Durchmesser der nicht

aufgefüllten Elektronenschale. Sie hat eine geringere Reichweite als die magnetische Wechselwirkung.

Wie funktioniert nun diese Austauschwechselwirkung? Sie ist ein „naher Verwandter" der Quantenverschränkung (vgl. Kap. 6) und nur möglich im Fall einer gemeinsamen Wellenfunktion von mehreren identischen Quantenteilchen. Aber auch hier muss ich Sie gleich warnen: In unserer realen, makroskopischen Welt gibt es nichts, was auch nur annähernd damit vergleichbar wäre. Weil der Ferromagnetismus aber ohne die Austauschwechselwirkung nicht funktioniert, möchte ich sie hier kurz erläutern:

- Wenn die Summenspins im Kristallgitter antiparallel ausgerichtet sind, sind benachbarte Atomrümpfe als Quantenteilchen nicht identisch, denn sie unterscheiden sich im Spin. Es gibt dann keine Austauschwechselwirkung zwischen ihnen.

- Wenn die Summenspins parallel ausgerichtet sind, sind die Atomrümpfe als Quantenteilchen identisch, und es gibt die Austauschwechselwirkung. Die Energie aufgrund der elektrostatischen Abstoßung der Atomrümpfe im Kristallgitter wird durch die Austauschwechselwirkung verringert, und zwar um so stärker, je mehr sich die Wellenfunktionen der einzelnen Atomrümpfe überlappen, also je größer ihr Durchmesser und je geringer ihr Abstand ist.

Der Grund für die reduzierte Energie ist, dass es bei der quantentheoretischen Formel für die elektrostatische Energie zwischen identischen Quantenteilchen einen Anteil gibt, der der „normalen" Abstoßung entspricht, und einen weiteren, bei dem die Quantenteilchen vertauscht werden. Letzterer hat bei Fermionen ein negatives Vorzeichen, verringert also die elektrostatische Energie.

Zurück zum Ferromagnetismus: Durch die parallele Ausrichtung der Summenspins wird die Energie der magnetischen Abstoßung zwischen den Spins größer. Wenn aber die Verringerung der elektrostatischen Energie als Folge der Austauschwechselwirkung noch größer ist als die der magnetischen Abstoßung, sind die parallelen Spins unterm Strich energetisch günstiger, und es stellt sich spontan eine ferromagnetische Ordnung ein. Soweit zu den Kräften zwischen den Atomrümpfen, bzw. mit den Worten der Selbstorganisation: der Wechselwirkung zwischen den Elementen.

Nun folgt ein Fallbeispiel für den Aufbau der Elektronenschalen bei den sog. Übergangselementen, die im Periodensystem (vgl. Bild 11) hinter Kalzium stehen. Der Aufbau erfolgt nicht immer genau wie intuitiv erwartet. Das Ziel dabei ist eine empirische Betrachtung der spontanen magnetischen Selbstorganisation des Eisens und seiner atomaren Verwandten. Wenn Ihnen dieses Fallbeispiel zu speziell erscheint, können Sie gleich zum Kap. 10 übergehen.

Zu diesen Übergangselementen gehören Eisen, Kobalt und Nickel sowie Titan, Vanadium, Zink, Chrom und Mangan, und es gibt bei ihnen alle Arten von Magnetismus. Bei allen diesen Elementen ist die 4. Elektronenschale die Valenzschale; sie hat bei Kalzium mit zwei s-Elektronen einen relativ stabilen Zustand erreicht (entsprechend einer Helium-Schale). Im Kristallgitter des Kalziums sind die s-Elektronen als Valenzelektronen frei beweglich und nicht an die Atome gebunden. Die 1. und 2. Schale ist bei Kalzium und allen anderen Elementen dieser Reihe bereits voll, und auch acht s- und p-Elektronen die 3. Schale sind bereits vollzählig vorhanden. Das ist wie in der äußeren Schale des Edelgases Argon (Ar), das zwei Positionen vor Kalzium im Periodensystem steht. Die Up- und Down-Spins aller dieser Elektronen heben sich in Summe gegenseitig auf, der Gesamtspin ist beim Kalzium gleich null.

Den Aufbau der 3d-Eelktronen ab Kalzium (Ca) können Sie in der Tabelle in Bild 22 verfolgen: Zunächst werden von Sc bis Mn die 3d-Elektronen mit der Spin-Orientierung up aufgebaut. Mit einer überraschenden Ausnahme bei Cr, wo ein zusätzliches 3d-up-Elektron zu Lasten eines 4s-Elektrons aufgebaut wird. Dann kommen von Fe bis Zn die 3d-Elektronen mit Spin-down dazu, wieder mit einer Ausnahme bei Cu. Chrom (Cr) und Mangan (Mn) haben mit fünf 3d-up-Elektronen den größten Summenspin in dieser Reihe, bei Zink (Zn) heben sich die Spins der 3d-Elekronen in Summe alle gegenseitig auf. Einen einfachen und anschaulichen Konfigurator für die Spins der Elektronen aller Atome im Periodensystem finden Sie übrigens unter dem Link http://www.seilnacht.com/Lexikon/psval.htm

Schale	20 Ca	21 Sc	22 Ti	23 V	24 Cr	25 Mn	26 Fe	27 Co	28 Ni	29 Cu	30 Zn
4s	2	2	2	2	1	2	2	2	2	1	2
3d down	0	0	0	0	0	0	1	2	3	5	5
3d up	0	1	2	3	5	5	5	5	5	5	5
3s + 3p	8	8	8	8	8	8	8	8	8	8	8
2s + 2p	8	8	8	8	8	8	8	8	8	8	8
1s	2	2	2	2	2	2	2	2	2	2	2
Spinsumme 3d-Elektr.	0	1/2	1	3/2	5/2	5/2	2	3/2	1	1/2	0
Magnetismus	di	pa	pa	pa	af	af	fe	fe	fe	pa	di

Bild 22: Besetzung der Elektronenschalen der Übergangselemente von **Kalzium bis Zink**, sowie Spinsumme ihrer 3d-Elektronen. In der letzten Zeile steht die Art des Magnetismus bei Raumtemperatur; abgekürzt: di diamagnetisch, pa paramagnetisch, af antiferromagnetisch, fe ferromagnetisch.

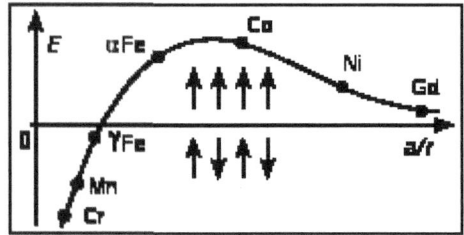

Bild 23: Bethe-Slater-Kurve [36]

Größe der Austauschwechselwirkung E in Abhängigkeit vom Verhältnis des Atomabstands a zum Durchmesser r der nicht aufgefüllten 3d-Elektronenschale. Mit αFe ist die normale kubisch raumzentrierte Struktur des Eisens gemeint, und mit γFe die kubisch flächenzentrierte Struktur, bei der die Atome etwas näher zusammen sind.

Aus den Daten der Atomrümpfe und des Kristallgitters ergibt sich die Kurve in Bild 23 von Cr bis Ni:

- Für kleine Werte von a/r (Verhältnis des Atomabstands a zum Durchmesser r der nicht aufgefüllten 3d-Elektronenschale) und große Summenspins überwiegt die magnetische Wechselwirkung (hier als negative Werte von Cr, Mn und γFe dargestellt) und es entsteht Antiferromagnetismus.

- Für mittlere Werte von a/r und nicht zu große Summenspins überwiegt die Austauschwechselwirkung, es entsteht Ferromagnetismus.

- Für große Werte von a/r gibt es keine Wechselwirkung mehr.

Diese Kurve ist empirisch, schon etwa 80 Jahre alt, ihre Erklärung aber immer noch anerkannt. Und sie passt zu den Beobachtungen: Cr und Mn sind bei Raumtemperatur antiferromagnetisch und Fe, Co sowie Ni sind ferromagnetisch. Fe mit seinem relativ großen Summenspin neigt sogar zum Antiferromagnetismus, der bei γFe auch schon beobachtet worden ist. Die Kurve gilt im übertragenen Sinne auch für Gadolinium (Gd), denn es gibt ein vergleichbares Szenario auch bei den Übergangselementen hinter Lanthan (La), vgl. Bild 11. Dort ist die 6. Schale mit zwei Valenz-Elektronen relativ stabil gefüllt. Zwischen Ce und Yb werden die f-Elektronen der 4. Schale von 2 auf 14 Elektronen aufgebaut; von Ce bis Gd die Spin-Up-Elektronen, und von Tb bis Yb auch die Spin-Down-Elektronen. In dieser Reihe ist Gd bei Raumtemperatur ferromagnetisch, und Tb, Dy, Ho und Er bei sehr tiefen Temperaturen.

Unter bestimmten Umständen können auch Verbindungen von nicht ferromagnetischen Elementen ferromagnetisches Verhalten aufweisen, beispielsweise Chromdioxid. Sogar superflüssiges He-3 (vgl. Kapitel 11) zeigt ferromagnetisches Verhalten.

10. Kollektive Quantenphänomene

Es gibt in einigen kristallinen Festkörpern und manchen Flüssigkeiten eine Reihe von höchst erstaunlichen Phänomenen, die als kollektives Verhalten von Elektronen oder Atomen erklärt werden. Sie ermöglichen teilweise sehr exakte Messungen von Werten bestimmter Naturkonstanten, die genauer sind als die besten Messungen an einzelnen freien Teilchen.

Kollektive Quantenphänomene sind verbunden mit makroskopischen Quantenzuständen (sog. quantum protectorates, [23]). Das sind stabile Zustände von mikroskopischen Quantenteilchen, die makroskopische Ausmaße haben. Auf den ersten Blick sieht das wie ein Widerspruch aus, aber: Das einfachste, allgemein bekannte Beispiel für ein Quantenteilchen von makroskopischen Ausmaßen ist der kristalline Festkörper [23], vgl. Kap. 9: Ein kristalliner Festkörper ist Materie im festen Aggregatzustand, mit einer Fernordnung (der Kristallstruktur), die bei der spontan selbstorganisierten Kristallisation aus der Schmelze entstanden ist, und die auf den physikalischen Wechselwirkungen zwischen benachbarten Atomen beruht.

Im letzten Kapitel haben wir zwei Beispiele kennen gelernt, bei denen Elektronen als Fermionen wirken, so wie es ihre Art ist. Es gibt aber auch Situationen, in denen Elektronen und andere Quantenteilchen mit ungeradem Spin als Bosonen auftreten. Wir betrachten zunächst zwei spektakuläre physikalische Effekte, die unter den Namen Supraleitung und Suprafluidität bekannt sind.

Supraleitung

Man hat schon vor mehr als hundert Jahren beobachtet, dass Metalle wie Quecksilber einige Grad über dem absoluten Nullpunkt von − 273 °C ihren elektrischen Widerstand komplett verlieren (Quecksilber ist unterhalb von − 40 °C ein metallischer Festkörper), und nennt das *Supraleitung*. Wie kann man das erklären?

Beginnen wir mit der normalen elektrischen Leitung in einem metallischen Festkörper: Der elektrische Strom wird durch die Valenz-

Elektronen transportiert, die sich durch das Metallgitter bewegen. Dabei stoßen sie laufend mit den Atomrümpfen zusammen, die – abhängig von der Temperatur des Festkörpers – mehr oder weniger stark um ihre Gitterplätze schwingen. Die Elektronen werden dadurch in ihrer Bewegung gestört. Das ist die Ursache für den normalen elektrischen Widerstand. Bei sehr tiefen Temperaturen, wenn die Störungen durch die Wärmebewegungen der Atomrümpfe im Festkörper gering sind, können sich in manchen Festkörpern zwei Elektronen zu einem Elektronenpaar zusammen tun, bei dem sich die Spins + ½ und – ½ gegenseitig aufheben; das Elektronenpaar hat dann in Summe Spin 0 und ist ein Boson! Das geht natürlich nur, wenn die beiden Elektronen des Paars eine gemeinsame Wellenfunktion haben (wie bei der Verschränkung von Quantenobjekten).

Da die Bindungsenergie der Elektronenpaare sehr klein ist, denn die beiden Elektronen werden nur durch die Schwingungen des Kristallgitters gekoppelt, können die Elektronenpaare nur bei sehr tiefen Temperaturen existieren. Sie werden durch höhere Temperaturen, elektrische Ströme und Magnetfelder wieder aufgebrochen. Als identische bosonische Teilchen können die Elektronenpaare zur selben Zeit am selben Ort sein, natürlich innerhalb der Grenzen der Unbestimmtheitsrelation, und alle einen gemeinsamen Quantenzustand einnehmen. Dieser erstreckt sich über ihren ganzen Festkörper, es ist also ein makroskopischer Quantenzustand von der Größe unserer gewohnten Gegenstände. Man nennt diesen Zustand der Elektronenpaare auch „Quantenflüssigkeit", weil wie bei einer gewöhnlichen Flüssigkeit alle Quantenteilchen in der Regel im Grundzustand sind, also „ganz unten".

Ich fasse das nochmal zusammen, weil es so bemerkenswert ist: Je zwei Elektronen bilden ein Paar mit einer gemeinsamen Wellenfunktion, und die Gesamtheit der Wellenfunktionen der Paare bildet eine gemeinsame, übergeordnete, festkörperweite Gesamtwellenfunktion.

Nun aber zurück zum elektrischen Widerstand: Die Gesamtwellenfunktion der Elektronenpaare, die Quantenflüssigkeit, wird bei tiefen Temperaturen nicht durch thermische Schwingungen oder andere Störungen im Kristallgitter beeinflusst [3] und kann deshalb den Strom ohne Widerstand transportieren. Sowohl die Bildung der Elektronenpaare als auch ihre Vereinigung zur Quantenflüssigkeit sind Phasenübergänge im Rahmen einer spontanen Selbstorganisation.

1983 wurde eine weitere, sehr interessante und technisch wichtige Klasse der Supraleiter entdeckt, die sog. Hochtemperatur-Supraleiter. Diese Art der Supraleitung wird meist bei keramischen Festkörpern beobachtet, die häufig viel Barium, Kupfer und Sauerstoff enthalten (sog. Barium-Kuprate). Sie tritt bis hinauf zu - 135 °C auf, und es gibt schon technische Anwendungen, bei denen die Kühlung bei - 196 °C mit flüssigem Stickstoff ausreicht. Auch hier wird der Strom im Fall der Supraleitung durch eine Quantenflüssigkeit aus Elektronenpaaren transportiert, aber die Bindung der Elektronenpaare geschieht offenbar nicht über Gitterschwingungen wie bei den „normalen" Supraleitern. Die Art der Bindung ist bis heute noch nicht endgültig geklärt. Man hat aber auch bei diesen Supraleitern Hinweise auf kritisches Verhalten gefunden, das für eine Selbstorganisation spricht.

Suprafluidität

Ein weiterer spektakulärer Effekt ist die Suprafluidität von Helium. Wir betrachten zunächst das häufigste Heliumisotop He-4, das aus zwei Protonen, zwei Neutronen und zwei Elektronen besteht. Helium ist ein Edelgas und wegen seiner abgeschlossenen Valenz-Schale sehr bindungs-unwillig; es wird deshalb z.B. bei normalem Druck erst unterhalb - 269 °C flüssig und bis zum absoluten Nullpunkt von - 273 °C nicht fest. Andererseits ist He-4 insgesamt ein Boson, weil sich die Spins seiner sechs Fermionen gegenseitig aufheben. Kühlt man nun He-4 unter - 271 °C ab, so fließt es ohne innere Reibung, hat eine unbegrenzte Wärmeleitfähigkeit, steigt an den Wänden seines Behälters hoch, weil die Kapillarkräfte an der Behälterwand größer sind als die innere Viskosität des Heliums, und hat noch weitere exotische Eigenschaften. Die Erklärung ist ähnlich wie die der Supraleitung: Die He-4 Atome sind im flüssigen Zustand identische, nicht unterscheidbare Bosonen und ein Teil der Atome bilden unterhalb von - 271 °C eine Quantenflüssigkeit mit einer gemeinsamen, makroskopischen Gesamtwellenfunktion.

Sie werden sich vielleicht fragen, warum die Atomrümpfe im Kristallgitter keine Quantenflüssigkeit bilden, falls es Bosonen sind wie der Rumpf des in Kap. 9 erwähnte Zink (Zn)? Der Grund ist, dass die Atomrümpfe im Gitter anhand ihrer festen Gitterplätze „unterscheidbar" sind, also als Quantenteilchen nicht identisch.

Nun schauen wir uns auch das Heliumisotop He-3 an. Es besteht aus zwei Protonen, einem Neutron und zwei Elektronen, ist also ein Fermion. Doch nun kommt die Überraschung: Auch He-3 kann superfluid werden! Allerdings erst bei einer extrem tiefen Temperatur, nämlich bei etwa 0,0003 °C oberhalb des absoluten Nullpunkts. Wie geht denn das nun wieder? Ganz einfach: Wir kombinieren unsere Kenntnisse von der Suprafluidität mit denen der Supraleitung: Aus je zwei He-3-Atomen bilden sich He-3-Paare mit einer gemeinsamen Wellenfunktion und ganzzahligem Spin, und das sind Bosonen. Und die bosonischen Paare bilden wieder eine Gesamtwellenfunktion, eine Quantenflüssigkeit. Wegen der sehr schwachen Bindung zwischen den He-3-Atomen ist das nur unterhalb der genannten extrem tiefen Temperatur möglich.

Extreme Genauigkeit kollektiver Effekte

Der Quanten-Hall-Effekt (nach seinem Entdecker auch von-Klitzing-Effekt genannt) [19] und der Josephson-Effekt sind ebenfalls kollektive makroskopische Quanteneffekte, die man an Festkörpern beobachten und vermessen kann. Beide sind das Ergebnis von makroskopischen Quantenzuständen, die den ganzen Festkörper ausfüllen. Beim Quanten-Hall-Effekt kann man die Klitzing-Konstante sehr genau messen, und beim Josephson-Effekt die Josephson-Konstante. Wenn man die genauesten Messungen beider Konstanten kombiniert, kann man damit die beiden Naturkonstanten Plancksches Wirkungsquantum h und Elementarladung e sehr genau bestimmen. Und zwar erstaunlicherweise viel genauer als durch direkte Messungen an Elektronen oder anderen Teilchen! Das ist für die Physiker sehr erfreulich, denn die genauen Werte von h und e sind für die Physik äußerst wichtig. Ich gehe auf die Details der Effekte hier nicht weiter ein, möchte aber im ersten Beispiel zeigen, dass eine Messung eines kollektiven Effekts viel genauer sein kann als eine direkte Messung an einzelnen Teilchen [22] [23]:

Beispiele:
- Die Josephson-Konstante $J = 2e / h$ kann mit einer Genauigkeit von 10^{-9} gemessen werden, die von-Klitzing-Konstante $K = h / e^2$ mit 10^{-10} (beides nach dem Stand 2013). Die daraus ermittelten Werte von h und e haben dann eine Genauigkeit von mindestens 10^{-9}. Eine Genauigkeit von 10^{-9} bedeutet, dass der relative Fehler der Messung maximal $\pm\, 10^{-9}$ vom Messwert betragen kann, d.h. $\pm\, 0,000\ 000\ 01\ \%$. Mit

direkten Messungen an einzelnen Teilchen ist für e eine viel geringere Genauigkeit von 10^{-7} möglich, und für h eine noch geringere von 10^{-6}.

- Die Konstante $K = h / e^2 = 25{,}8 \; \Omega$ hat den Wert eines elektrischen Widerstands. Deshalb wird der von-Klitzing-Effekt international zur Kalibrierung des Widerstands verwendet.
- Der Josephson-Effekt wird international zur Kalibrierung der elektrischen Spannung verwendet, weil mit ihm ein sehr genauer Frequenz-Spannungs-Konverter betrieben werden kann.

Die extreme Genauigkeit des Quanten-Hall- und des Josephson-Effekts beweist ihre kollektive Natur ([22] S.122), denn ihre Genauigkeit ist abhängig von der Größe des zur Messung verwendeten Festkörpers. Die Größe bestimmt die Ausdehnung der Gesamtwellenfunktion des makroskopischen Quantenzustands, und diese Ausdehnung wiederum die Genauigkeit der Messung. Die Genauigkeit ist nicht abhängig von der Reinheit oder kristallinen Perfektion des Festkörpers.

Im Umfeld des Quanten-Hall-Effekts gibt es noch mehrere andere, sehr interessante kollektive Phänomene, bei denen z.B. Bruchteile der Elementarladung beobachtet werden. Ich will es hier aber bei dem Hinweis belassen.

Das Vakuum

Sie werden sich vielleicht fragen, was das Vakuum mit kollektiven Quantenphänomenen zu tun hat? Das Vakuum ist doch der leere Raum, was kann da „kollektiv" sein? So einfach ist das aber nicht. Betrachten wir als Beispiel den leeren Raum im Weltall etwas genauer, weitab von den nächsten Sternen oder anderen materiellen Körpern. Er ist nicht leer, sondern wird im Mittel pro cm^3 von ca. 400 Photonen (Licht der Sterne und Reststrahlung des Urknalls) und ca. 500 Neutrinos durchquert ([8] S.76), und auch von anderen Teilchen. Außerdem ist er von schwachen Feldern der Schwerkraft durchzogen. Wenn man versuchen würde, die Teilchen und Felder durch eine Art massiven Käfig (wegen der alles durchdringenden Neutrinos) auszuschließen, erzeugt man nur viel größere Schwerefelder.

Fazit: Das „echte" leere Vakuum ist offenbar eine nicht realisierbare Fiktion.

Was im Vakuum so alles passieren kann, sollen folgende Beispiele zeigen:
- Wenn ein Photon sehr hoher Energie mit dem elektrischen Feld eines Atoms wechselwirkt, können ein Teilchen und ein Antiteilchen entstehen, z.b. ein Elektron und ein Positron (sog. Paarerzeugung)
- Die Energie-Zeit-Unbestimmtheit erlaubt die kurzzeitige Verletzung der Energie-Masse-Erhaltung, deshalb können im Vakuum ständig paarweise Teilchen und Antiteilchen entstehen, die aber äußerst schnell wieder vergehen (durch sog. Paarvernichtung)
- Ein Antiteilchen könnte man sich als fehlendes Teilchen im Vakuum vorstellen, vergleichbar zu einem Loch für das fehlende Elektron im Valenzband eines Halbleiters.

Die Physiker beschreiben das Vakuum gegenwärtig mit der Quantenfeldtheorie, und zwar etwa folgendermaßen ([8] S. 89): Das Vakuum verhält sich wie ein See von virtuellen Elektronen und Positronen, sowie anderen Elementarteilchen und ihren Antiteilchen. Normalerweise sind alle virtuellen Plätze besetzt, so dass Teilchen „von außerhalb" im Vakuum keinen Platz finden. Wenn dem Vakuum aber ausreichend hohe Energie zugeführt wird, oder auch aufgrund der Unbestimmtheitsrelation, kann spontan eine Paarerzeugung stattfinden. Das Vakuum muss also die Eigenschaften der erzeugten Teilchen „kennen"! Beispielweise bei der Paarerzeugung von Elektron und Positron deren Eigenschaften, denn wie sollten die Teilchen sonst gebildet werden können? Bei der Paarvernichtung wird das Positron-Loch übrigens wieder aufgefüllt. Die Energie des Vakuums wird bei der Paarerzeugung um die dafür zugeführte Energie erhöht, und bei der Vernichtung wieder erniedrigt. Diese Vorstellungen kann man einerseits durch Messungen und andererseits durch Rechnungen mit der Quantenfeldtheorie belegen.

Beispiel: Durch die virtuellen Elektronen und Positronen des Vakuums wird die Ladung eines freien Elektrons teilweise gebunden (sog. Polarisation des Vakuums). Wenn man nun zwei Elektronen sehr dicht aneinander vorbei fliegen lässt, lenken sie sich gegenseitig ab, und zwar wegen des geringen Abstands mit einer etwas weniger durch die Polarisation reduzierten Ladung. Bei dieser Begegnung ist die „gefühlte" Ladung also etwas größer, als wenn das Elektron allein ist. Dieser Effekt wurde experimentell nachgewiesen, und die Messung wird von der Quantenfeldtheorie sehr genau bestätigt.

An dem Beispiel wird noch mal klar, woher die Schwierigkeiten kommen, die Ladung eines „freien" Elektrons genau zu messen: Es ist im Vakuum eingebettet und deshalb nicht wirklich frei von Wechselwirkungen. Im Vergleich dazu ist die große Messgenauigkeit, die bei kollektiven Phänomenen erreicht wird, dadurch plausibel zu machen, dass makroskopische Quantenobjekte nur eine sehr geringe Wechselwirkungen mit dem sie umgebenden Festkörper haben.

Andere Physiker beschreiben die Eigenschaften des Vakuums folgendermaßen: Das Vakuum ist strukturell vergleichbar mit einer Quantenflüssigkeit ([22] S.184). Es ist nicht leer, sondern eine Art Medium, das auf die Einwirkung großer Energiepakete reagiert, z.B. mit Paarerzeugung. Es befindet sich in einer Art Grundzustand niedrigster Energie, die aber anscheinend nicht gleich Null ist. Das Vakuum ist derzeit Gegenstand intensiver Grundlagenforschungen: Im Zusammenhang mit der Gravitation und der Allgemeinen Relativitätstheorie, sowie der Dunklen Energie und der angestrebten Vereinheitlichung der vier fundamentalen Kräfte im Rahmen einer Weltformel.

11. Die Allgemeine Relativitätstheorie

Die Allgemeine Relativitätstheorie beschreibt die Schwerkraft empirisch als dynamische Krümmung der vierdimensionalen Raumzeit. Ihre Bewegungsgleichungen sind physikalisch unvollständig und haben nur zwei sehr spezielle exakte Lösungen, die experimentell nicht nachprüfbar sind.

Die Allgemeine Relativitätstheorie (Abkürzung ART; besser wäre „Gravitationstheorie") ist eine Hypothese, die die Schwerkraft als dynamische Krümmung der vierdimensionalen Raumzeit beschreibt. Die Schwerkraft ist im Rahmen der ART also keine Kraft, sondern eine Eigenschaft der Raum-Zeit-Geometrie. Der Anlass für die Entwicklung der Theorie war u.a. die anormal große Bewegung des sonnennächsten Punkts (des sog. Perihel) der Bahn des Planeten Merkur im Schwerefeld der Sonne, deren Größe man erst mit der ART erklären konnte.

Warum ist sie eine Hypothese, und keine Theorie? Sie ist bis heute unter Physikern nicht unumstritten, weil sie experimentell nicht nachprüfbar ist ([22] S.182) und nicht zufrieden stellend in die anderen physikalischen Theorien integriert werden kann. Sie ist auch als empirisch anzusehen, weil ihr mathematischer Formalismus zwar näherungsweise die Beobachtungen beschreibt, die ART aber nicht konsistent aus der Welt der Elementarteilchen abgeleitet werden kann.

Beispiel: Im Rahmen der ART gibt es nur Teilchen mit positiver Energie, in Rahmen der Quantenfeldtheorie im Vakuum aber auch Teilchen mit negativer Energie.

Werfen wir zunächst mal einen Blick auf die zentrale Gleichung der ART in ihrer einfachsten Form:

$$R_{ik} = K \cdot T_{ik}$$

Zur Erläuterung:

- R_{ik} ist ein quadratisches Schema aus 16 Komponenten, das die Krümmung der vierdimensionalen Raum-Zeit-Geometrie beschreibt, der sog. Krümmungs-Tensor (ein mathematisches Element aus der Differenzialgeometrie).
- K ist die Newtonsche Gravitationskonstante G multipliziert mit $8\pi/c^4$.
- T_{ik} ist ein quadratisches Schema aus 16 Komponenten, der sog. Materie-Tensor, der die Dichte der Materie beschreibt, einschließlich

der Dichte der Energie nach der uns inzwischen geläufigen Umrechnungsformel $E = m \cdot c^2$.

Betrachtet man die ART genauer, so stellt sich folgendes heraus:

- Aus der einfach erscheinenden zentralen Gleichung ergeben sich die zehn sog. Einsteinschen Feldgleichungen, die im allgemeinen Fall nichtlineare Differenzialgleichungen sind. (Es sind nur zehn und nicht 16 Gleichungen, weil der Krümmungs- und der Materie- Tensor symmetrisch sind, d.h. beispielsweise R_{ik} gleich R_{ki} ist). Aus diesen müssen bei Bedarf noch die Bewegungsgleichungen für ein Objekt abgeleitet werden.
- Im Hinblick auf die Krümmung der Raumzeit sind die Feldgleichungen nicht ganz vollständig.
- Die ART liefert keine Aussage zum Wert der Gravitationskonstante G; man muss sie im Rahmen der klassischen Gravitation messen.
- Die Feldgleichungen enthalten noch eine weitere Konstante, die sog. kosmologische Konstante, die ebenfalls aus Experimenten bestimmt werden muss.
- Es gehen nur sehr wenige physikalische Bedingungen ein (siehe unten).

Exakte Lösungen der Feldgleichungen gibt es bisher nur in zwei Fällen:

- Für das Gravitationsfeld einer homogenen, nicht geladenen und nicht rotierenden Massekugel.
  Diese Lösung ist auf reale Sterne oder Planeten nicht anwendbar, weil sie immer rotieren.
- Für ein homogenes, expandierendes, in allen Raumrichtungen gleichartiges („isotropes") Universum.
  Diese Lösung ist auf das Weltall nicht anwendbar, denn das All ist weder homogen noch isotrop.

Eine Überprüfung der Ergebnisse der ART ist also bisher nicht möglich.

Näherungsweise erklärt die ART mit befriedigender Genauigkeit die Größe der o.g. Periheldrehung des Merkur, die Ablenkung des Lichts durch die Sonne, die Existenz schwarzer Löcher, die Expansion eines inhomogenen Universums (mit Galaxienhaufen) und einiges mehr. Sie erklärt auch näherungsweise, um welchen Betrag die Atomuhren der GPS-Satelliten im Schwerefeld der Erde vorgehen.

Beispiel: Ein Lichtstrahl aus dem Weltraum wird in der Nähe der Sonne messbar krumm gebogen, weil die Masse der Sonne eine starke Gravitation ausübt und das Licht als elektromagnetische Energie auch der Gravitation unterworfen ist. Sie erinnern sich: Energie und Masse sind äquivalent.

Aus der ART ergibt sich als Grenzfall für kleine Geschwindigkeiten und nicht zu große Massen die klassische Newtonsche Gravitationsformel. Die ART ist aber bei sehr hohen Teilchenenergien oder bei sehr kleinen Raumzeitgebieten mit starker Krümmung nicht mit der Quantentheorie verträglich, und man sucht deshalb schon lange intensiv nach einer Vereinigung der ART mit der Quantenfeldtheorie. Bisher ohne Erfolg.

Versucht man, die ART aus Sicht unserer Kriterien für emergente Systeme zu bewerten, so wirkt sie ausgesprochen empirisch. Die Grundidee Albert Einsteins war ja auch, die Schwerkraft durch eine funktionelle Geometrie zu beschreiben. In den geometrischen Formalismus der ART, der direkt aus der Differenzialgeometrie der Mathematik entlehnt wurde, gehen nur wenige physikalische Anforderungen ein:

- Bei Abwesenheit von Materie muss der Raum flach sein, d.h. alle Elemente des Krümmungs-Tensor müssen gleich Null sein.
- Der Krümmungs-Tensor muss ein Maß für die Entfernung in der Raumzeit und ihre Krümmung enthalten.
- Im Materie-Tensor muss die Äquivalenz von Masse und Energie berücksichtigt werden.
- Der Materie-Tensor muss die Erhaltung der Materie und der Energie gewährleisten.

Hinzu kommt, dass es nach knapp hundert Jahren Forschung nur zwei exakte Lösungen der Feldgleichungen gibt, die aber nicht durch Experimente überprüfbar sind (siehe oben). Es ist deshalb kein Wunder, dass viele Physiker die ART trotz gewisser Erfolge noch nicht als die endgültige Theorie der Schwerkraft ansehen. Auch die Bemühungen zur Vereinigung der vier fundamentalen Kräfte einschließlich der Schwerkraft durch diverse Ansätze für eine Weltformel sind bisher wenig ermutigend, weil diese Hypothesen von enormer Komplexität sind (11 Raum-Dimensionen sind im Gespräch) und bisher keine Aussicht auf experimentelle Überprüfung in Sicht ist.

Vielleicht ist die Schwerkraft ja doch ein emergentes Phänomen, eine kollektive Eigenschaft der Raumzeit, die über makroskopische Entfernungen hinweg zunehmend exakt wird, bei kleinen Längen aber verschwindet ([22] S.190)? Für diese Sicht der Schwerkraft spricht, dass sie etwa 10^{40} Mal schwächer ist als die Starke Kernkraft und die Elektromagnetische Kraft, und mehr als 10^{25} Mal schwächer als die Schwache Kernkraft. Auf atomarer Ebene spielt sie keine messbare Rolle.

In der makroskopischen Welt überwiegt die Schwerkraft nur deshalb, weil

- die Starke Kernkraft und Schwache Kernkraft eine geringe Reichweite haben und schon innerhalb der Atomkerne „neutralisiert" werden,
- die Elektrostatische Kraft innerhalb der Atome zwischen Kern und Hülle kompensiert wird, und
- die Schwerkraft nicht „abgeschirmt" werden kann, weil es bei ihr nur eine „Ladung" gibt, die Masse. (Man kann die Schwerkraft allerdings durch geeignet beschleunigte Bewegungen kompensieren, z.B. durch den freien Fall oder einen Parabelflug.)

Das letzte Wort ist hier sicher noch nicht gesprochen ...

12. Die Moleküle

Atome verbinden sich spontan oder bei Zufuhr von Energie zu Molekülen, und auch Moleküle reagieren entsprechend miteinander. Die chemische Reaktion ist ein komplexer Prozess im Sinne einer Kettenreaktion. Die chemischen Bindungen bauen auf der Physik der Atomhülle auf, insbesondere auf den damit verbundenen quantentheoretischen Wechselwirkungen. Die chemischen Reaktionen und Bindungen sind nur empirisch zugänglich.

Die Systeme in der Chemie sind die Moleküle, die aus wenigen oder vielen, gleichen oder unterschiedlichen Atomen zusammengesetzt sind. Wie funktioniert die Wechselwirkung? Es sind die primären und die sekundären chemischen Bindungen, die beim Aufbau der Moleküle, ihrer Struktur und ihren Reaktionen wirken.

Primäre chemische Bindungen

Es gibt zwei Schwerpunkte der primären chemischen Bindung (kurz: Bindung) für die Moleküle. (Die metallische Bindung habe ich bereits im Kap. 9 dargestellt.)

Die Ionische Bindung

Diese Bindung ist tendenziell stark und weit reichend aber nicht gerichtet, d.h. sie wirkt in alle Richtungen gleich stark. Sie kommt dadurch zustande, dass die Atome versuchen, die äußerste Elektronenschale, die Valenzschale, komplett mit Elektronen aufzufüllen, oder, falls sie nur wenige Elektronen enthält, diese auch noch abzugeben.

Beispiel: Natrium hat nur ein Elektron in seiner Valenzschale, bei Chlor mit sieben Elektronen fehlt aber eins zur vollen Schale. Also verbinden sich diese beiden Atomsorten gern zu Natriumchlorid, dem bekannten Kochsalz.

Nach dem Austausch der Elektronen sind die Atome nicht mehr elektrisch neutral, sondern positiv oder negativ geladen, also Ionen. Die unterschiedlichen Ladungen verursachen dann die elektrische Anziehung, und damit die Bindung. Aus den Ionen entstehen aber keine „einzelnen" Moleküle, sondern im festen Zustand makroskopische kristalline Strukturen mit einer Fernordnung, ähnlich wie bei den Metallen. Bei Kochsalz beispielsweise ist die Struktur kubisch, mit Na- und Cl-Ionen auf benachbarten Gitterplätzen. Geschmolzenes NaCl besteht ebenfalls aus Na- und Cl-Ionen, die aber nicht geordnet sind. Das Erstarren der Kristalle aus der Schmelze erfolgt durch emergente Selbstorganisation. Es ist ein Phasenübergang, der von einem Symmetriebruch begleitet wird: Aus der Schmelze, bei der keine Richtung im Raum ausgezeichnet ist, entsteht die kubische Struktur des NaCl-Kristalls.

Die ionische Bindung wird bevorzugt von Atomen eingegangen, die ganz links und ganz rechts im Periodensystem der Atome stehen (vgl. Bild 11), weil deren äußerste Schalen ziemlich leer bzw. ziemlich voll sind. Ionische Bindungen haben aber oft einen kovalenten Anteil (s.u.), abhängig davon, wie stark die Valenzelektronen einen der Partner bevorzugen. Je weiter die Atome in der Mitte des Periodensystems stehen, umso größer ist der kovalente Anteil der Bindung. Die Theorie der ionische Bindung basiert u.a. auf den Ergebnissen der Quantentheorie für volle Elektronenschalen, aber es gibt dafür keine exakten Lösungen

Die Kovalente Bindung

Diese Bindung ist schwächer als die ionische, reicht nicht besonders weit, bevorzugt aber eine bestimmte Richtung zu einem oder auch zu mehreren Partneratomen. Sie wird gebildet durch zwei Valenzelektronen, die von zwei verschiedenen Atomen stammen. Wenn diese beiden Elektronen beiden Atomen gemeinsam gehören, so kann man quantentheoretisch abschätzen, dass die Gesamtenergie der beiden Atome kleiner ist, als wenn die Elektronen einzeln bei ihren Atomen bleiben. Und diese verringerte Energie hält dann die Atome zusammen.

Das ist so ähnlich wie mit der verringerten Steuer beim Ehegattensplitting ;-)

Man kann es auch etwas anders betrachten: Der gemeinsame Besitz von Elektronenpaaren führt für die beteiligten Atome zu der „Illusion", sie hätten die Valenzschalen komplett besetzt. Die Moleküle können - abhängig von der Temperatur - einzeln Gase oder Flüssigkeiten bilden, sich aber auch zu kristallinen Strukturen vereinigen.

Die Theorien der kovalenten Bindung (Valenzstrukturtheorie, Molekülorbitaltheorie usw.) sind sehr komplex, aber nicht exakt, sondern auf viele, zum Teil drastische Näherungen angewiesen. Wir erkennen daraus: Auch bei den Molekülen ist die Natur wieder einmal den mathematischen Möglichkeiten der Wissenschaft weit überlegen. Die kovalente Bindung wird bevorzugt von Atomen eingegangen, die im mittleren Bereich des Periodensystems stehen, weil deren Valenzschalen etwa halb voll sind.

Beispiel: Verbindungen auf der Basis von Kohlenstoff:

– Kohlenstoff steht in der mittleren Spalte des Periodensystems und hat vier Valenzelektronen, seine äußere Schale ist halb voll. Ein Kohlenstoffatom kann deshalb beispielsweise mit vier Wasserstoffatomen vier kovalente Bindungen aufbauen, und das Ergebnis ist Methan CH_4.

– Kohlenstoff kann aber auch mit anderen Kohlenstoffatomen kovalente Bindungen eingehen, und es kann z.B. Diamant entstehen. Dessen große Härte ist eine Folge der sehr hohen Bindungsenergie seiner speziellen kovalenten Bindungen.

Abhängig von der Stellung der beteiligten Atome in den Spalten des Periodensystems, die die Anzahl der Elektronen in der äußeren Schale widerspiegelt, gibt es auch Übergänge, und die Bindung kann im Einzelfall mehr ionisch oder mehr kovalent sein.

Übrigens: Die Stärke der chemischen Bindungen kann man bisher nicht berechnen, sondern nur messen.

Sekundäre Bindungen

Zusätzlich zu den beiden primären Bindungsarten gibt es bei den Molekülen noch weitere Kräfte, die sekundäre Bindungen genannt werden, um sie von den primären Bindungen zu unterscheiden. Auch die sekundären Bindungen sind letzten Endes quantentheoretischer Natur. Die Kräfte durch die sekundären Bindungen sind schwach im Vergleich zu den Kräften der primären Bindungen und werden oft schon durch die Energie der Wärmebewegung der Moleküle wieder aufgebrochen. Sie führen zu Kräften zwischen unterschiedlichen Molekülen oder zwischen unterschiedlichen Teilen innerhalb eines großen Moleküls. Die wichtigsten sekundären Bindungen sind:

Wasserstoffbrücken

Nehmen wir als Beispiel das Wassermolekül H_2O. Es besteht aus einem Sauerstoff- und zwei Wasserstoffatomen, die von kovalenten, gerichteten Bindungen zusammengehalten werden. In Summe ist das Wassermolekül elektrisch neutral. Weil das Wassermolekül aber nicht gerade ist, sondern die Wasserstoffatome einen Winkel von ca. 104 ° miteinander bilden, gibt es einen Schwerpunkt der negativen Ladung beim Sauerstoffatom, und je einen mit positiver Ladung bei den beiden Wasserstoffatomen (vgl. Bild 24). Diese Ladungsschwerpunkte sind natürlich kleiner als die Ladungen selbst, da es nur um einen kleinen Ladungsüberschuss geht. Deshalb ist die elektrostatische Anziehung bei den Brückenbindungen zwischen Wasserstoff und Sauerstoff (sog. Wasserstoffbrücken) kleiner als die bei der Ionenbindung. Die genannten Ladungsschwerpunkte sind beim Wassermolekül immer da, weil die Struktur des Moleküls immer gewinkelt ist. Die Wechselwirkung entsteht dadurch, dass sich die Ladungsschwerpunkte der unterschiedlichen Wassermoleküle gegenseitig anziehen, vgl. Bild 24.

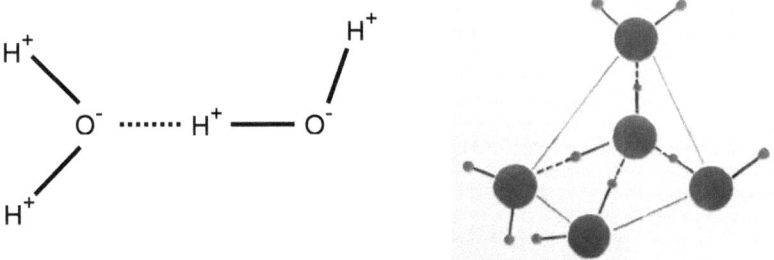

Bild 24: Links zwei Wassermoleküle, die durch eine Wasserstoffbrücke verbunden sind (punktiert). Rechts die räumliche Grundstruktur eines Clusters von vier Wassermolekülen in Form eines Tetraeders (große Kugeln: Sauerstoff, kleine Kugeln: Wasserstoff). Vier Wasserstoffbrücken sind als gestrichelte Linien zu erkennen.

Die Moleküle des Wassers werden sowohl im Wasser als auch im Eis durch Wasserstoffbrücken verbunden, und die bevorzugte Grundstruktur ist ein Tetraeder (vgl. Bild 24): Jedes Sauerstoffatom ist von vier Wasserstoffatomen umgeben, zwei, die ihm als Wassermolekül gehört haben, und zwei weiteren, die es sich mit den Sauerstoffatomen anderer

Wassermoleküle teilt. Entsprechend ist jedes Wasserstoffatom mit zwei Sauerstoffatomen verbunden. Im Wasser sind die Wasserstoffbrücken zwischen den Molekülen sehr dynamisch und ständig im Umbau, im Eis dagegen sind sie fest zugeordnet, und es gibt eine Fernordnung. Der springende Punkt ist nun, dass die Tetraeder im Eis aufgrund der fest zugeordneten Wasserstoffbrückenbindung etwa 10% mehr Platz brauchen, als die ungeordneten Moleküle im Wasser. Darum ist Eis um etwa 10% leichter als Wasser. Durch die Wasserstoffbrücken werden auch andere Besonderheiten des Wassers hervorgerufen, wie das Sinken des Schmelzpunkt von Eis mit steigendem Druck (vgl. Bild 3).

Beispiele:
- Im Wasser bilden sich Ketten und Cluster von 2, 4 oder 8 Wassermolekülen. Die einzelnen Wassermoleküle sind somit nicht mehr frei beweglich und benötigen z. B. beim Übergang in den gasförmigen Zustand relativ viel Energie für die Auftrennung der Cluster. Das ist eine Ursache für den relativ hohen Siedepunkt des Wassers von 100 °C. Der chemisch vergleichbare Schwefelwasserstoff H_2S beispielsweise siedet schon bei -60 °C.
- Wasser hat bei 4 °C sein größtes spezifisches Gewicht. Unterhalb von 4 °C nimmt es ab, weil der Anteil der Moleküle zunimmt, die als Tetraeder angeordnet sind. Oberhalb von 4 °C nimmt es auch ab, weil die mittlere Entfernung der Wassermoleküle durch die Wärmebewegung steigt.

Bei sehr großen Molekülen, wie sie besonders bei den Kohlenwasserstoffen in der organischen Chemie vorkommen, sind die Wasserstoffbrücken zwischen unterschiedlichen Teilen eines Moleküls verantwortlich dafür, dass sich räumliche Strukturen ausbilden können, z.B. bei den Protein-Molekülen. In den Genen verbinden Wasserstoffbrücken die einzelnen Stränge der RNS und DNS zur charakteristischen schraubenförmigen Struktur, vgl. Bild 26. Ohne Wasserstoffbrücken gäbe es also nicht unsere Art des Lebens.

Van-der-Waals Kräfte

Die van-der-Waals Kräfte sind noch schwächer als die Wasserstoffbrückenbindungen, und haben eine sehr geringe Reichweite. Diese Kräfte entstehen z.B. durch die Anziehung zwischen Ladungsschwerpunkten von Molekülen, die sich als Folge gegenseitiger elektrischer Beeinflussung (sog. Influenz) vorübergehend ausbilden, wenn sich die Moleküle nahe kommen. Diese Ladungsschwerpunkte sind temporär und nicht strukturbedingt wie die bei der Wasserstoffbrückenbindung.

Beispiele:

- Es gibt Kristalle aus Edelgasen, in denen die Edelgasatome ausschließlich von van-der-Waals Kräften zusammen gehalten werden. Diese Kristalle gibt es aber nur bei sehr tiefen Temperaturen, weil ihre sehr schwachen Bindungen bei etwas höheren Temperaturen von der Wärmebewegung aufgebrochen werden.
- Fliegen oder Geckos können sich an senkrechten Flächen oder sogar kopfüber an der Decke bewegen, weil zwischen den vielen kleinen Härchen an ihren Füssen und den Atomen der Wand oder der Decke van-der-Waals Kräfte wirken.

Soweit ein Überblick zu den chemischen Bindungen und Wechselwirkungen, auf denen die riesige Vielfalt der Moleküle aufbaut.

Name	Summen-formel	Strukturbild	Bindung
Kochsalz	NaCl	$Na^-\ Cl^+$	Ionisch
Wasser	H_2O	H – O – H oder H : O : H	kovalent
Alkohol	C_2H_5OH	H H │ │ H – C – C – O – H oder H : C : C : O : H │ │ H H	kovalent
Benzol	C_6H_6	oder ⬡	kovalent

Bild 25: Beispiele für Formeln und Strukturen chemischer Verbindungen.
Abkürzungen: Na Natrium, Cl Chlor, H Wasserstoff, O Sauerstoff, C Kohlenstoff.

Erläuterungen: Beim Kochsalz gibt das Na-Atom ein Elektron an das Cl-Atom ab, was durch einen Strich oder die – und + Ladungen dargestellt wird. Bei Wasser und Alkohol wird das gemeinsame Elektronenpaar durch einen Strich oder einen Doppelpunkt dargestellt. Beim Benzolring muss man sich in der historischen Struktur links noch einen zusätzlichen Strich für die Bindung zwischen C und H vorstellen. Diese Darstellung ist allerdings nicht ganz korrekt, denn im Benzolring sind alle C – H – Gruppen gleichwertig: Die Wellenfunktionen der Elektronen haben sich so organisiert, dass von den vier Valenzelektronen drei lokal zu jedem C – Atom gehören, je eins der Bindung mit den beiden benachbarten C – Atomen zugeordnet ist und eins der Bindung mit dem H – Atom. Die restlichen sechs 3p-Elektronen (vgl. Bild 9) bilden eine gemeinsame („delokalisierte") Wellenfunktion der sechs C – Atome. Diese Anordnung ist energetisch günstiger und führt zu einer größeren Stabilität. Deshalb ist inzwischen das rechte Symbol für die Struktur des Benzols üblich, bei dem der innere Kreis die sechs gemeinsamen 3p-Elektronen darstellt.

Für alle diese Bindungs- und Wechselwirkungskräfte gibt es keine exakten Theorien. Die Chemiker haben sich aber unabhängig davon aufgrund ihrer Beobachtungen der Verbindungen für die Moleküle verschiedene Arten der Beschreibung ausgedacht, mit der man die Moleküle sehr übersichtlich darstellen kann: Sie kennzeichnen bei ionischen Bindungen die Ionen durch ihre Ladungen. Bei kovalenten Bindungen steht ein Strich oder ein Doppelpunkt für ein gemeinsames Elektronenpaar der beteiligten Atome oder Molekülteile. Bei sehr komplexen organischen Molekülen werden noch kompaktere Darstellungen benutzt, vgl. Bild 24.

Bei den wesentlich einfacheren anorganischen Verbindungen reicht meist schon die Summenformel, um auf Basis der allgemeinen Kenntnis der Atome und der chemischen Bindungen zu verstehen, wie das Molekül aufgebaut ist.

Chemische Reaktionen

Chemische Reaktionen unterliegen der Quantentheorie und den Gesetzen der Thermodynamik. Sie werden als Reaktionsgleichungen dargestellt.

Beispiel Knallgasreaktion: $2 H_2 + O_2 \rightarrow 2 H_2O + Energie$

Ob eine Reaktion thermodynamisch möglich ist, hängt von den Energieinhalten der Reaktionspartner ab. Im Beispiel ist der Energieinhalt von Wasser geringer als die Summe der Energieinhalte von Wasserstoffgas und Sauerstoffgas, und die Reaktion kann von links nach rechts verlaufen. Es geht aber in der thermodynamischen Bilanz einer Reaktion nicht nur um die Energieinhalte der Reaktionspartner allein, sondern um Energieanteile der Reaktion insgesamt.

Beispiele:
- Entstehen bei einer Reaktion gasförmige Reaktionsprodukte, so wird für deren Expansion zusätzliche Energie benötigt.
- Schaut man bei den Reaktionen genauer hin, so stellt man fest, dass auch Änderungen der Entropie in der Energiebilanz berücksichtigen werden müssen.

Jede Reaktion kann prinzipiell in beide Richtungen verlaufen. Es stellt sich immer ein Gleichgewichtszustand zwischen den Reaktionspartnern auf der linken und der rechten Seite ein. Wenn das Gleichgewicht ganz auf der rechten Seite liegt, findet die Reaktion von selbst statt, weil die

Energie der Reaktionspartner auf der rechten Seite geringer ist. Die Energiedifferenz wird dann bei der Reaktion frei. Man nennt diese Reaktionen auch exotherm. Wenn das Gleichgewicht ganz auf der linken Seite liegt, findet die Reaktion von allein nicht statt, sondern nur, wenn Energie zugeführt wird. Diese Reaktionen nennt man endotherm. Bei der Evolution beispielsweise findet die emergente Selbstorganisation im Rahmen von endothermen Reaktionen statt.

Wenn eine Reaktion aus Sicht der Thermodynamik stattfinden kann, ist die zweite Frage, wie schnell sie abläuft. Manche Reaktionen verlaufen so langsam ab, als ob sie de facto nicht stattfinden. Bei anderen beginnt die Reaktion nicht von allein, weil eine Aktivierungsenergie notwendig ist, um eine Energieschwelle zu überwinden. Danach erst „geht die Post ab".

Beispiele:
– Um eine Kerze oder ein Feuer zu entzünden, muss der Brand mit einem Streichholz o.ä. in Gang gebracht werden. Danach brennt die Kerze oder das Feuer von selbst weiter.
– Knallgasreaktion: Mischt man Wasserstoffgas und Sauerstoffgas bei Zimmertemperatur, so passiert erstmal ... nichts, obwohl der Energieinhalt von Wasser deutlich niedriger ist als der der Gase. Mit einem Funken oder einem Streichholz kann man die Reaktion aber starten, und das Gemisch explodiert dann heftig infolge einer sich stark verzweigende Kettenreaktion, wobei neben H_2- und O_2-Molekülen H- und O-Atome sowie OH-Gruppen beteiligt sind.

Um die Aktivierungsenergie zu überwinden, gibt es für viele Reaktionen Katalysatoren, die die Reaktion starten und in Gang halten können. Im Fall der Knallgasreaktion kann z.B. Platin die Reaktion starten, indem es molekulares H_2 absorbiert und dabei teilweise in atomares H aufspaltet. Die H-Atome zünden dann die Knallgas-Kettenreaktion. Ein Katalysator hat die Fähigkeit, den Ablauf einer Reaktion zu starten, zu erleichtern oder zu beschleunigen, ohne dass er dabei selbst verbraucht wird.

Bei einer chemischen Reaktion ändern sich die Eigenschaften der Reaktionspartner in der Regel ganz erheblich. Wenn eine Reaktion von Atomen zu Molekülen von selbst abläuft, oder von einfachen zu komplexen Molekülen, liegt offenbar ein Fall von spontaner Selbstorganisation vor. Das wird bei der folgenden Überlegung noch etwas plausibler: Wenn man eine Reaktionsgleichung oberflächlich betrachtet, könnte man meinen, dass es nur um einzelne Atome geht, die sich zu einzelnen Molekülen vereinigen. In der Realität läuft eine chemische Reaktion aber immer mit sehr vielen beteiligten Atomen oder Molekülen ab, den schon bekannten ca. $6 \cdot 10^{23}$ Elementen pro Mol (das Molekulargewicht in Gramm ausgedrückt). Deswegen ist der Ablauf im Detail auch deutlich komplizierter, als es nach der Reaktionsgleichung erscheint. Die oben skizzierte Knallgasreaktion ist ein Beispiel dafür.

Aus Sicht der Emergenz gibt es für sämtliche Abläufe oder Strukturen in der Welt der Moleküle nur empirische Modelle, die mit Messwerten aus Experimenten kalibriert werden müssen. Deshalb gibt es für die gesamte Welt, die auf der Ebene der Moleküle aufbaut (vgl. Bild 1), ebenfalls nur empirische Modelle.

Es zeigt sich übrigens, dass man bei der Vielfalt der möglichen emergenten Systeme einen Trend in den hierarchischen Ebenen der Welt feststellen kann: In der Physik sind die Wechselwirkungen, die fundamentalen Naturgesetze, noch streng und einschränkend, und die Vielfalt der unterschiedlichen Systeme ist deshalb nicht sehr groß. Den größten Beitrag zur Vielfalt liefern hier die vielen unterschiedlichen Atome.

In der Chemie nimmt die Vielfalt und die Komplexität der Systeme wegen der vielfältigen Formen der unterschiedlichen chemischen Bindungen zu, und zusätzlich wegen der gewaltigen Vielfalt der Moleküle der organischen Chemie auf Basis der sehr flexiblen Wechselwirkungen der Kohlenstoffatome. Wir werden in den folgenden Kapiteln sehen, dass die emergente Vielfalt und Komplexität bei den Lebewesen noch einmal erheblich größer wird. Sie wird nur durch die Selektion begrenzt. In der menschlichen Gesellschaft beruht die mögliche Vielfalt der Organisationsformen zwischen den Menschen auf der immensen Vielfalt der Fähigkeiten in der geistigen Ebene und ist deshalb vollends unüberschaubar.

Einen ähnlichen Trend im Hinblick auf Vielfalt und Komplexität gibt es im Weltall vom homogenen Zustand beim Urknall über die wachsende Vielfalt bei den Elementarteilchen und Atomen bis hin zu den Sternen und Planeten.

13. Die Entwicklung des Lebens

Die Entstehung und Entwicklung des Lebens von den unbelebten Molekülen zu Viren, Bakterien, Pflanzen, Tieren und den Menschen hat nicht nur durch zufällige Mutationen und blinde Selektion stattgefunden, sondern wurde durch mehrere andere Prozesse verstärkt und erheblich beschleunigt. Sie spielt sich nicht nur in der Ebene der Gene ab, sondern betrifft die Lebewesen als Ganzes, vor allem ihren Stoffwechsel, und bei den höheren Lebewesen die kulturellen und geistigen Fähigkeiten. Innovation entsteht in der Evolution meist bei einem Überschuss an Nahrung, eine Vielfalt innerhalb der Arten in Mangelsituationen.

In diesem Kapitel geht es um eine selbstorganisierte Entwicklung in der Zeit, und zwar um das höchst wichtige, komplexe und umstrittene Thema der Entstehung und Entwicklung des Lebens, die *Evolution*. Die Evolution ist nach dem heutigen Verständnis der Naturwissenschaften ein eindrucksvolles Beispiel für die spontane Selbstorganisation, denn die Natur hat aus sich selbst heraus das Leben und mit den Lebewesen eine Fülle von Strukturen und Fähigkeiten erschaffen, die nicht vorhersagbar war. Die Lebewesen haben dabei auch noch ihre Umwelt im Meer, in der Atmosphäre und auf der Erdoberfläche grundlegend umgestaltet. Die Überlegungen zur Emergenz und Komplexität haben deshalb auch in der Biologie begonnen.

Beispiel: Das sog. Gleichgewicht der Natur ist kein statisches, sondern ein dynamisches Gleichgewicht, und entsteht aus einem eng verwobenen Netz von Wechselwirkungen der Organismen untereinander und mit ihrer Umwelt (nach [11] S. 274).

Im Unterschied zu den Prozessen der Selbstorganisation in der unbelebten Welt, die auf dem Weg zu mehr Ordnung meist im thermischen Gleichgewicht oder exotherm verlaufen, sind die Prozesse der Selbstorganisation während der Evolution überwiegend endotherm, z.B. die Synthese von *Proteinen* und *Nukleinsäuren*. Sie benötigen also zugeführte Energie und können nur fern vom thermischen Gleichgewicht ablaufen, besonders schnell sogar „am Rande des Chaos". Die notwendige Energie für die Vorgänge der Evolution stammt meist von der Sonne, am Anfang vor 3,8 Mrd. Jahren wahrscheinlich von der hochenergetischen UV-Strahlung. Sie kann aber auch von chemischen Reaktionen an Metallsulfiden stammen, besonders in heißen vulkanischen Zonen am Meeresboden, z.B. den sog. „schwarzen Rauchern". Dafür spricht, dass dort auch andere günstige Bedingungen für die Evolution herrschen, und dass die ältesten Bakterien offenbar die *Archaeen* sind, die mit diesen Bedingungen auch heute noch sehr gut zurecht kommen. Auch später kommt die Energie für die Evolution überwiegend von der Sonne, entweder direkt über die Fotosynthese, oder indirekt aus gespeicherten fossilen Energieträgern, mit denen wir Menschen inzwischen großenteils unsere Entwicklung und unser Leben bestreiten.

Der „Bauplan" der Lebewesen ist in den Genen codiert. Dieser Bauplan ist in seiner Wirkung allerdings sehr viel dynamischer und komplexer als beispielsweise ein Bauplan für ein Haus, wie wir sehen werden. Die Gene werden bei der Vermehrung von den Eltern auf die Kinder weiter gegeben und sichern damit über Generationen hinweg die Kontinuität einer Art. Die Gene werden dabei kopiert, und es können Fehler auftreten, oder das Erbgut der Eltern wird – wie bei der sexuellen Vermehrung – neu aufgeteilt und gemischt. Bei der „klassischen" Evolution nach Charles Darwin soll durch Kopierfehler und andere rein zufällige Mutationen der Gene eine Kombination der Gene entstehen (sog. Genotyp), die als sehr dominantes Lebewesen (sog. *Phänotyp*) in der Selektion alle anderen Varianten verdrängt. Dieser Fall ist aber äußerst selten, denn die Anzahl der möglichen Varianten ist schon für ein kleines Gen unglaublich groß. Außerdem muss dafür die Fehlerrate während mehrerer Generation gering sein, damit sich der dominante Phänotyp ausbreiten kann. Ausschließlich der dominante Phänotyp soll ja die Basis für die weitere Evolution sein. Diese Art der Evolution verläuft äußerst langsam, und Lebewesen, die sich so entwickeln, sind nicht besonders anpassungsfähig.

Das Kernproblem der Evolution nach diesem klassischen Prinzip der zufälligen Mutation und blinden Selektion ist: Sie hätte viel zu lange gedauert, auch schon für die einfachsten Lebensformen, die Mikroorganismen. Die etwa vier Mrd. Jahre, während der die Erde „bewohnbar" ist, hätten dafür nicht ausgereicht ([7] S.33), und selbst das Alter des Weltalls von 13,8 Mrd. Jahren nicht. Darauf haben die Kreationisten (vorwiegend evangelische Fundamentalisten in der USA, die an die Erschaffung der Welt glauben, wie sie in der Bibel beschrieben wird) immer wieder genüsslich hingewiesen.

Beispiel: Das Erbgut eines (kleinen) Virus möge aus rund 1000 Basenpaaren bestehen. Mutationen sind bei Viren hauptsächlich Kopierfehlern im Erbgut bei der Vermehrung, nämlich dem Einbau von falschen Basen an zufälligen Stellen. Für die Basen eines Basenpaares gibt es bei den Viren vier alternative Möglichkeiten der Besetzung: Cytosin,

Guanin, Adenin und Uracil. Die Anzahl der möglichen Kombinationen des Erbguts beträgt also $4^{1000} = 10^{602}$. Um diese Kombinationsvielfalt in 13,8 Mrd. Jahren (= $4 \cdot 10^{17}$ Sekunden) mit einzelnen zufälligen Mutationen und anschließender Selektion abzuarbeiten, hätte der Reproduktionszyklus der Viren und ihrer makromolekularen Vorstufen nur etwa 10^{-585} Sekunden dauern dürfen. Das ist natürlich völlig unmöglich. Zum Vergleich: Das Erbgut des Menschen ist etwa eine Million Mal umfangreicher als das der Viren; es besteht aus ca. 10^9 Basenpaaren.

Es hat aber stark beschleunigende Prozesse in der Evolution des Lebens gegeben; die wichtigsten sind:

- Die Selbstorganisation in den frühen makromolekularen Stufen der Evolution bis hin zu den Viren, eine Art kollektiver Evolution.
- Die Ko-Evolution im Fall von Symbiosen, einschließlich der von Viren und anderen Lebewesen.
- Die sexuellen Vermehrung der Vielzeller.
- Die Kreuzung von Individuen unterschiedlicher, nahe verwandter Arten (Hybridisierung).
- Die *epigenetische* Veränderung des Erbgutes.
- Die sozial stimulierte Evolution von Insekten und Wirbeltieren, die Gruppen oder Staaten bilden, und
- die sozial und kulturell stimulierte Evolution einiger höherer Tiere und vor allem des Menschen auf der Basis seiner geistigen Fähigkeiten.

Wir werden sehen, dass die Vererbung bei einem Teil dieser Prozesse nicht nur vertikal von den Eltern auf die Nachkommen erfolgt, sondern auch horizontal, zwischen Lebewesen gleicher und unterschiedlicher Arten. Bei beiden Varianten der Vererbung werden oft größere, schon bewährte Teile des Erbguts übernommen oder ausgetauscht, die das Erbgut der Beteiligten im großen Stil verändern. Dadurch können die Schritte der Evolution größer und ihre Geschwindigkeit deutlich höher sein als bei zufälligen einzelnen Mutationen. Für die größeren Schritte bei der Evolution spricht auch, dass die Paläontologen zwar immer wieder Fossilien von neuen Arten finden, die plötzlich da sind, aber nur äußerst selten Fossilien für den evolutionären Übergang zu diesen neuen Arten. Die mittlere Verweildauer der Arten auf der Erde beträgt aufgrund der Auswertung derartiger Funde etwa das 1000-fache der mittleren Dauer ihrer Entwicklung ([20] S. 207). Das kann man mit einer ganz allmählich verlaufenden Evolution auf der Basis zufälliger Mutationen nicht erklären.

Zum Fortschritt in der Evolution verhelfen aber nicht nur geeignet veränderte Gene, sondern in sehr starkem Maße auch die Weitergabe von Eigenschaften und Fähigkeiten einer Zelle und ihres Plasmas ([11] S.39), die Leistungen des Organismus der Lebewesen, der aus den Genen entsteht, die Anpassungsfähigkeit der Art insgesamt und bei den höheren Tieren auch die geistigen Fähigkeiten.

Beispiele:

- Beim Menschen kommt es weniger darauf an, dass in seinen Genen zwei Hände vorgesehen sind, die greifen können, sondern was er gelernt hat, damit zu machen. Zum Bauplan der Gene kommt also beim Lebewesen noch vieles dazu, dass das Überleben und die erfolgreiche Vermehrung sichert: Stoffwechsel, Gehirn, Lernen, soziales und kulturelles Umfeld usw. Das geht weit über „Darwin" hinaus!
- Der Unterschied in den Genen zwischen Schimpansen und Menschen ist sehr gering und beträgt nur etwas mehr als 1%. Der Unterschied der beiden Arten einschließlich der sozialen Fähigkeiten, der Kultur usw. ist aber sehr groß, kann also nicht allein durch die Gene begründet sein.

Das liegt u.a. daran, dass die Gene als Bauplan der Lebewesen den Bau, nämlich die Entwicklung des Lebewesens, sehr viel dynamischer und komplexer steuern, als z.B. ein Bauplan eines Gebäudes den Bauprozess steuert. Darauf komme ich im nächsten Abschnitt zurück.

Die großen Innovationen in der Evolution beruhen offenbar auch weit mehr auf günstigen Umweltbedingungen und einem Überschuss an Nahrung und Energie, verbunden mit verbesserten Leistungen des Organismus, als auf Änderungen des Erbguts und der Fähigkeit des Überlebens in Zeiten des Mangels oder starker Konkurrenz zwischen den Lebewesen um knappe Nahrung ([30] S.11).

Beispiele: Die Entwicklung der Fotosynthese durch Cyanobakterien und Pflanzen aufgrund des Überflusses der Energie von der Sonne und der Verfügbarkeit von viel Kohlendioxid und Wasser (vgl. Kap. 14); die Bildung von Stärke und Zellulose durch die Pflanzen wegen des Überschusses an Kohlehydraten aufgrund der gut funktionierenden Fotosynthese. Bei den frühen Menschen haben die Größe von Körper und Gehirn und die Zahl der Kinder als Folge der proteinreichen Nahrung in den afrikanischen Steppen zugenommen (vgl. Kap. 16).

In vielen Fällen werden dabei Probleme der Entsorgung von Kalk, Stickstoff und Phosphor aus dem Stoffwechsel mit der Entstehung neuer Eigenschaften wie Schalen, Haaren, Hörnern und Federn symbiotisch verbunden.

Beispiele: Die Mauser bei den Vögeln, der Wechsel zwischen Sommer- und Winterfell bei Tieren sowie der Abwurf des Geweihs und das Wachstum eines neuen dienen offenbar nicht nur der Reparatur, sondern auch der Entsorgung ([30] S.164). Bei Wiederkäuern wird das Eiweiß von Bakterien im Magen-Darm-Trakt erzeugt, bei Vögeln mit der Beute aufgenommen, den proteinreichen Insekten. Auch die Gicht bei Menschen, die im Überfluss leben, ist ein Indikator für die unzureichende Entsorgungsmöglichkeit seines Stoffwechsels von stickstoffhaltigen Proteinen. Vielleicht ist es eine Nebenwirkung seiner weitgehend verschwundenen Beharrung?

In Mangelsituationen verläuft die Evolution dagegen erheblich langsamer, und die Selektion bekommt infolge der Konkurrenz um Reviere oder knappe Nahrung eine größere Bedeutung. Es entstehen Spezialisten in einer großen Vielfalt ([30] S.172).

Beispiele sind die überwältigende Vielfalt bestimmter Arten in den tropischen Regenwäldern und in den Korallenriffen. Beides sind Biotope, in denen Mangel herrscht.

Mit der Evolution des Geistes wurde das Primat der Gene dann fast vollständig durchbrochen ([30] S.236). Im Übrigen sind die unterschiedlichen Prozesse, die die Evolution beschleunigen, keine Alternativen, sondern wirken parallel zueinander. Alle beeinflussen die Evolution gleichzeitig, aber abhängig von der jeweiligen Situation der Umwelt und der der Lebewesen unterschiedlich stark.

Auf alle veränderten Lebewesen wirkt anschließend die Selektion, gewissermaßen als „Qualitätssicherung" der Evolutionsergebnisse, vor allem, wenn Mangel herrscht. Es hat sich herausgestellt, dass die Selektion dabei nicht nur auf die einzelnen Individuen wirkt, sondern auch auf ganze Gruppen und andere sozial lebende Organisationen von Lebewesen. Unter ungünstigen Lebensbedingungen, wie beispielsweise einer gravierenden Verschlechterung des Klimas oder nach dem Einschlag eines großen Meteoriten, überlebt letzten Endes die Art, die sich, einzeln oder als Gruppe, am wirksamsten von den Bedingungen in der Umwelt unabhängig gemacht hat: „Fortschritt in der Evolution bedeutet zunehmende Emanzipation vom Diktat der Umwelt" ([32] S.40).

Beispiel: Die großen Dinosaurier waren keine Warmblüter und hatten ein relativ kleines Gehirn, im Vergleich zu den Säugetieren. Sie konnten sich deshalb offenbar nicht schnell genug an die Folgen der Umweltkatastrophe am Ende der Kreidezeit anpassen. Die bereits existierenden Vorläufer der heutigen Säugetiere kamen damit offensichtlich besser zurecht, und konnten sich danach unabhängig von der Dominanz der Dinos rasch weiterentwickeln und ausbreiten.

Die aktuelle Evolutionsforschung geht davon aus, „dass komplexe Untersuchungsobjekte, wie sie Organismen, aber auch die Gene selbst darstellen, nicht erfolgreich durch eine einzige, beste Beschreibung, Erklärung oder gar Definition erfasst werden können", und beobachtet den Trend, dass „die Evolutionstheorie ... Methoden und Denkweisen der Komplexitätstheorie aufgreift" (http://de.wikipedia.org/wiki/Synthetische_Evolutionstheorie).

Makromolekulare Stufen und Viren

In den sehr frühen Stufen der Evolution hat die Selbstorganisation im Sinne der *Replikation* eine große Rolle gespielt. Damit ist hier folgendes gemeint: Die Fähigkeit spezieller Makromoleküle, sich selbst zu reproduzieren. Diese Fähigkeit resultiert aus definierten Wechselwirkungen auf der Basis der Physik und der Chemie, bei Einhaltung der auf der Erde gegebenen Randbedingungen (Temperatur, chemische Zusammensetzung des Wassers, des Meeresbodens und der Atmosphäre). Diese Vorgänge haben vor 3,8 Mrd. Jahren in den Ozeanen begonnen, nachdem sich die Erde ausreichend abgekühlt hatte: Aus einfachen organischen Verbindungen entstanden mit Hilfe der energiereichen UV-Strahlung der Sonne Aminosäuren und kurze Proteine. Längere Proteine entstanden dabei auch, wurden aber durch die gleiche energiereiche Strahlung schell wieder zerstört. Hin und wieder konnten aber längere Proteine in das tiefere Meerwasser absinken und waren dadurch vor der Zerstörung geschützt, weil Wasser UV-Strahlen sowie Elektronen und Protonen von der Sonne oder aus dem Weltall gut abschirmt. Bei dieser Entstehung und Separation sowie späterer gelegentlicher Verbindung der Aminosäureketten untereinander wurden Moleküle bevorzugt, die besonders stabil und flexibel waren ([25] S.110). Im Ergebnis haben sich dadurch relativ komplexe organische Moleküle wie Proteine und Nukleinsäuren gebildet, die als molekulare Basis für den frühen Evolutionsprozess und die späteren Lebewesen dienten. Wie kann man diese Hypothesen begründen?

- Proteine entstehen in Laborversuchen von selbst, unter ähnlichen Bedingungen wie in den Ur-Ozeanen, und etwa mit den gleichen relativen Häufigkeiten, mit der sie in der Natur vorkommen.
- Nukleinsäuren entstehen ebenfalls in entsprechenden Laborversuchen, sogar ohne die Mitwirkung von Enzymen. Ihre wichtigsten Vertreter sind die Ribonukleinsäure RNS und die Desoxyribonukleinsäure DNS.

RNS und DNS bestehen aus den gleichen Bausteinen. Die Bausteine heißen Nukleotide und sind aus einem Molekül Phosphorsäure, einem Zuckermolekül und einem sog. Nukleinbasen-Molekül zusammengesetzt. Es gibt sowohl bei der RNS als auch bei der DNS vier unterschiedliche Nukleinbasen, drei davon sind bei beiden gleich: Adenin (A), Cytosin (C) und Guanin (G). Hinzu kommt bei der RNS Uracil (U) und bei der DNS Thymin (T), die beide chemisch sehr ähnlich sind.

Zucker (Z), Phosphorsäure (P) und die Nukleinbasen sind so als Nukleotid-Bausteine aufgebaut, dass sie sich zu langen Ketten verbinden können, siehe Bild 26. Diese Ketten sind strukturell wie die Ketten des bekannten Kunststoffs Polypropylen aufgebaut:

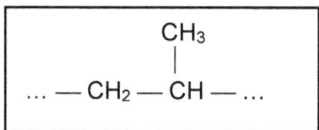 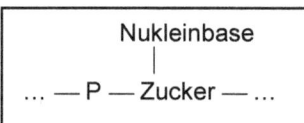

Der Polypropylen-Baustein links besteht aus drei Kohlenwasserstoff-Gruppen und das Nukleotid rechts aus Phosphorsäure- und Zucker-Molekülen sowie einer der Nukleinbasen. Beide Bausteine können sich über die freien Bindungen links und rechts spontan zu Ketten verbinden. In Bild 26 sind kurze Abschnitte von RNS- und DNS-Ketten dargestellt. Die Reihenfolge der Nukleinbasen an der RNS- oder DNS-Kette kann einen genetischen Code repräsentieren. Die RNS besteht aus einer derartigen Kette und die DNS aus zwei Ketten. Die beiden Ketten der DNS sind über die Nukleinbasen miteinander verbunden. Verbindungen sind nur zwischen Adenin und Thymin möglich, sowie zwischen Cytosin und Guanin. Sie sind jeweils durch zwei bzw. drei Wasserstoffbrücken miteinander verbunden (vgl. Kap. 12).

Die beiden Ketten der DNS sind komplementär zueinander, weil jedem Adenin in einer Kette ein Thymin in der anderen Kette zugeordnet ist, und ebenso jedem Guanin ein Cytosin. Aus einer der beiden Ketten kann deshalb die andere rekonstruiert werden. Das wird bei der Replikation ausgenutzt: Ein DNS-Doppelstrang wird aufgetrennt und beide Einzelstränge werden kopiert und wieder mit neuem passenden Material ergänzt. Aus einem DNS-Molekül werden dadurch zwei. Das ist der Grundprozess bei der Zellteilung, bei der beide Tochterzellen eine Kopie der DNS bekommen. Abgesehen von möglichen Fehlern beim Kopieren.

Die Replikation der DNS ist aber nicht außerhalb, sondern nur innerhalb der Zelle, zu der sie gehört, originalgetreu möglich ([11] S.69).

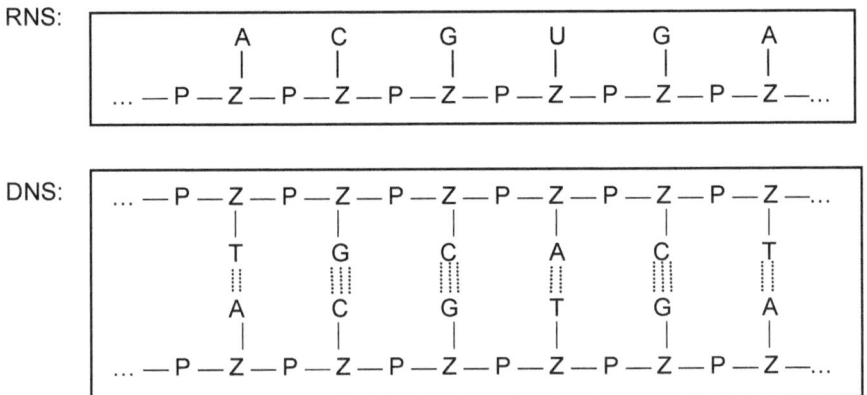

Bild 26: Beispiele für je einen kurzen Abschnitt einer RNS und DNS; die Buchstaben werden im Text erklärt. Die punktierten Verbindungen bei der DNS sind Wasserstoffbrücken. Die Wasserstoffbrücken der RNS sind frei verfügbar und machen sie reaktionsfreudiger als die DNS. Sowohl die Ketten der RNS wie die der DNS sind räumlich wie Spiralen verdreht.

Wie könnte die DNS entstanden sein? Wahrscheinlich ist der heutigen DNS-Protein-Welt eine RNS-Welt vorausgegangen. Denn die RNS kann sowohl als Informationsträger als auch als Enzym wirksam sein. Die RNS ist etwas reaktionsfreudiger als die DNS, und kann mit sich selbst Schleifen bilden und dadurch abschnittsweise zwei Stränge haben wie die DNS. Aus der RNS kann mit dem Enzym Reverse Transkriptase eine DNS entstehen, indem der zur RNS komplementäre Strang aufgebaut wird. Die RNS-Welt wäre nach dieser Hypothese später von der chemisch eng verwandten DNS als Informationsträger und von den als Katalysatoren wirksameren Proteinen und Enzymen abgelöst worden. Damit wären bereits wesentliche Voraussetzungen für den Beginn einer Evolution geschaffen worden, denn der Bauplan der Lebewesen steckt in der RNS oder DNS der Gene.

Die DNS der Bakterien und der „modernen" Zellen befindet sich in den Zellkernen und ist in Chromosome aufgeteilt.

Beispiel: Der Mensch hat je Zelle 46 Chromosome, deren DNS in Summe etwa 2 m lang ist. Das alles und noch viel mehr passt in einen Zellkern von etwa 0,01 mm Durchmesser!

Der Bauplan eines Lebewesens wird folgendermaßen in die Funktionen des Lebewesens umgesetzt (sog. Genexpression):

Bauplan ➜ *Nachricht* ➜ *Verarbeitung* ➜ *Funktion*

RNS / DNS➜ RNS   ➜   Proteine   ➜   Enzyme, Stoffwechsel.

Diese Schritte und ihre molekularen Bestandteile sind universell wirksam, d.h. in allen Lebewesen gleichermaßen. Die Proteine (sie bestehen aus den natürlichen Aminosäuren) sind als die kleinsten uns bekannten Werkzeuge bzw. Maschinen anzusehen; sie können chemisch schneiden, verschweißen, sortieren, transportieren und regeln. Alle Protein-Moleküle (und Enzyme) dienen einem ganz bestimmten Zweck.

Um auf die Funktion der Gene als Bauplan der Lebewesen zurück zu kommen: Manche Proteine, die von den Genen erzeugt werden, wirken auf die Gene zurück und regulieren ihre Funktion. Dadurch entsteht eine Rückkopplung zwischen den Genen und den von ihnen erzeugten Proteinen, die – zusammen mit weiteren Mechanismen der Genregulation – eine große Vielfalt komplexer Wirkungen der Gene auf die Lebewesen möglich macht. Nur dadurch können relativ wenige Gene derart komplexe Prozesse steuern wie z.B. die Bildung der Gestalt eines Lebewesens: Eine einzige Eizelle entwickelt sich zu einem hoch differenzierten Organismus mit vielen verschiedenen Arten von Zellen, Organen und Körperteilen. Die Organisationsprinzipien des Organismus wirken dabei auf die Gene zurück. Man kann an diesem Beispiel schon die unerhört vielfältigen Möglichkeiten der Innovation und der schöpferischen Emergenz der Lebewesen bei der Evolution erahnen ([11] S.16).

Enzyme sind optimale Katalysatoren des Stoffwechsels und von enormer Effizienz; sie bewirken eine millionen- bis milliardenfache Beschleunigung der zugehörigen Stoffwechselschritte. Enzyme bestimmen deshalb, welche chemischen Reaktionen in einer Zelle hauptsächlich stattfinden. Nukleinsäuren wie RNS und DNS werden durch das Enzym *Polymerase* vervielfältigt. Es wirkt auch als Katalysator. Durch *Nukleasen* können die Nukleinsäuren wieder abgebaut werden. In Experimenten mit wiederholten Auf- und Abbauzyklen, die oft nur wenige Stunden dauern, können die Nukleinsäuren aufgrund von Mutationen gegen Nukleasen resistent werden. Diese Versuchsaufbauten wurden zu Bioreaktoren weiterentwickelt, in den sich beispielsweise Viren züchten und unter Laborbedingungen beobachten lassen ([7] S.194). Dabei kann man die Häufigkeit der Mutationen beeinflussen, und damit die Geschwindigkeit der experimentellen Evolution.

Wie schon gesagt, nicht nur die Enzyme sind sehr gute Katalysatoren, sondern auch die RNS. Deshalb können sich beispielsweise die Proteinsynthese und die RNS-Synthese gegenseitig beschleunigen. Es ergibt sich eine Rückkopplung der Synthesen, die *Hyperzyklus* genannt wird ([7] S.225). Der Hyperzyklus ist von großer Bedeutung für die frühe Evolution und entsteht unter günstigen Bedingungen von selbst, weil es sich um eine Selbstorganisation handelt. Er ist ein wirksamer Verstärker für die günstigen Reaktionen und bewirkt allein dadurch deren Selektion.

Mit der Entstehung der Aminosäuren vor 3,8 Mrd. Jahren entstanden auch Fettsäuren, die für den Aufbau von Fetten für die Zellwände benötigt werden.

Komplexe organische Moleküle gibt es in zwei spiegelbildlichen räumlichen Formen: links- und rechtsdrehend. Bei einer „normalen" chemischen Synthese entstehen beide Formen im gleichen Verhältnis. Die Moleküle der belebten Natur haben aber alle eine definierte räumliche Drehrichtung: meist linksdrehend, aber auch rechtsdrehend. Biochemische Reaktionen wie die von Enzymen sind auf die eine oder andere Form spezialisiert; mit der „falschen" Form ist die Geschwindigkeit der Reaktion gering, oder sie findet überhaupt nicht statt. Während der Evolution hat sich offenbar – abhängig von der Art des Moleküls – die eine Form von selbst gegen die andere durchgesetzt. Auch eine Art der Selbstorganisation.

Auf der Basis der reproduktiven Fähigkeiten der RNS und ihrer Fähigkeit zur Speicherung von Erb-Information bauen die Viren auf, die einfachste, aber noch nicht autonome Form des Lebens. Viren sind auf den Stoffwechsel von Wirtszellen angewiesen, benutzen sogar deren Proteine zur Virus-spezifischen Enzymsynthese. Sie stehen an der Grenze von noch-nicht-leben und leben: Innerhalb ihrer Wirtszelle sind sie lebendig, außerhalb nicht. Die heute bekannten Viren sind wahrscheinlich erst spät in der Evolution durch eine sog. Ko-Evolution als Schmarotzer der Zellen höherer Lebewesen entstanden, denn sie kennen ihre Wirtszellen und deren Stoffwechsel ganz ausgezeichnet.

Übrigens: Die Erreger des sog. Rinderwahns (BSE), die Prionen, sind keine Lebewesen, sondern pathogene Enzyme, d.h. organische Gifte mit Virus-ähnlichen Eigenschaften. Sie enthalten keine RNS oder DNS.

Damit eine Evolution auf der Basis der Selbstorganisation wirksam ist, müssen folgende Voraussetzungen erfüllt sein:

- Die entstehenden Systeme (RNS, Viren, DNS, ...) müssen reproduktiv sein, und zwar durch Kopieren (nicht durch ständige Neubildung), denn
- bei der Reproduktion müssen im begrenzten Umfang Fehler auftreten können (*Mutagenität*), und
- die Systeme müssen einen Stoffwechsel haben (*Metabolismus*), und dafür muss ständig Energie zugeführt werden. Das ist nur weit entfernt vom thermischen Gleichgewicht möglich.

Unter diesen Voraussetzungen kann eine natürliche Auslese unter den Systemen, die *Selektion,* wirksam werden. Sie ist ebenfalls Teil der Selbstorganisation.

Der wichtigste Träger für die Energieversorgung im Stoffwechsel der Lebewesen ist übrigens das Adenosintriphosphat ATP, der „Kraftstoff der Zellen". Bei den höheren Lebewesen ist ATP auch der Kraftstoff der Muskeln. ATP ist übrigens chemisch nahe verwandt mit einem Baustein der RNS, „man kannte sich untereinander in der Evolution".

Kollektive Evolution

Ist die Zahl der Individuen einer Art sehr groß, z.B. bei reproduktionsfähigen Nukleinsäuren, Viren und Bakterien, und die Fehlerrate bei der Reproduktion so hoch wie gerade noch tolerierbar, ohne dass durch eine Lawine von Fehlern die Identität der Art verloren geht (z.B. bei Viren erfahrungsgemäß 1 – 2 Fehler je Generation), so entsteht kein dominanter Phänotyp, sondern es gibt viele breit verteilte vorteilhafte Phänotypen. Diese Verteilung nennt man auch „Quasispezies": Eine Population von Individuen, deren Erbgut sehr ähnlich, aber nicht identisch ist. Die Evolution betrifft dann die gesamte Population, weil es sehr viele Individuen gibt, die bei der Selektion Vorteile haben können. Eine derartige Population ist sehr anpassungsfähig, und ihre kollektive Evolution verläuft um viele Zehnerpotenzen schneller als die klassische Evolution ([7] S.190).

Beispiele:
- Das Grippevirus vermehrt sich mit einer Fehlerrate knapp 10^{-4} pro Reproduktionszyklus; d.h. ein neues Individuum von 10 000 hat eine Mutation ([7] S.188). Dadurch sind die Grippeviren sehr anpassungsfähig und können sogar dem

Angriff des äußerst leistungsfähigen Immunsystems ihres Wirtslebewesens ausweichen. Entsprechendes gilt auch für das HIV- und das Hepatitis-C-Virus.

– Bei Viren verläuft die Evolution etwa 1000 mal so schnell wie bei Bakterien, und bei Bakterien etwa 1000 mal so schnell wie bei Mehrzellern ([34] S.9).

Diese Beobachtungen verdeutlichen die Geschwindigkeit, mit der sich RNS-Viren weiterentwickeln können, und weisen darauf hin, wie schnell die Evolution derartiger Wesen (ob belebt oder noch nicht) verlaufen sein dürfte. Mit der kollektiven Evolution ist ein drastisch erhöhtes Tempo der Evolution im Bereich der selbstreproduktiven Makromoleküle und der Viren möglich. Das Tempo ist derart groß, dass es als kollektive emergente Leistung bewertet werden muss. Dieses große Tempo hat in den frühen Stufen der Evolution bei den reproduktionsfähigen Makromolekülen und Viren bis zu den Bakterien sehr stark zur Beschleunigung der Evolution im Vergleich zum „klassischen" Darwinschen Modell beigetragen.

Für diese Schritte der frühen Evolution gibt es nur Hypothesen. Die geschilderten Prozesse sind als empirisch gut begründete Modelle anzusehen. Es ist noch unklar, wo die frühen molekularen Evolutionsschritte abgelaufen sind, in den Meeren oder an der Oberflächen von Eisen-Schwefel-Mineralien bei heißen Quellen in der Tiefsee? Dort war auf jeden Fall eine ausreichende Energiezufuhr gesichert. Es gibt dort auch heute noch Archaeen, die ohne Sauerstoff auskommen und sich bei 120 °C munter vermehren.

Die Entwicklung der Zellen

Die klassische Evolutionstheorie stellt das Prinzip „Survival of the Fittest" in den Vordergrund. Bei der Evolution auf der Basis von *Symbiosen* dagegen sind die wichtigen Treibkräfte der Evolution die konstruktive Zusammenarbeit und die Partnerschaft.

Beispiel: Wir kennen die Symbiose beispielsweise von den Flechten, bei denen sich Pilze und Grünalgen unter höchst unwirtlichen Lebensbedingungen, z.B. direkt auf Steinen, zu einem einheitlichen Lebewesen zusammen finden: Die Pilze entziehen dem Gestein Nährstoffe und schaffen dadurch für die Algen Lebensmöglichkeiten. Diese versorgen wiederum die Pilze mit Produkten ihrer Fotosynthese. Das Ziel der Symbiose ist offensichtlich nicht die Konkurrenz der Flechten untereinander, sondern nur die Chance, überhaupt auf blanken Steinen zu überleben. Sobald der erste Humus entstanden ist, werden die Flechten sowieso von höheren Pflanzen verdrängt.

Einer der ganz großen und wichtigen Symbiosen der Evolution hat zur Entstehung der eukaryotischen Zellen geführt, die die Basis aller höheren Lebewesen sind. Beginnen wir die Geschichte wie ein Märchen: „Es war einmal ..." eine Zelle. Sie ist die kleinste Einheit autonomen Lebens. Ihre Prototypen auf der Erde sind nach einem universellen Konzept aufgebaut. Sie sind die Basis für alle einzelligen und die vielzelligen Lebewesen. Bis vor etwa 1,5 Mrd. Jahren gab es auf der Erde nur einzellige Organismen, vgl. Bild 27. Erst dann begann die explosionsartige Entwicklung der Vielzeller, die „wahre Wunderwerke der Evolution hervorbrachte" ([7] S.114). Die heutigen Zellen sind wie folgt gegliedert:

- Prokaryoten (Bakterien und Archaeen): Sie haben keinen Zellkern, ihre Gene sind in der Zelle verteilt. Sie haben auch keine Mitochondrien und keine Chloroplasten, sind nur einzellig oder können teilweise homogene mehrzellige Verbände bilden.
- Eukaryoten: Sie haben einen Zellkern, Mitochondrien, Chloroplasten und noch weitere kleine „Organellen", die wie die Organe eines Körpers verschiedene Funktionen ausführen. Zu den Eukaryoten gehören Einzeller wie das Pantoffeltierchen, aber vor allem die Zellen von Pflanzen und Tieren.

Die Bakterien sind eines der "Erfolgsmodelle" der Evolution: Sie machen heute schätzungsweise mehr als die Hälfte der Biomasse auf der Erde aus. Sie spielen eine zentrale Rolle in vielen Lebensvorgängen, allein oder in Symbiosen. Ihre große Stärke ist die schnelle Fortpflanzung: Wenn genug Nahrung vorhanden ist, können sich manche Arten alle 20 Minuten verdoppeln. Bakterien haben schon sehr früh in der Erdgeschichte verschiedene chemische Reaktionen genutzt, mit denen sie Energie für ihren Stoffwechsel gewinnen konnten: Umwandlung von wasserlöslichem zweiwertigem zu schwer löslichen dreiwertigen Eisen, Umsetzung von Schwefelwasserstoff zu Schwefel, Zersetzung organischer Stoffe durch *Gärung* usw. Die Geschwindigkeit dieser Prozesse war meist nur begrenzt durch die Verfügbarkeit der notwendigen Ausgangsstoffe.

Wie erfolgreich sie aber insgesamt waren, kann man beispielsweise daran erkennen, dass ein großer Teil der Eisenerzlager der Welt von Bakterien erzeugt wurden.

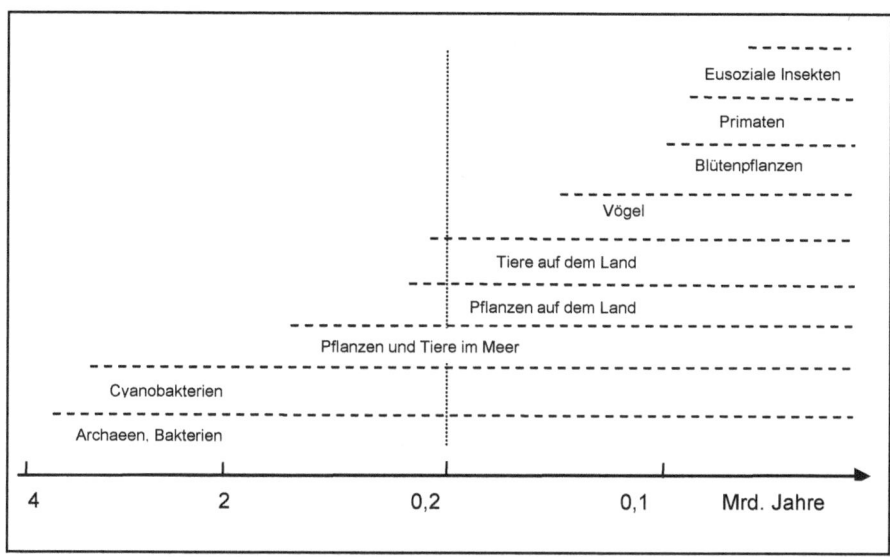

Bild 27: Zeittafel mit ausgewählten Beispielen von Einzellern, Pflanzen und Tieren. (Schematisch; der Maßstab der Zeitachse wechselt in an der punktierten Linie) Die Vorfahren des Homo sapiens der Gattung Homo gibt es seit etwa 2 Mio. Jahren, dieser Zeitraum ist hier nicht darstellbar, weil er im Vergleich äußerst kurz ist.

Auch heute sind die urtümlichen Bakterien noch vorhanden und dort tätig, wo sie geeignete Lebensbedingungen vorfinden: Beispielsweise bei der Herstellung von Brot, Käse, dem Abbau der organischen Abfälle in der Natur und dem Aufschluss der Nahrung im Darm vieler Lebewesen. Ihr Nachteil ist, dass die von ihnen genutzten Prozesse zur Energiegewinnung nicht sehr effizient sind.

Der große Durchbruch kam mit einer der wichtigsten „Erfindung" der Bakterien, die die ganze Welt verändern sollte, der *Fotosynthese*. Aus der Energie des Sonnenlichts, aus Wasser und Kohlendioxid entsteht bei diesem Vorgang chemische Energie, die in Traubenzucker umgewandelt und in Form von Stärke gespeichert werden kann. Und als „Abfallprodukt" entsteht Sauerstoff: Die Hälfte des Sauerstoffs in der Atmosphäre wird auch heute noch von Bakterien erzeugt (http://www.oekosystem-erde.de/index.html). Die Fotosynthese ist eine der wichtigsten chemischen Reaktion der Welt. Die Erfinder der Fotosynthese vor etwa 3,5 Mrd. Jahren waren die *Cyanobakterien*. Ihre Sauerstoff-Produktion wurde nur durch das verfügbare Kohlendioxid begrenzt. Die Dominanz der Bakterien dauerte an, bis in der Atmosphäre das erste Ozon entstand. Man kann bei so viel Tüchtigkeit der Bakterien auf die Frage verfallen, warum es überhaupt nach den Bakterien noch eine Weiterentwicklung des Lebens gegeben hat? Die Antwort lautet: „Warum" ist bei der Evolution die falsche Frage! In der Evolution geschieht - wie bei jeder Selbstorganisation - einzig und allein das, was möglich ist und irgendwie einen Vorteil bringt. Was sich daraus ergibt? Da gilt frei nach Franz Beckenbauer: „Schaug'n ma mal, dann segn ma's scho".

Die Archaeen sind vielleicht noch älter als die Bakterien, aber auch heute noch weit verbreitet. Sie besiedeln – neben Meeren, Süßwasserseen und Böden – zahlreiche extreme Lebensräume, etwa Gestein in der Erdkruste, heiße Quellen oder konzentrierte Salzlösungen. Dort kommen sie unter Bedingungen vor, die denen auf der Erde zu Beginn der Entwicklung des Lebens nahe kommen dürften.

Die modernen eukaryotischen Zellen sind wahrscheinlich aus der symbiotischen Vereinigung drei verschiedener prokaryotischer Zellen entstanden ([11] S.273): Sie haben einen Zellkern mit einer Hülle um die DNS, die in Chromosomen organisiert ist. Sie besitzen Mitochondrien mit eigener DNS, und die Zellen der Pflanzen besitzen außerdem Chloroplasten, ebenfalls mit eigener DNS. Die Mitochondrien sind die „Energiekraftwerke" der Zelle, in ihnen findet die Oxidation organischer Stoffe mit molekularem Sauerstoff statt, wobei Energie erzeugt und in Form von chemischer Energie als Adenosintriphosphat (ATP) gespeichert wird. Damit stand den eukaryotischen Zellen etwa 20 Mal mehr Energie zur Verfügung, als mit ihrem ursprünglichen Stoffwechsel, der auf der *Gärung* beruhte! Das war genug Energie, damit sich die komplexen Lebensformen der Vielzeller entwickeln konnten.

Mitochondrien und Chloroplasten vermehren sich innerhalb einer eukaryotischen Zelle wie Bakterien durch Knospung, unabhängig von der Zelle bzw. abhängig von deren Bedarf an Energie. Ein Teil ihres Erbguts wurde allerdings inzwischen in das Erbgut der Eukaryoten übernommen. Bei der sexuellen Vermehrung stammen übrigens die Mitochondrien immer aus der Eizelle, d.h. das Erbgut eines Kindes von der Mutter ist immer etwas größer als das vom Vater.

Zu einer ähnlichen Symbiose ist es bei der Evolution der Pflanzenzellen zwischen frühen Eukaryoten und Cyanobakterien gekommen: Die Chloroplasten bewerkstelligten für die Pflanzen die

Fotosynthese (siehe oben). Die Zellwände der Pflanzenzelle wurden dabei sehr stabil, denn sie bestehen aus Zellulose, die aus der Fotosynthese stammt. Man kann sich leicht vorstellen, dass diese Evolutionsschritte zu den eukaryotischen Zellen sehr schnell vollzogen waren, sobald sich das anfangs möglicherweise feindliche Verhältnis der beiden Partner zur Symbiose weiterentwickelt hatte: Es waren ja nur zwei bewährte Bakterien zu vereinigen. Die Entwicklung der eukaryotischen Zellen ist ein ausgezeichnetes Beispiel für die sehr großen Schritte der Evolution auf der Basis der symbiotischen Kooperation. Auf der Basis von zufälligen Mutationen und blinder Selektion ist eine derartige Innovation in endlicher Zeit nicht vorstellbar.

Eukaryoten können wegen ihrer verbesserten Leistungsfähigkeit viel größer sein als Prokaryoten – bis zu 10.000 Mal. Diese Größe wird bei den Vielzellern immer wieder gebraucht, beispielsweise bei einigen Nervenzellen der Wirbeltiere. In Zellkern der Eukaryoten befindet sich bis zu 1.000 Mal mehr DNS als in den Prokaryoten, denn sie sind sehr viel komplexer in Aufbau und Funktion. Einzeller können eindrucksvolle Größen und Formen erreichen; ein hübsches Beispiel ist die Schirmchen-Alge Acetabularia. Sie kommt seit etwa 600 Mio. Jahren in flachen, warmen Teilen der Meere vor, besteht aus einer Haftwurzel und einem bis zu 5 cm langen Stiel mit einem Schirm am Ende. Ihr (einziger) Zellkern sitzt in der Haftwurzel. Ich bringe sie hier als Beispiel, weil man an ihr schon vor etwa 80 Jahren sehr interessante Versuche zur Bildung der Gestalt von Lebewesen gemacht hat (vgl. [11] S.127 ff).

Die ganze Schirmchen-Alge ist unter ihrer Außenwand mit dem sog. Zellplasma gefüllt, dem Inhalt der Zelle abzüglich Zellkern. Die Alge kann sich bei einem Verlust eines ihrer Teile regenerieren. Ihre normale Lebensdauer beträgt etwa drei Jahre.

Die Fragestellung der Versuche war, ob die Bildung der Gestalt der Schirmchen-Alge allein von ihren Genen im Zellkern gesteuert wird. Die wesentlichen Versuche und ihre Ergebnisse waren wie folgt:

- Schneidet man den Stiel der Alge oberhalb der Haftwurzel ab, so wird ein neuer Stiel samt Schirm gebildet, und die komplettierte Schirmchen-Alge hat eine normale Lebenserwartung.

- Der abgeschnittene Teil des Stiels samt Schirm bildet eine neue Haftwurzel, allerdings ohne Zellkern. Die Schirmchen-Alge ohne Zellkern lebt nur etwa drei Monate und kann sich nicht vermehren.

- Schneidet man ein längeres Stück aus der Mitte des Stiels heraus, so bilden sich eine neue Haftwurzel ohne Zellkern und ein Schirm.

Die Versuchsergebnisse bedeuten, dass der Zellkern zwar wichtig ist für den Bauplan, die Vermehrung und die Lebenserwartung der Schirmchen-Alge, ihre Gestalt aber offenbar auch vom Zellplasma bestimmt wird. Weitere Versuche zeigen, dass der Zellkern die Anteile des Zellplasmas, die die Gestalt bestimmen, für eine einmalige Regeneration auf Vorrat erzeugt und im Zellplasma deponiert. Damit ist eine ganz wichtige Frage zur Rolle der Gene bei der Selbstorganisation der Bildung der Gestalt der Lebewesen für die Schirmchen-Alge beantwortet.

Der Übergang von den einzelligen Lebewesen zu den mehrzelligen hat ohne genaue Grenze stattgefunden: Einzeller bilden manchmal ruhende Dauerstadien oder Kolonien, sogar mit einer gewissen Aufgabenteilung, einem gemeinsamen Stoffwechsel und einer äußeren Hülle (beispielsweise Cyanobakterien, Algen und Schleimpilze). Die Bildung von Kolonien hängt meist von den aktuellen Umweltbedingungen ab: Bei schwierigen Bedingungen bilden sich Kolonien, bei besseren Bedingungen überwiegen die Individuen.

Die Ko-Evolution bei Symbiosen

Es gibt unzählige Beispiele für erfolgreiche Symbiosen in der Natur: Blütenpflanzen und Insekten, Landpflanzen aller Art und Pilze in ihrem Wurzelgeflecht, große (Raub-)Fische und kleine Putzerfische an einer *Putzerstation* im Riff, Säugetiere und die Bakterien in ihrem Darm usw. Es ist deshalb eigentlich nicht überraschend, dass Symbiosen offenbar auch bei der Evolution eine große Rolle gespielt haben,

- im Rahmen einer Ko-Evolution, der gemeinsamen Evolution sehr verschiedenen Arten von Lebewesen, speziell im Hinblick auf die Merkmale ihrer Zusammenarbeit oder Abhängigkeit, Beispiel: Die Form von bestimmten Blütenkelchen und die Schnabelform von Kolibris, die auf den Nektar dieser Blüten spezialisiert sind, und sie dabei bestäuben;
- durch horizontalen Transfer von ganzen Abschnitten oder sogar Paketen von Erbgut zwischen oft sehr verschiedenen Arten.

Zusammengefasst nennt man diese Vorgänge *Symbiogenese*, ein evolutionärer Wandel, der durch die Symbiose hervorgerufen wird. Man geht davon aus, dass alle partnerschaftlichen Symbiosen als feindliche

Schmarotzer-Wirt-Verhältnisse begonnen haben, und einige davon sich dann allmählich zu „Win-Win"-Symbiosen entwickelt haben [34]. Entscheidend ist dabei die positive Rückkopplung zwischen den Partnern.

Aus Sicht der Emergenz sind Symbiosen eine Art der Selbstorganisation zwischen Individuen verschiedener Arten als Partner („Elemente"), auf der Basis vorwiegend biochemischer Wechselwirkungen sowohl auf der Ebene des Organismus als auch oft bei den Genen. Manchmal entstehen dabei ganz neue Organismen, wie bei den Flechten, immer aber sind – nachdem die Selektion gewirkt hat – neue, verbesserte Fähigkeiten für die Partnerschaft dabei herausgekommen, und oft auch für die Partner selbst. Ganz ähnlich ist die Ko-Evolution zu bewerten, auch wenn manchmal einer der Partner die Umwelt ist. Wir werden sogar im Kap. 16 bei der menschlichen Gesellschaft dem Schmarotzertum und der Symbiose als *extraktive* bzw. *inklusive* Systeme wieder begegnen.

Viren sind nicht nur ein Musterbeispiel für die normale Evolution, sondern haben offenbar auch in vielfältiger Weise das Erbgut der Säugetiere bereichert ([34] S.117). Das ist zunächst verblüffend, denn wir kennen sie nur als gefährliche Krankheitserreger. Aber: Viren sind hoch spezialisiert auf die molekularen Details der Zellen ihres gewohnten Wirtslebewesens; außerhalb desselben sind sie nichts weiter als ein komplexes Molekül ohne die Merkmale von Leben. Viren sind also ohne ihre gewohnten Wirte nicht überlebens- und fortpflanzungsfähig. Ein Virus hat also evolutionär ein vitales Interesse daran, dass sein Wirt nicht ausstirbt. Bis zur Symbiose zwischen Virus und Wirt ist dann nur noch ein kleiner Schritt.

Im Erbgut der Menschen und allgemein der Säugetiere hat man umfangreiche Teile entdeckt, die offensichtlich aus dem Erbgut von Viren stammen, speziell von sog. Retroviren ([34] S.119). Das sind RNS-Viren, die sich mit Hilfe eines speziellen Enzyms, der sog. Reversen Transkriptase, in die DNS ihrer Wirtszellen integrieren können. Wie kann das sein? Beim ersten Aufeinandertreffen von Virus und Wirt ist das Virus ein reiner Parasit, der seine Gene horizontal in das Erbgut der Wirtszelle einbringt und diese nach seinen Bedürfnissen zur Erzeugung neuer Viren umsteuert. Wenn die Viren langfristig überleben wollen, muss sich das Verhältnis aber in Richtung Symbiose entwickeln. Das kann dadurch geschehen, dass ein Teil der Wirte resistent gegen die Viren wird, oder auch dadurch, dass ein Teil der Viren durch Mutationen o.ä. ihre Pathogenität verlieren. Einen derartigen Wandel gibt es übrigens auch im Rahmen anderer Symbiosen. Die Analysen der Gene der Säugetiere zeigen nun, dass sie in den letzten 100 Millionen Jahren mehrfach massiv von Retroviren kolonisiert worden sein müssen. Nachdem die Viren in die Zellen des Wirts eingedrungen sind und ihre Gene freigesetzt haben, können diese mit den Genen der Wirtszelle verschmelzen.

Wir sind also die Nachfahren der Überlebenden dieser Seuchen, und Retroviren sind heute bei Wirbeltieren allgegenwärtig. Die sog. endogenen Retroviren sind nicht mehr infektiös, haben also den Status der Symbiose erreicht. Sie sind sogar Bestandteile der *Genome* ihrer Wirte geworden, und werden dadurch bei der Vermehrung mit vererbt. Auf diese Weise haben sie die Evolution massiv beeinflusst.

Beispiel: Die Symbiose von bestimmten Retroviren und Wirbeltieren hat beispielsweise die Entwicklung der Säugetiere ermöglicht. Da die Gene eines Embryos Anteile vom Vater und der Mutter haben, würde der Embryo von der körpereigenen Immunabwehr der Mutter als fremd identifiziert und abgestoßen, wenn es nicht zwischen der Plazenta und dem Blutkreislauf der Mutter eine undurchlässige Grenzschicht gäbe, die aus einer einzigen Lage von Zellen besteht, die aber keine Zellwände haben. Diese Schicht verhindert den Kontakt der Immunsysteme von Embryo und Mutter. Die Zellen der Wirbeltiere allein sind aber nicht in der Lage, eine solche Grenzschicht zu bilden, sondern nur zusammen mit einem Protein, das von Genabschnitten erzeugt wird, die von endogenen Retroviren stammen [34].

Bei den unterschiedlichen Säugetiergruppen sind übrigens unterschiedliche Retroviren an dieser symbiotischen Entwicklung beteiligt; es war kein zufälliger Einzelfall beim Menschen. Außerdem unterstützen andere retrovirale Genabschnitte der Säuger die Immunsuppression in der Plazenta, die Herstellung des Blutfarbstoffs Hämoglobin sowie andere Vorgänge. Wie groß der Einfluss der Retroviren auf die menschliche Evolution war und ist, kann man daran erkennen, dass der Anteil der viralen Gene an den etwa 20 000 menschlichen Genen etwa 9% beträgt, der Anteil der eigentlichen Wirbeltier-spezifischen Gene aber nur magere 1,5%! ([34] S.88) Wahrscheinlich stammen sogar noch weitere 34% des menschlichen Genoms von Retroviren ([34] S.114). Die Retroviren haben offenbar bei der Evolution der Wirbeltiere maßgeblich mitgewirkt, um den wichtigen Schritt von den Beuteltieren (die meist keine Plazenta haben) zu den Säugetieren zu bewerkstelligen. Ihr Genom ist mit dem der Wirbeltiere verschmolzen, und das Ergebnis ist ein großer Fortschritt der Evolution für die Fitness der Wirbeltiere. Und der beteiligten Retroviren, als Bestandteil der Wirbeltiere allerdings. Eine Aussage zur evolutionären Verbesserung der Fitness der Retroviren selbst zu machen, ist hier nicht mehr möglich. Man könnte es allerdings so betrachten, dass sie als wichtige Teile der Gene der Wirbeltiere „unsterblich" geworden sind.

Es gibt noch viele weitere Beispiele für die erfolgreiche Symbiogenese an entscheidenden Stellen der Evolution, beispielsweise die oben beschriebene Entwicklung der Eukaryoten. Es wäre sogar möglich, dass in frühen Organismen eine Symbiose des Stoffwechsels mit der Erbinformation stattgefunden haben könnte, ausgehend vor der chemischen Verwandtschaft zwischen den Bausteinen der Erbinformation und dem Adenosintriphosphat, des primären Energiespeicher-Moleküls des Stoffwechsels ([30] S.208).

Sexuelle Vermehrung und Kreuzung

Das nächste wichtige Unterscheidungsmerkmal in der Evolution ist das Prinzip der Vermehrung: entweder vegetativ (ungeschlechtlich, durch Zellteilung) oder sexuell. Die sexuelle Vermehrung wurde von den Vielzellern „erfunden" und hat die Mischung von Abschnitten der DNS der beiden Eltern in der DNS der Nachkommen zur Folge. Das ermöglicht ebenfalls größere Schritte der Evolution und damit auch eine wesentlich höhere Anpassungsfähigkeit der Art. Es ist ein Beispiel für den modularen Aufbau der Organismen (z.B. Organe und Gliedmaßen) und zugeordneter Module im Genom, die als bewährte und selbstständige Bausteine ebenfalls die Evolution beschleunigt haben.

Dadurch ergibt sich auch ein besserer Schutz vor Krankheitserregern und Parasiten, denn alle Individuen haben sehr unterschiedliches Erbgut. Eine wichtige Folge der sexuellen Vermehrung ist, dass die Selektion nicht mehr - wie bei der vegetativen Vermehrung - eine Zelllinie (mit einheitlicher DNS, abgesehen von Mutationen) betrifft, sondern die gesamte Population einer Art. Wenn die volle Anpassungsfähigkeit in der Evolution umgesetzt werden kann, dürfen allerdings die älteren Individuen nicht mehr „ewig" leben, und das Altern (keine Vermehrung mehr) sowie das Sterben wurden „erfunden", weil es für die Entwicklung der Arten vorteilhafter ist.

Beispiel: Was bedeutet das Sterben eines Menschen aus Sicht der Emergenz? Gibt es ein Leben nach dem Tod? Vordergründig bedeutet das Sterben die Auflösung seiner Struktur und Organisation als individuelles „System", und die Rückgabe seiner Elemente, der

Atome und Moleküle, in den Kreislauf der Natur auf der Erde. Dort gehen sie nicht verloren, sondern werden wieder neu verwendet, in einer Wolke, im Ozean, als Bestandteile anderer Lebewesen usw. Da es sich in Summe um etwa 10^{28} Atome handelt, ist die Chance gut, an vielen Stellen und in vielen Lebewesen jeweils mit vielen Milliarden Atomen mit dabei zu sein; also nicht „Asche zu Asche, ...", sondern „aus Wasser und Asche wird neues Leben". Wenn der Tote Nachkommen hat, manifestiert sich sein modifiziertes Genom, ein ähnlicher Bauplan wie sein eigener und der seines Partners, in seinen Nachkommen. Aber nicht nur materiell, denn auch seine geistigen „Wechselwirkungen" hinterlassen Spuren, z.B. durch die Erziehung im Wesen seiner Kinder, in seinen Wirkungen im Beruf und in der Gesellschaft, in seinen Werken, die er geschaffen hat usw. Außerdem lebt er mehr oder weniger lange in der Erinnerung anderer Menschen weiter, in Fotos, Geschichten oder einem Grabmal, Das Individuum lebt zwar nicht im materiellen, aber im geistigen Bereich weiter. Der Shintoismus Japans steht dieser Sicht recht nahe, er ist lebensbejahend und interessiert sich vor allem für das Hier und Jetzt. Die Vorstellung der körperlichen Wiederauferstehung des Individuums in vielen Religionen kann nur als tröstliche Prophezeiung oder als Ablenkung vom „Diesseits" bewertet werden.

Mit der sexuellen Vermehrung hat sich auch eine neue Wechselwirkung zwischen den Lebewesen entwickelt, die sexuelle Anziehung zwischen den Geschlechtern. Sie ist ziemlich rasch zur stärksten aller Wechselwirkungen geworden, für die die Individuen vieler Arten zu gewissen Zeiten alle anderen Bedürfnisse zurück stellen, oder lebenslange Bindungen eingehen. Sie ist oft verbunden mit großen Veränderungen der äußeren Erscheinung und eindrucksvollen Balzritualen. Die Entwicklung der starken sexuellen Anziehung ist unter dem Aspekt der Emergenz primär die Folge ihres evolutionären Vorteils für die Vermehrung der Art.

Von der sexuellen Vermehrung ist es nur ein kleiner Schritt zur Kreuzung, die insbesondere bei der Entwicklung der Pflanzen eine große Rolle spielt. Die Kreuzung ist eine artenübergreifende sexuelle Vermehrung, bei der die beiden Eltern nicht von der gleichen Art sein müssen, sondern von unterschiedlichen, nahe verwandten Arten sein können. Eine wichtige Bedingung dabei ist allerdings, dass die Genome zusammen passen, z.B. muss die Anzahl der Chromosomen gleich sein.

Beispiel: Das Maultier ist die Kreuzung eines Eselhengstes und einer Pferdestute. Der Esel hat zwei gleichartige Sätze von je 31 Chromosomen im Genom und die Stute zwei von je 32 Chromosomen. Das Maultier bekommt je einen Satz vom Esel und einen von der Stute und besitzt deshalb einen Satz von 31 Chromosomen und einen von 32. Weil mit zwei unterschiedlich langen Sätzen die Erzeugung der Keimzellen nicht funktioniert, ist das Maultier unfruchtbar.

Man bezeichnet die Vermehrung durch Kreuzung auch als „Hybridisierung", insbesondere bei Pflanzen. Auch damit hat die Evolution „einen höheren Gang eingelegt", denn es werden Abschnitte des Erbguts unterschiedlicher Arten gemischt, die sich meist lange unterschiedlich entwickelt haben. Die genetischen und evolutionären Auswirkungen sind dabei sehr unübersichtlich, es besteht aber die Chance eines großen Schrittes der Evolution in eine Richtung, die insgesamt für die Entwicklung des Lebens vorteilhaft ist. Verglichen mit der Symbiogenese ist die Kreuzung aber eigentlich nichts Besonderes, denn bei der Symbiogenese ist der Unterschied zwischen den beteiligten Arten meist noch viel größer.

Bei den Pflanzen gilt die Hybridisierung inzwischen als eine mächtige eigene Triebkraft der Evolution. Erste Beispiele dafür hat man Ende des 19. Jahrhunderts bei Sonnenblumen-Arten entdeckt, die erfolgreich unter besonders schwierigen Umweltbedingungen leben. Heute wissen wir, dass viele Nutz- und Wildpflanzen Hybride sind, die teils durch natürliche Kreuzungen und teils durch menschliche Züchtung entstanden sind ([34] S.231). Auch bei Tieren hat man inzwischen natürliche Hybridisierung nachgewiesen, z.B. beim See- und Teichfrosch zum „Wasserfrosch". Wie die Symbiogenese vernetzt die Hybridisierung die Arten, indem sie im großen Stil bewährte, modulare Genabschnitte zusammen bringt.

Man kann aus den vielen genetischen „Tricks" in der Natur erkennen, dass die sog. Genmanipulation keine Erfindung der geldgierigen Pharmafirmen ist, sondern von der Natur schon immer im großen Stil praktiziert wurde. Und dass u.a. die Evolution der Menschen davon erheblich profitiert hat. Auch hier gilt wieder: Die „Technologie" ist weder gut noch böse, sondern erst das, was die Menschen damit machen.

Die Epigenetik

Die Körperzellen eines Lebewesens haben ganz verschiedene Funktionen, aber alle die gleichen Gene. Wie kann das sein? Der Grund ist, dass nicht alle Gene zugleich aktiv sind; ihre Wirkung wird abhängig von Art und Ort einer Zelle teilweise ausgeschaltet. Diese stabilen Veränderungen in einer Zelle, einem Gewebe, einem Organ oder einem ganzen Organismus, die nicht mit Veränderungen der DNS korreliert sind, die Wirkung der DNS aber dauerhaft beeinflussen, bezeichnet man als *Epigenetik* [34]. Die Epigenetik ist ein Teil der allgemeinen *Genregulation* der Lebewesen. Es gibt dafür oberhalb der Ebene der Gene steuernde Elemente, sog. Genregulatoren, die unterschiedliche Abschnitte der Gene ein- oder ausschalten oder ganze Chromosomen steuern. Die Wirkung dieser Regulatoren ist abhängig von der Umgebung der Zelle, des Gewebes usw.

Beispiele:
- Die epigenetische Regulation steuert die Entwicklung einer befruchteten Eizelle zum Embryo, d.h. die Entwicklung der unterschiedlichen Gewebe, der Organe und der Gestalt. Aus einer einzigen befruchteten Eizelle entwickeln sich alle speziellen Zellen des Körpers. Alle haben die gleichen Gene. Die in den Genen gespeicherte Information reicht aber für die enorme Vielfalt der Körperzellen bei weitem nicht aus: Die spezifischen Körperzellen müssen sich aufgrund eines hierarchischen Aufbauprinzips differenzieren und auseinander hervorgehen.
- Die Verwandlung einer Raupe über die Puppe zum Schmetterling ist ein Meisterwerk des epigenetischen Systems. Raupe und Schmetterling haben die gleichen Gene.
- Die Differenzierung von Bienenlarven in Königinnen und Arbeiterinnen wird durch die Epigenetik bewirkt, wahrscheinlich dadurch, dass nur die Larven der späteren Königinnen ab dem vierten Tag weiter mit Gelee Royale gefüttert werden ([38] S. 69).
- Mit Hilfe der epigenetischen Regulation bemerken die Pflanzen, dass es Frühling wird: Die Verpackung der Gene lockert sich, wenn es wärmer wird, und die Gene können besser wirksam werden.

Wie die Beispiele zeigen, können auch Umwelteinflüsse über die epigenetische Regulation die Entwicklung eines Lebewesens vorhersagbar und dauerhaft verändern. Das eröffnet ein weites Feld für Untersuchungen und Spekulationen darüber, was beim Menschen alles möglich sein könnte.

Es gibt offenbar drei Ebenen der Steuerung für die Entwicklung und den Stoffwechsel der Zellen, die in unterschiedlichen Zeiträumen wirken:
- Die Gene, die in Zeitskalen von Jahrtausenden zu funktionellen Änderungen der Zellen führen können.
- Epigenetische Schalter, die die Wirkung der aktiven Abschnitte der Gene ab einem bestimmten Zeitpunkt im Leben eines Lebewesens und – soweit man heute weiß - dauerhaft bis zum Lebensende verändern. Sie bilden eine Art „Gedächtnis" der Zellen, das bei der Zellteilung weiter gegeben wird. Vererbt wird der Stand dieser

Schalter nur dann, wenn es sich um Eizellen oder Spermazellen handelt.

- Spezielle Kontrollregionen auf den Genen, die durch spezielle Proteine (sog. Transkriptionsfaktoren) die aktiven Abschnitte der Gene schnell und vorübergehend ein- oder ausschalten, abhängig vom Bedarf der Zelle. Wenn ein aktiver Abschnitt eines Gens ausgeschaltet ist, wird er nicht in Proteine umgesetzt. Beispiel: Die Zellkerne und Zellen der Bauchspeicheldrüse reagieren damit auf den Insulinbedarf des Körpers.

Die Funktion des epigenetischen Systems kann ererbt sein und steuert dann beispielsweise die Aktivierung der Gene während Embryonalentwicklung, um die Vielfalt der Körperzellen zu erzeugen. Wenn sich später die Zellen in einem Gewebe oder einem Organ teilen, entstehen wieder die gleichen Zellen; d.h. der Stand der epigenetischen Regulation dieser Zellen wird bei der Teilung an die Tochterzellen weiter gegeben. Das epigenetische System kann aber offenbar auch durch Einflüsse während des Lebens verändert werden, wie im Fall der Bienenkönigin. Welche „Schalter" wirken in den Zellen für die epigenetische Steuerung? Bisher sind drei Arten bekannt:

- Die Anlagerung von Methyl-Gruppen CH_3 an die Nukleinbase Cytosin eines Gens; sie schaltet das Gen ab.
- Die Anlagerung von Methyl- und Acetyl-Gruppen C_2H_3O an die DNS und ihre „Verpackung", die *Histone*. Die Anlagerung von Acetyl-Gruppen an die Histone macht ein Gen für die Transkription durch die RNS-Polymerase verfügbar, und damit wird das Gen wirksam, z.B. zur Erzeugung von Enzymen. Durch eine verstärkte Anlagerung von Methyl-Gruppen an die Histone wird die Erzeugung dagegen unterdrückt.
- Die *RNS-Interferenz*. Die RNS ist nicht nur das Erbgut der Viren, sondern RNS-Abschnitte haben auch sehr spezielle biochemische Aufgaben in den Zellen. Spezielle Abschnitte der DNS, die nicht Teil der aktiven Gene sind, werden bei der RNS-Interferenz in kurze RNS-Stücke umgesetzt (sog. Mikro-RNS), die in mehreren Schritten identisch gebaute Boten-RNS zerstören, so dass die zugehörigen Enzyme nicht gebildet werden.

Beispiele:
- Die befruchtete Eizelle hat so gut wie keine Methylierungen, weil aus ihr alle anderen Zellen des Körpers entstehen. Mit der Bildung der unterschiedlichen Gewebe des Körpers nimmt die Methylierung zu und die Wirksamkeit der Gene wird verändert.

- Die Zellen der Bienenkönigin haben weniger Methylierungen als die der Arbeiterinnen ([38] S.69).
- Die Methylierung nimmt auch mit dem Alter eines Lebewesens zu, und es können dadurch Krankheiten auftreten. Beim Menschen beispielsweise Altersdiabetes, Krebs, Gicht usw.. Nach heutigem Stand der Forschung sollte man deshalb das tun, was man eigentlich sowieso schon so oft gehört oder gelesen hat: Viel bewegen, mäßig und abwechslungsreich essen, sich nicht zu viel Stress aufladen, sondern oft genug entspannen und sich über etwas freuen. Und das lebenslang. Neu ist aber die Erkenntnis, dass eine ungesunde oder unmäßige Lebensweise irgendwann einen oder mehrere epigenetische Schalter umlegen kann, und der gesundheitliche Schaden dadurch dauerhaft wird ([38] S.261).

Man kann inzwischen epigenetische Schalter in Einzelfällen experimentell wieder entfernen und dadurch „erwachsene" Körperzellen in ein frühes Stammzellstadium umwandeln.

Den Entwicklungsstand und die Fähigkeiten einer Art kann man nicht aus der Anzahl ihrer aktiven Gene allein ablesen, sondern nur zusammen mit der Leistungsfähigkeit des Stoffwechsels und der des epigenetischen Systems.

Beispiele:
- Der Anteil der aktiven Gene im Genom des Menschen macht nur 1,5% aus.
- Die aktiven Gene von Schimpanse und Mensch sind zu 98,7% gleich ([38] S.43).
- Das epigenetische Potential der Gehirnzellen hatte schon beim gemeinsamen Vorfahren von Mensch und Schimpanse vor ca. 6 Mio. Jahren etwa den heutigen Stand erreicht. Der Mensch hat es aber seither besser genutzt ([38] S.45).

Man kann die Rolle der Epigenetik in der Evolution folgendermaßen veranschaulichen: Der Bauplan der Lebewesen, das Genom, wird durch die epigenetische Regulation nicht verändert. Aber das, was die „Baufirma" daraus macht, der Bau selbst, wird an die Erfordernisse der bauseitigen Umgebung und auch die der Umwelt angepasst. Die erfolgten Anpassungen werden auf dem Bauplan vermerkt, um sie bei weiteren Bauabschnitten zu berücksichtigen.

Die Epigenetik ist ein eindrucksvolles Beispiel für die Selbstorganisation der individuellen Entwicklung der Lebewesen.

14. Von Einzellern zu höheren Lebewesen

Die Entwicklung der Einzeller und Vielzeller hat in etwa 3 Mrd. Jahren wahre Wunderwerke der Evolution hervorgebracht und die Biosphäre der Erde völlig umgestaltet. Schon Millionen Jahre vor der Entwicklung des Menschen sind spontan höchst komplexe, sozial lebende Gemeinschaften entstanden, von denen sich einige schon Moral-analog verhalten haben. Dabei hat sich der Schwerpunkt der Evolution von der Ebene der Gene mehr und mehr auf die Ebene des Geistes verlagert.

Die Evolution der Lebewesen führte nicht zu einer zwangsläufigen Entwicklung in eine bestimmte Richtung, z.B. mit dem „Entwicklungsziel" des Menschen, sondern schaffte wie alle selbstorganisierten Prozesse nur eine Vielzahl von Möglichkeiten der Entwicklung. Wie die stammesgeschichtliche Entwicklung im Einzelfall (beispielsweise auf unserem Planeten) konkret verläuft, hängt aber auch von vielen anderen Faktoren ab: Von Einflüssen der Umwelt bis hin zu Katastrophen, konkurrierenden Arten, zufälligen Kleinigkeiten in kritischen Entwicklungsphasen usw.

Beispiele für große Einflüsse der Umwelt:
- Viele Forscher meinen, dass sich die Säugetiere auf der Erde nicht so erfolgreich entwickelt hätten, wenn die Dinosaurier am Ende der Kreidezeit nicht ausgestorben wären (mit Ausnahme ihrer kleinen fliegenden Arten, den wahrscheinlichen Vorfahren der heutigen Vögel). Es hat in den letzten 550 Mio. Jahren mindestens fünf Mal eine Reduzierung der Artenvielfalt von mehr als 50% gegeben, am Ende des Perm vor 265 Mio. Jahren waren es sogar 80%, allerdings in einer Zeitspanne von 200 000 Jahren. Die Gründe können Einschläge von Meteoriten, sehr starker Vulkanismus oder große Klimaveränderungen sein. Die Pflanzen- und Tierwelt hat sich davon immer wieder erholt, und die Evolution die neuen Freiräume genutzt.
- Als sich vor knapp 40 Mio. Jahren die Antarktis von Australien ablöste, veränderten sich die Meeresströmungen sehr stark. Um die Antarktis herum entwickelte sich eine starke, ringförmige Strömung, angetrieben durch die vorherrschenden Westwinde. Die Strömung transportiert große Mengen von Nährstoffen aus den Tiefen der Meere an die Oberfläche, und als Folge davon entwickelten sich über diverse Zwischenstufen Massen von kleinen Krebsen, der Krill. Dieses große Nahrungsangebot im eiskalten Wasser wurde in der Folge eine Domäne der warmblütigen Bartenwale ([30] S.185), die sich bis zum Blauwal weiter entwickelten, dem größten Tier, das es jemals auf der Erde gegeben hat.

Zum Thema Evolution finden manchmal auch spekulative Diskussionen statt nach dem Schema: Wie wäre die Evolution verlaufen, wenn bestimmte Naturkonstanten, wie beispielsweise die Ladung des Elektrons, ein wenig anders gewesen wären? Gäbe es dann die Erde und das heutige Leben einschließlich der Menschen? Ich finde derartige Überlegungen wenig sinnvoll:

- Es gibt ganz offensichtlich genau die Naturgesetze, die wir kennen.
- Auch auf Basis dieser Naturgesetze hätte die Entwicklung der Welt und die Evolution völlig anders verlaufen können.
- Wenn unser Leben nicht hier auf der Erde entstanden wäre, dann sicher anderswo im Weltall; es gibt wahrscheinlich viele Möglichkeiten dafür. Wegen der riesigen Entfernungen im All haben diese Möglichkeiten für uns allerdings nur eine rein theoretische Bedeutung: Schon Kontakte können Jahrtausende oder Jahrmillionen dauern, und Reisen ein mehrfaches ...

In den letzten Abschnitten dieses Kapitels verlagert sich der Schwerpunkt der emergenten Prozesse und ihrer Wirkungen von der Ebene der Gene in die Ebene des Geistes, und das wird in den folgenden Kapiteln weiter ausgebaut. Die Gehirne der höheren Lebewesen sind sehr leistungsfähig und erlauben viel schnellere Anpassungen und Innovationen des Verhaltens, als es auf Basis der Gene und des Stoffwechsels möglich ist. Die Ko-Evolution findet mehr und mehr zwischen der geistigen Leistungsfähigkeit, den Beziehungen zur Umwelt und den sozialen Beziehungen der Lebewesen untereinander statt. Beim Menschen in neuerer Zeit auch zwischen dem Geist und der Kultur der Gesellschaft. Dabei nimmt auch die Vielfalt und Komplexität der Wechselwirkungen zwischen den Lebewesen ständig zu. Das „Leitmotiv" der Selbstorganisation der Individuen wird auf einer höheren Ebene erweitert und „durchgeführt", wie die Musiker sagen.

Die große Umgestaltung

Vor 3,8 Mrd. Jahren bestand die Atmosphäre der Erde vorwiegend aus Kohlendioxid und Wasserdampf. Als sich die Erdoberfläche soweit abgekühlt hatte, dass der Regen nicht sofort wieder verdampfte, soll es ca. 40 000 Jahre lang unvorstellbar starke Regengüsse gegeben haben, und die Meere sind entstanden. Dabei wurde auch sehr viel Kohlendioxid aus der Atmosphäre ausgewaschen, das sich mit den Mineralien auf der Erdoberfläche zu Kalkstein verbunden hat. Ohne diese erste große Kohlendioxidentsorgung hätte sich die Erdatmosphäre wahrscheinlich wie die Atmosphäre der Venus entwickelt: Die Erdoberfläche und die Atmosphäre wären sehr heiß und für das Leben ungeeignet geblieben ([25] S.95). Eine ganz grobe Abschätzung zeigt übrigens, dass sehr viel mehr fossiler Kohlenstoff weltweit in den Kalkgebirgen gespeichert ist, als in Kohle, Erdöl und Erdgas zusammen.

Nach dem großen Regen enthielt die Atmosphäre der Erde wahrscheinlich vor allem Wasserdampf, immer noch viel Kohlendioxid und etwas Methan und Stickstoff. Auch die neu entstandenen Meere enthielten noch große Mengen Kohlendioxid, gelöst und als Karbonate, sowie Eisen- und Schwefelverbindungen. Und die Erdoberfläche war wüst und leer. Heute enthält die Atmosphäre ca. 0,04% Kohlendioxid, aber 21% Sauerstoff. In den Meeren sind noch ca. 3,5% Salze, überwiegend Kochsalz, sowie Kohlendioxid, etwas Sauerstoff und Stickstoff gelöst. Die Erdoberfläche ist überall, wo es nicht zu kalt oder zu trocken ist, von Bakterien, Pflanzen und Tieren belebt, und es sind gewaltige Gebirge aus Kalkstein entstanden, sowie große Lager von Eisenerzen, Kohle, Erdöl und Erdgas, die es davor nicht gab.

Wie war das möglich? Ein Wunder? Nein, Ko-Evolution von Leben und Umwelt im großen Stil! Das Szenario wurde schon abgesteckt, und die Akteure waren … Bakterien und Pflanzen. Ein wenig waren auch die Tiere beteiligt, insbesondere die Korallen. Die Entwicklung verlief in mehreren Schritten: Schon sehr früh haben Bakterien verschiedene chemische Reaktionen genutzt, mit denen sie Energie für ihren Stoffwechsel aus den im Meer gelösten Verbindungen von Eisen, Schwefel usw. gewinnen konnten: Beispielsweise die Umwandlung von wasserlöslichem zweiwertigem zu schwer löslichem dreiwertigen Eisen oder die Umsetzung von Schwefelwasserstoff zu Schwefel. Die schwer löslichen Verbindungen wurden auf dem Meeresgrund abgelagert und später durch die Plattentektonik in Erze und Gestein umgewandelt. Parallel dazu haben die Cyanobakterien mit Hilfe der Fotosynthese Kohlendioxid zu Sauerstoff umgewandelt. Das ist offenbar in mehreren Schritten geschehen ([7] S.95, [25] S.99):

- Zunächst haben vor etwa 3,5 Mrd. Jahren die Bakterien in den Meeren Sauerstoff entwickelt, der anfangs ca. 2 Mrd. Jahre lang das noch im Meer gelöste Eisen und Silizium zu schwer löslichen

Verbindungen oxidiert hat. Dabei sind die sog. gebänderten Kieseleisenerze entstanden.

- Nachdem im Meer die Mineralien weitgehend oxidiert worden waren, gelangte seit etwa 1,5 Mrd. Jahren der Sauerstoff auch in die Atmosphäre. Als Folge davon passten einige Formen der Bakterien ihren Stoffwechsel an den Sauerstoff in der Umwelt an.

Der freie Sauerstoff hat den aeroben Stoffwechsel der höheren Lebewesen möglich gemacht hat, der etwa 20 Mal effizienter arbeitet als der häufigste anaerobe Stoffwechsel, die Gärung. Vor 1,5 Mrd. Jahren treten die ersten Organismen mit einem aeroben Stoffwechsel auf. Dabei wird - in Umkehrung der Fotosynthese - Sauerstoff eingeatmet und zur Energiegewinnung aus organischen Stoffen verbraucht.

Auch kleine Meerestiere, Korallenpolypen und andere Lebewesen haben seit 2 – 3 Mrd. Jahren das Kohlendioxid aus dem Meer entfernt, denn ihre Schalen bestehen zum großen Teil aus Kalziumkarbonat $CaCO_3$, für dessen Aufbau CO_2 verbraucht wird. Es gab dabei wohl zwei Schritte: Zunächst entfernten die Tiere das Kohlendioxid aus den Meeren, weil ihre Kalkschalen nach ihrem Tod auf den Meeresgrund gesunken sind und in Sedimente abgelagert wurden, vor allem in der Kreidezeit. Später konnten Karbonate auch direkt ausfallen, weil die Meere aufgrund der voran gegangenen Ausfällungen weniger (chemisch) sauer waren. Aus den Karbonat-Sedimenten sind im Laufe der Zeit die heutigen Kalkgebirge entstanden, wie die Nördlichen Kalkalpen.

Das Magnetfeld der Erde gibt es als Schutz vor den energiereichen Elementarteilchen von der Sonne schon seit 3,8 Mrd. Jahren, als sich im Erdinneren flüssiges Eisen und Nickel abgesetzt hatten (vgl. Kap. 3). Vor etwa 700 bis 400 Millionen Jahren bildete sich dann mit dem zunehmenden Anteil des Sauerstoffs in der hohen Atmosphäre die Ozonschicht, die auch den UV-Anteil des Sonnenlichts stark vermindert und damit höheres Leben auch auf der Erdoberfläche möglich gemacht hat. Im Meer war das Leben ja bereits durch das Wasser mit zunehmender Tiefe vor der UV-Strahlung geschützt. Dort hatte sich bis zu dieser Zeit schon eine vielfältige Tierwelt entwickelt, während das feste Land noch nicht bewohnt war. Die Meerestiere haben überwiegend ihre Nahrung aus dem Meerwasser heraus filtert, oder lebten räuberisch.

Vor etwa 400 Millionen Jahren sind dann, unter dem Schutzschild aus Ozon, zuerst die Pflanzen auf das feste Land vorgedrungen, wahrscheinlich weil die Nahrungskonkurrenz im Meer sehr groß war. Auf dem Land gibt mehr Licht für die Fotosynthese und mehr Mineralien für den Aufbau ihres Stoffwechsels. Die Fotosynthese funktioniert an Land so gut, dass die Pflanzen einen großen Überschuss an Kohlehydraten erzeugt haben, der als Stärke gespeichert werden konnte, als Zellulose die Zellwände der Pflanzen stabil gemacht hat, und als Holzstoff (sog. Lignin) den Aufbau stabiler Stämme und Äste für große Bäume ermöglichte. Das Kohlendioxid dafür wurde laufend aus dem Meer und den Vulkanen nachgeliefert. Damit wurde auch der Sauerstoffanteil der Atmosphäre vergrößert, und das kam dann den Tieren zugute. Die heutige Zusammensetzung der Atmosphäre wurde erstmals vor etwa 350 Millionen Jahren erreicht, hat seitdem jedoch mehrere größere Schwankungen durchgemacht.

Beispiel: Vor 235 – 65 Mio. Jahren gab es die Dinosaurier auf der Erde. Der CO_2-Gehalt der Atmosphäre war in dieser Zeit 4 – 6 Mal so hoch wie heute und hat das Wachstum der Pflanzen gefördert. Danach ist er allmählich auf den heutigen Wert gesunken. Dieser niedrige CO_2-Wert hat in den letzten 2,6 Mio. Jahren zu mehreren Eiszeiten beigetragen.

Die großen Erfolge der Pflanzen, insbesondere im warmen und feuchten Klima, haben die Welt bis heute stark beeinflusst: Der über die Fotosynthese aus der Luft umgesetzte Kohlenstoff wurde über mehrere Zwischenschritte als Kohle abgelagert und bildet zusammen mit Erdöl und Erdgas, das primär aus abgestorbenen Bakterien besteht, die fossilen Energieträger. Wir nutzen sie seit dem Beginn der Industrialisierung als Basis unserer technischen und kulturellen Entwicklung.

Beispiel: Im Jahr 2005 wurden 81% des weltweiten Energiebedarfs aus fossilen Energieträgern gedeckt.

Nach den Pflanzen begannen dann vor etwa 370 Millionen Jahren allmählich die Tiere in zwei Wellen das Land zu erobern: Zunächst wurmartige kleine Räuber mit Stummelfüßchen, aus denen die Insekten und Spinnen hervorgingen, und später eine Gruppe der Fische, die Lungenfische, aus denen sich die Wirbeltiere entwickelt haben. In beiden Fällen waren die Neuankömmlinge und ihre Nachfahren auf die Symbiose mit Bakterien angewiesen, um die schwer verdaulichen Bestandteile der Pflanzen wie Zellulose und Holz als Nahrung aufschließen zu können.

Die Erfolgsstory der Pflanzen setzte sich solange fort, bis das Kohlendioxid in der Atmosphäre knapp wurde und etwa den heutigen Anteil von 0,03% erreicht hatte. Die Verknappung des Kohlendioxids hatte zwei Gründe:

- Aus dem Meer wurde nicht mehr genug Kohlendioxid nachgeliefert, weil es schon weitgehend in Karbonaten gebunden und abgelagert war. (Auch heute noch ist in den Meeren etwa 50 Mal mehr Kohlenstoff enthalten als in der Atmosphäre.)
- Der Stoffwechsel der Pflanzen einerseits und der von Bakterien und Tieren andererseits ist nicht im Gleichgewicht: Das von den Pflanzen aufgebaute organische Material wird von Bakterien und Tieren zwar wieder abgebaut, weil sie damit und mit dem Sauerstoff, den sie einatmen, ihren Stoffwechsel betreiben. Die Bakterien können aber die Pflanzen erst nach ihrem Absterben zersetzen, und die Tiere schaffen es nicht, die aufgebaute Biomasse der Pflanzen im gleichen Tempo zu verwerten.

So wurde das Gleichgewicht zwischen Pflanzen und Tieren zu einer Nahrungskette, die durch das für die Pflanzen verfügbare Kohlendioxid begrenzt wird.

Wenn alle diese Lebewesen nicht soviel Einfluss auf die Erdatmosphäre genommen hätten, wie hätte sich die Erde dann entwickelt? Vielleicht wie die Venus? Dann wäre aus dem Leben, wie wir es heute kennen, nichts geworden. Wir können diese Entwicklung verständlicherweise als Experiment nicht wiederholen, und wegen der komplexen Wechselwirkungen zwischen der Erde und den Lebewesen kann man sie auch nicht zuverlässig simulieren. Und exakt berechnen sowieso nicht. Das ist das im doppelten Sinn „unberechenbare" an der Selbstorganisation.

Zur Rolle der Pflanzen

Die Trennung der Entwicklungslinien von Pflanzen und Tieren hat bereits vor etwa 1,5 Mrd. Jahren eingesetzt ([44] S.16), und die Mehrzelligkeit hat sich seither zweimal parallel entwickelt, auf der Basis der gleichen DNS usw. Pflanzen verbinden die unbelebte und die belebten Welt miteinander, weil sie ihren gesamten Lebensunterhalt aus der unbelebten Natur bestreiten (Sonnenlicht, Kohlendioxid, Wasser, Mineralien). Die Tiere andererseits leben letztlich von den Pflanzen. Dieses Verhältnis ist aber keine reine Nahrungskette, sondern hat auch symbiotische Aspekte, denn die Pflanzen profitieren auch von den Tieren, insbesondere von der Bestäubung ihrer Blüten und der Verbreitung ihrer

Samen und Früchte. Wenn man genau hinschaut, fressen manche Pflanzen sogar kleine Tiere, beispielsweise der Sonnentau, aber das ist von geringer Bedeutung.

Pflanzen sind Großmeister der Epigenetik ([38] S.205 ff). Sie müssen sich sehr flexibel an wechselnde Umweltbedingungen anpassen, weil sie ungünstigen Bedingungen nicht durch einen Ortswechsel ausweichen können. Außerdem wachsen sie während ihres ganzen Lebens, und besitzen deshalb in allen Wachstumszonen über und unter der Erde embryonale Stammzellen, die alle die Fähigkeit haben, die komplette Pflanze aufzubauen. Die epigenetische Information wird bei Pflanzen vererbt, weil sich die Keimzellen der Pflanzen aus normalen Gewebezellen bilden und deshalb deren epigenetische Information besitzen. Auch das sehr lange Leben vieler Pflanzen – bis zu einigen tausend Jahren – zeigt uns, wie gut sie ihre Epigenetik kontrollieren können.

Viele Pflanzen leben, wie schon angedeutet, mit Pilzen in ihrem Wurzelgeflecht in Symbiose, und das weiß man schon lange: "... es betrifft die Tatsache, dass gewisse Baumarten ganz regelmäßig sich im Boden nicht selbständig ernähren, sondern überall in ihrem gesamten Wurzelsystem mit einem Pilzmycelium in Symbiose stehen, welches ihnen Ammendienste leistet und die ganze Ernährung des Baumes aus dem Boden übernimmt. . . Dieser Pilzmantel hüllt die Wurzel vollständig ein, auch den Vegetationspunkt derselben lückenlos überziehend, er wächst mit der Wurzel an der Spitze weiter und verhält sich in jeder Beziehung wie ein zur Wurzel gehörendes, mit dieser organisch verbundenes peripheres Gewebe. Der ganze Körper ist also weder Baumwurzel noch Pilz allein, sondern ähnlich wie ein Thallus der Flechten eine Vereinigung zweier verschiedener Wesen zu einem einheitlichen morphologischen Organ, welches vielleicht passend als Pilzwurzel, Mykorrhiza bezeichnet werden kann... Dieser (der Mantel) liegt der Wurzelspitze nicht bloß innig auf, sondern von ihm aus dringen Pilzfädchen auch zwischen den Epidermiszellen in die Wurzel selbst ein... (doch) nie wurden die Fäden bis zur Endodermis verfolgt... Sie treten nie in das Lumen der Zellen ein." (B. Frank, 1885; Quelle: http://www.biologie.uni-hamburg.de/b-online/fo33/frank/frank.htm). Inzwischen hat man festgestellt, dass 80% aller Landpflanzen mit Pilzen im Wurzelgeflecht zusammen leben und meist beide Partner davon profitieren: Die Pilze helfen den Pflanzen bei der Ernährung, dem Wachstum und schützen sie vor parasitären Erdpilzen wie dem Hallimasch, sie vergrößern auch das Wurzelgeflecht der Pflanzen mit ihrem Pilz-Mycel. Die Pilze beziehen andererseits Kohlehydrate und häufig Vitamine von ihren Wirtspflanzen. Ein zusammenhängendes Mycel verbindet vielfach die Wurzelsysteme benachbarter Bäume gleicher oder verschiedener Arten. Es unterstützt dabei sogar den Ausgleich des Nährstoffbedarfs unterschiedlicher Baumarten.

Beispiele:

- Wie wichtig die Pilze für die Bäume sind, erkennen die Forstwirte daran, dass pilzfreies Grasland erfahrungsgemäß schwer aufzuforsten ist.

- Der Birkenpilz lebt in echter Symbiose mit den Birken und ihren Verwandten, wie viele andere bekannte Pilze mit anderen Baumarten. Die Hallimasche dagegen sind Parasiten und gehören zu den gefährlichsten Forstschädlingen. Sie greifen auch lebende Bäume aller Art an, entziehen ihnen die Nährstoffe und lassen sie absterben. Hallimasche können eine gewaltige Ausdehnung erreichen (hunderte von Hektar und hunderte Tonne Gewicht) und gelten deshalb als die größten Lebewesen der Erde.

- Es gibt Bodenbakterien, die zusammen mit Pflanzen aus der Familie der Hülsenfrüchte eine Symbiose eingehen, um molekularen Stickstoff in Ammoniak umzuwandeln und damit biologisch verfügbar zu machen. Dies ist ihnen jedoch nur in der Symbiose mit Pflanzen möglich. Unter natürlichen Bedingungen kann keiner der beiden Partner allein den molekularen Stickstoff so umwandeln.

Bei Pflanzen hat man ein allgemeingültiges, empirisches Gesetz beobachtet; das Gesetz der Selbstausdünnung von zu dichten Beständen:

$$D = k \cdot G^{-3/2}$$

D ist die Dichte und G das durchschnittliche Gewicht der Pflanzen eines Bestandes (z.B. eines Waldes oder eines Kornfeldes), k eine Konstante, die sich aus der Beobachtung ergibt ([44] S.117). Das Gesetz ist ein Beispiel für ein sehr einfaches Ergebnis eines komplexen selbstorganisierten Prozesses: Der Selektion der Pflanzen bei der Konkurrenz um die lebensnotwendigen Ressourcen Sonnenlicht, Wasser und die Mineralien im Boden. Man kann es empirisch damit begründen, dass das Volumen (= Gewicht) einer Pflanze während des Wachstums schneller zunimmt als der Bedarf an Grundfläche.

Das Immunsystem

Betrachten wir als weiteres Beispiel für eine Spitzenleistung der Evolution das Immunsystem. Es entfernt Mikroorganismen, die in den Körper eines Lebewesens eingedrungen sind, sowie körperfremde Substanzen und ist außerdem in der Lage, fehlerhaft gewordene körpereigene Zellen zu zerstören. Alle Lebewesen verfügen über ein Immunsystem. Einfache Organismen besitzen eine sog. angeborene Immunantwort. Sie entstand bereits sehr früh in der Stammesgeschichte der Lebewesen und wurde seitdem weitgehend unverändert beibehalten. Sie ist unspezifisch. Beispielsweise ist unsere gesamte äußere und innere Körperoberfläche (Lunge, Magen, Darm usw.) dadurch gegen das Eindringen von Krankheitserregern geschützt.

Die Wirbeltiere haben zusätzlich ein komplexes, adaptives Immunsystem entwickelt, das sie noch effektiver vor Krankheitserregern schützt. Dieses Immunsystem passt sich sehr spezifisch an neue oder veränderte Krankheitserreger an. Auch Bakterien haben ein adaptives Immunsystem zur Abwehr von Viren, wie man vor einigen Jahren herausgefunden hat. Die Immunantwort der Pflanzen hat Ähnlichkeiten mit der angeborenen Immunantwort bei Tieren. Pflanzen besitzen kein adaptives Immunsystem, also auch keine T-Zellen oder Antikörper.

Das Immunsystem der Wirbeltiere ist ein äußerst komplexes System und kann ein derart großes Repertoire von *Antikörpern* (Proteine mit hoher Bindungskraft) erzeugen, dass praktisch alle in der Natur vorkommenden molekularen Muster (sog. *Antigene*) durch eine komplementäre Antikörper-Matrize im Immunsystem abgebildet und neutralisiert werden können. Das Immunsystem merkt sich nach einer Infektion Informationen zu den Erregern, um beim nächsten Angriff dieser Erreger schneller reagieren zu können, als beim ersten Mal. Die gewaltige Leistungsfähigkeit des Immunsystems ist das Ergebnis einer Ko-Evolution der Lebewesen und ihrer Krankheitserreger und Schmarotzer: Die Weiterentwicklung der Krankheitserreger erforderte die ständige Verbesserung des Immunsystems, und umgekehrt. Letzten Endes ist in vielen Fällen allmählich eine mehr oder weniger ausgeprägte Symbiose zwischen beiden entstanden, denn ein Krankheitserreger, der zu aggressiv ist und alle seine Wirte umbringt, stirbt aus.

Bei der Geburt ist das adaptive Immunsystem noch nicht in der Lage, effektiv Krankheitserreger zu bekämpfen, das muss es erst lernen. Im ersten Schritt lernt es, eigene und fremde Zellen zu unterscheiden, und die eigenen nicht zu bekämpfen. Im weiteren Verlauf des Lebens gilt dann die Devise *learning by doing*: Mit jedem neuen Krankheitserreger, der bekämpft wird, wächst die Fähigkeit und die Erfahrung des Immunsystems. Ein Wettkampf zwischen dem Individuum und den Erregern ... Es ist wahrscheinlich, dass das Immunsystem dieses intensive Training auch wirklich braucht, denn die Lebewesen mussten Krankheitserreger und Parasiten abwehren, solange es sie gibt. Es lernt dabei auch, möglichst angemessen zu reagieren. Die Häufigkeit der Autoimmunkrankheiten wie Diabetes, Rheuma, Multiple Sklerose und Parkinson in der Zivilisation mögen teilweise auf dem unzureichenden Training der Abwehr – vor allem im Kindesalter – wegen unserer modernen, hygienischen, weitgehend parasitenfreien Lebensweise beruhen (sog. Hygiene-Hypothese). Auch die Schutzimpfungen der Kinder reduzieren die Trainingsmöglichkeiten ihres Immunsystems.

Beispiel: In der DDR hat es im Unterschied zur Bundesrepublik nach der Wende nur wenig Heuschnupfen gegeben, obwohl Luft, Wasser usw. dort nicht besonders sauber waren. Die Kinder waren aber in der DDR früher und zu einem höheren Prozentsatz in Kinderkrippen, haben sich also sicher gegenseitig gut „durchseucht". Inzwischen sollen sich die Verhältnisse an die der alten Bundesländer angeglichen haben.

Mit fortschreitendem Lebensalter erlahmt die Aktivität der Immunabwehr allmählich, und wir werden anfälliger gegen äußere und innere Gefahren wie Infektionen und Entartungen von Zellen. Dabei spielt offenbar auch die Epigenetik eine Rolle.

Eine wichtige Voraussetzung für die große Leistungsfähigkeit des Immunsystems, wie auch schon für die Geschwindigkeit der Evolution bei höheren Lebewesen, ist die sexuelle Vermehrung. Dabei werden im Genom der Nachkommen ganze Abschnitte der DNS der Eltern ausgetauscht, und in jeder Generation sorgen neue Kombinationen der Abschnitte auf den Genen für eine ständige Innovation der Immunabwehr. Diese Innovationsmöglichkeiten übertreffen bei weitem die mit einzelnen Mutationen pro Generation möglichen Fortschritte bei der vegetativen Vermehrung. Die beeindruckenden Fähigkeiten des Immunsystems sind aber, wie skizziert, überwiegend eine Leistung in der Entwicklung des Organismus des Lebewesens.

Nervensystem und Gehirn

Mit der Höherentwicklung der Tiere wachsen die Anforderungen an eine zentrale Steuerung: Für die Regelung der inneren Organe, der Bewegung, der Verarbeitung von Reizen von außen, der Optimierung von Überleben und Vermehrung, der Kommunikation mit Artgenossen usw. Aus den primitiven Nervenzellen der Hohltiere Coelenterata, die es seit etwa 600 Mio. Jahren gibt ([39] S.460), entwickelte sich ein immer leistungsfähigeres zentrales Nervensystem mit einem zunehmend leistungsfähigen Gehirn. Die Arbeitsweise des Nervensystems und insbesondere die erstaunlichen Leistungen des Gehirns sind schon lange Gegenstand der Forschung und werden immer noch ziemlich kontrovers diskutiert. Wir wollen sehen, was man dazu unter dem Aspekt der Emergenz sagen kann.

Das Gehirn eines tierischen Lebewesens bekommt Input in Form von Reizen, die von den Augen, den Ohren, dem Tastsinn usw. ausgehen, verarbeitet diese Reize und erzeugt Output in Form von chemischen Botenstoffen (*Hormone*) an Organe des Körpers, Signale an die Muskeln, später auch für die Kommunikation usw. Beim so genannten Denken der höheren Lebewesen arbeitet das Gehirn auch unabhängig von äußeren Reizen. Es arbeitet, während das Lebewesen wach ist, aber auch während es schläft. Es liegt nahe, dass sich die Fähigkeiten des Nervensystems so entwickelt haben, wie sie für die wichtigsten Anforderungen im Laufe der der Evolution gebraucht wurden. Welches waren die Schwerpunkte der Anforderungen zu Beginn? Zunächst musste das Nervensystem die Fähigkeiten unterstützen, zu leben, den Feinden zu entkommen und sich fortzupflanzen. Dazu gehören beispielsweise:

- Die Steuerung des Herzschlags und des Stoffwechsels,
- die Verarbeitung von taktilen, optischen und akustischen Reizen,
- die Umsetzung in die Steuerung der Bewegungen, z. B. „hin zum Futter" oder „weg von der Gefahr", und später auch
- die Speicherung von Erfahrungen.

Die Grundlagen einiger dieser Fähigkeiten sind in den Genen und ihrer Regulation verankert. Bei den höheren Lebewesen folgten dann die Kommunikation mit Lauten und Körpersprache, die Benutzung einfacher Werkzeuge usw.

Die Umsetzung von äußeren Reizen in Reaktionen des Lebewesens geschah anfangs rein automatisch, instinktiv, sozusagen „fest verdrahtet". Diese Verbindungen der Nervenzellen werden vererbt und sind bereits bei der Geburt angelegt. Je höher die Entwicklungsstufe eines Tieres ist, um so mehr werden die Reaktionen und Handlungen von der Erfahrung beeinflusst und erst während des Lebens im Gehirn angelegt. Dadurch entstehen dann immer mehr Abläufe im Gehirn, die man schon zu den intelligenten oder bewussten rechnen muss, und die Lebewesen werden anpassungsfähiger. Bei höher entwickelten Tieren beobachtet man bereits „menschliche" Fähigkeiten: Die Benutzung von Werkzeugen, ein ausgeprägtes Sozialverhalten und das Erkennen des eigenen Ich. Diese Fähigkeiten gibt es mehr oder weniger ausgeprägt bei Rabenvögeln, Delfinen, Hunden, Elefanten und Menschenaffen. Wir Menschen können das übrigens erst ab dem dritten Lebensjahr.

Ein Experiment als Beispiel: Malt man einem Tier der genannten Arten, das sich selbst erkennen kann, einen Farbfleck auf die Stirn, und das Tier betrachtet sich im Spiegel, so versucht es aktiv, den Fleck zu entfernen ([39] S.317).

Es fällt Ihnen vielleicht auf, dass „höhere" Fähigkeiten oft dort zu beobachten sind, wo die Tiere ein ausgeprägtes Sozialverhalten haben. Wir werden sehen, dass das kein Zufall ist. Analysieren wir als anderes Beispiel eine schon 100 Jahre alte Beobachtung an einem Schimpansen von Wolfgang Köhler:

Der Schimpanse befindet sich in einem Raum, in dem eine Banane unerreichbar hoch an der Decke hängt. Es steht aber auch eine Kiste im Raum.
- Bei der automatischen Umsetzung der visuellen Eindrücke käme heraus: Banane unerreichbar, Kiste im Raum, Stop.
- Das Gehirn des Schimpansen stellt aber offensichtlich eine Beziehung her zwischen der Höhe der Banane, seiner eigenen Reichweite (als Erfahrungswert im Gehirn gespeichert) sowie der Höhe und der Beweglichkeit der Kiste. Wahrscheinlich aufgrund bestimmter Erfahrungen, die er in seinem Leben schon gemacht oder den Eltern oder Artgenossen abgeschaut hat.
Das Ergebnis ist der Versuch, die Kiste unter die Banane zu schieben und drauf zu steigen, um die Banane zu bekommen.

Parallel zu diesen Anforderungen bzw. Fähigkeiten bei der Höherentwicklung der Tiere hat sich deren Nervensystem entwickelt: Der Anteil für die Speicherung von Lebenserfahrungen und die intelligenten geistigen Abläufe wurde immer größer, verglichen dem Anteil für die automatische Steuerung des Körpers, und beträgt bei höheren Tieren bis zu zwei Drittel der Nervenzellen.

Kollektives Verhalten bei Insekten

Aus Sicht der Emergenz sind bei den Insekten die Dynamik ihrer Zusammenarbeit und das kollektive Sozialverhalten sehr interessant. Wir kennen das von den „Staaten" der Bienen, der Ameisen und der Termiten. Die Biologen nennen diese Staaten *eusoziale* Systeme. Sie sind gekennzeichnet durch das Zusammenleben mehrerer Generation, uneigennütziges (sog. *altruistisches*) Verhalten, eine Arbeitsteilung und dass nicht alle Tiere des Kollektivs sich vermehren. Eusozialität ist bei den Arten der wirbellosen Tieren sehr selten: es gibt sie nur in 15 der 2600 Familien, bei Wirbeltieren ist sie noch seltener ([45] S.136-137). Andererseits sind die eusozial lebenden Insekten ungemein erfolgreich und haben sich über die ganze Welt verbreitet.

Zur Dynamik der Ameisen

Das dynamische Verhalten einer großen Zahl von Ameisen bietet interessante Beispiele für wichtige Eigenschaften und Fähigkeiten von spontan selbstorganisierten Systemen. Es sind geradezu Modellsysteme. Die einzelne Ameise hat dabei als Element sehr einfache Wechselwirkungen mit anderen Ameisen, denn kein Forscher konnte bisher einer einzelnen Ameise irgendetwas beibringen. Aber eine große Gruppe von Tausenden oder Millionen von Ameisen (Beispiel Heeresameisen: bis 20 Mio. Tiere [45]) kann eine Organisation mit sehr eindrucksvollen Leistungen sein. Betrachten wir die Futtersuche einer Gruppe von Ameisen.

Beispiel „Ameisenstraße": Ameisen laufen ständig ungeordnet in ihrem Revier hin und her, solange kein Futter gefunden worden ist. Wenn aber eine von ihnen Futter findet, markiert sie ihre Spur mit Pheromonen, und andere Ameisen folgen dieser Spur und verstärken die Markierung. Je ergiebiger die Futterquelle ist, und je kürzer der Weg dorthin, umso stärker wird die Spur markiert, und um so mehr Ameisen folgen ihr.

Aus Sicht der spontanen Selbstorganisation erkennen wir an diesem Beispiel folgendes: Die Suche nach Futter erfolgt „fern vom thermischen

Gleichgewicht", denn die Ameisen laufen unter Verbrauch von Energie herum, anstatt ohne Energieverbrauch abzuwarten (und vielleicht zu verhungern). Die Suche nach Futter verläuft am Anfang „chaotisch", denn die Bewegungen der Ameisen sind ungeordnet. Erst das gefundene Futter führt zu Ordnung und Struktur, nämlich der Konzentration vieler Ameisen auf den besten Weg zum Futter, die Ameisenstraße. Die chaotische Suche ist „innovativ", denn die Erfolgswahrscheinlichkeit ist viel größer als beim bewegungslosen Abwarten. Die Bewegungsmuster bei der Suche sind symmetrisch in alle Richtungen, erst durch die Konzentration auf den Weg zum Futter erfolgt ein „Symmetriebruch". Den „Keim" zur Ordnung bildet die Ameise, die das Futter gefunden und den erfolgreichen Weg markiert hat. Dabei entsteht aber ein „kritischer Zustand", weil auch andere Ameisen zur gleichen Zeit Futter gefunden haben könnten.

Einen ähnlichen Übergang von chaotischem zu geordnetem Verhalten hat man auch bei Experimenten zu Bewegungs- und Ruhephasen von Ameisen festgestellt ([11] S.116), abhängig davon, ob ein kritischer Wert der Populationsdichte der Ameisen überschritten wird. Bei der erfolgreichen Modellierung und Simulation dieses Verhaltens hat man nur die folgende, sehr einfache Wechselwirkung zwischen den Ameisen verwendet ([11] S.120):

- Jede Ameise beginnt sich spontan zu bewegen und geht nach einer gewissen Zeit wieder in den Zustand der Ruhe über.
- Wenn eine Ameise sich zu einer Stelle bewegt, die dem Platz einer ruhenden Ameise benachbart ist, beginnt sich die ruhende Ameise zu bewegen.

Das Modell ist verwandt mit einem *neuronalen Netz*, dem erfolgreichsten Modell des Gehirns, vgl. Kap. 15. Wir werden sehen, dass auch das Gehirn im Ruhezustand nicht in Ruhe ist, sondern in einem chaotischen Muster von Aktivitäten, fern vom thermischen Gleichgewicht. Das ist ein wichtiger Erfolgsfaktor für seine Leistungsfähigkeit.

Zum kollektiven Sozialverhalten bei Insekten

Die eusozial lebenden Insekten haben bereits ausgefeilte Sozialstrukturen samt zugehörigen sozialen Regeln, diese beruhen aber auf Instinkten bzw. sind neurologisch „fest verdrahtet". Sie haben sich – relativ langsam – durch die Evolution der Gene herausgebildet (vgl. Kap. 13). Man hat versucht, diese Evolution durch die Hypothese von der sog.

Verwandtenselektion mit dem Schlagwort der „egoistischen Gene" zu erklären; diese wird inzwischen aber als biologisch und mathematisch fehlerhaft angesehen ([45] S.167). Ihre Grundformel r • b > c (r Verwandtschaftsgrad, b Nutzen für den Verwandten, c Kosten des altruistischen Verhaltens) konnte nie durchgängig verifiziert werden (([45] S.180). Inzwischen betrachtet man die Evolution eines Insektenstaats als Evolutionslinie der Königinnen, und die Arbeiterinnen werden als roboterhafte Kopien der Königinnenlinie gesehen. Die Königin hat nach dem Hochzeitsflug einen Sperma-Vorrat von unterschiedlichen Drohnen gespeichert, der für eine genetische Vielfalt der Arbeiterinnen sorgt und so die Resistenz gegen Krankheiten im Staat verbessert. Die Königinnen können anfangs fliegen und deshalb auch weit entfernt von ihrem alten Staat einen neuen gründen; dadurch wird die Ausbreitung der Art gefördert. Ein derartiger Insektenstaat mit Königinnen, Arbeiterinnen usw. wird übrigens auch als „Super-Organismus" bezeichnet.

Beispiel Blattschneider-Ameisen: Sie haben das komplexeste soziale System im Tierreich. Sie legen regelrechte Pilzgärten an, die sie ständig ausbauen und pflegen. Der Pilzanbau erfolgt über eine fein abgestimmte Arbeitsteilung, in der jeder der 29 verschiedenen Prozessschritte von einer speziellen Kaste der Tiere ausgeführt wird. Zunächst suchen die Kundschafter in der Umgebung des Nestes nach geeigneten Sträuchern und Bäumen. Sie markieren eine Spur mit Pheromonen, auf der die Ameisen in endlosem Zug von der unterirdischen Nestanlage zu ihren Einsatzort wandern. Transporteure schleppen Blattschnipsel wie aufgespannte Segel zum Nest, doch auf dem Weg lauern Gefahren durch Parasiten, vornehmlich Fliegen. Daher reiten meist kleinwüchsige Leibwächter auf den Blattschnipseln mit und verteidigen die Transporteure gegen Angriffe aus der Luft. Ein von einem Transporteur am Bau abgelegtes Blatt wird von einer kleineren Arbeiterin aufgenommen und in Stücke von etwa einem Millimeter Durchmesser zerschnitten. Diese werden von noch kleineren Arbeiterinnen übernommen, zerkaut, zu kleinen Kügelchen geformt und einem Haufen ähnlichen Materials hinzugefügt. Die Pilzgärten werden von den kleinsten Arbeiterinnen kontrolliert und gepflegt. Das Nest wird bewacht und verteidigt von einer Kaste großer Soldaten.

Und noch ein paar Fakten: Eine Blattschneiderameisen-Königin kann bis zu 150 Millionen Arbeiterinnen zur Welt bringen, von denen jeweils zwei bis drei Millionen gleichzeitig am Leben sind. Eine große Kolonie kann ein Nest von 50 qm Fläche bewohnen, das 8 m tief in den Boden reicht. Sie kann pro Tag soviel Blätter schneiden, wie eine ausgewachsene Kuh Gras frisst. Die Symbiose zwischen den Ameisen und dem Pilz ist so eng, dass beide nicht mehr unabhängig voneinander existieren könnten.

Die genetisch gesteuerte Evolution der sozialen Insekten verlief so langsam, dass sich parallel dazu ihre Umwelt anpassen konnte. Es entwickelte sich beispielsweise ein dynamisches Gleichgewicht mit Fressfeinden wie den Ameisenbären. Die Ameisen haben vor etwa 50 Millionen Jahren ihr heutiges Niveau der sozialen Entwicklung erreicht ([45] S.14). Das ziemlich kleine Gehirn der Insekten, deren Körpergröße durch ihren Chitinpanzer begrenzt ist, ist für die Entwicklung einer komplexeren Sozialstruktur nicht geeignet. Bei den Wirbeltieren sind die sozialen Fähigkeiten das Ergebnis der – relativ schnellen – Evolution ihres großen Gehirns. Der Mensch z.B. hat sich auf der Basis seiner geistigen Fähigkeiten derart schnell entwickelt, dass die Natur zeitlich keine Chance zu einer Ko-Evolution auf genetischer Basis hatte. Deshalb muss sich der Mensch selbst um ein Gleichgewicht mit der Natur kümmern, bzw. um ein „stabiles Ungleichgewicht" [32].

Seit etwa 100 Mio. Jahren haben die Blütenpflanzen mit den Nacktsamern in den warmen und feuchten Regionen der Erde erfolgreich konkurrieren können, unterstützt durch eine Ko-Evolution mit den Insekten, die den Pollen transportiert und damit für die Bestäubung der Blütenpflanzen gesorgt haben. Davon haben rückwirkend auch die Insekten profitiert, ganz unmittelbar die Bienen und indirekt auch die Ameisen, u.a. von ihrer Symbiose mit den Blattläusen in einer „doppelten" Ko-Evolution von Pflanzen, Blattläusen und Ameisen ([45] S.125). Weitere Beteiligte an dieser Entwicklung waren die Vögel, die einerseits wegen der Vielzahl der Insekten mehr Futter hatten und andererseits die Samen vieler Pflanzen „per Luftpost" weit verbreiten können.

Kollektives und Moral-analoges Verhalten bei Wirbeltieren

Bei höheren Tieren kommt zu dem Verhalten aufgrund der ererbten Instinkte mehr und mehr erlerntes oder bewusstes Verhalten aufgrund ihrer geistigen Fähigkeiten und ihrer Erfahrungen hinzu. Die Triebfedern dafür sind wahrscheinlich

- die großen sozialen Anforderungen an die Eltern, weil die Nachkommen eine immer intensivere und längere Pflege und „Ausbildung" benötigen, und das Leben in einer Familie größere Anforderungen an die sozialen Fähigkeiten stellt, sowie
- bei vielen Tierarten das Leben in der Gruppe mit seinen großen Anforderungen an die soziale Kooperationsfähigkeit.

Beides resultiert letztlich in einer Art gegenseitiger Verstärkung, einer Ko-Evolution, von weiter entwickelten Fähigkeiten der Individuen einerseits, die wegen der längeren Lernphase zu einer längeren „Kindheit" führen, und dem dafür notwendigen und dadurch möglichen Leben in Familien und Gruppen andererseits. Unter dem Strich ergeben sich verbesserte Überlebenschancen sowohl für das Individuum als auch für die Gruppe. Die Evolution betrifft in diesen Fällen nicht nur die Individuen, sondern auch die ganze Art. Eine Unterscheidung nach der Evolution der Individuen oder der der Gruppe, oder nach dem Einfluss der Gene oder der geistigen Fähigkeiten ist kaum noch möglich. Die Evolution vieler höherer Tiere ist am Besten als emergente Entwicklung von sozial lebenden Individuen zu verstehen [45].

Wie kann Kooperation entstehen und dauerhaft erhalten bleiben? Entscheidend ist der Nutzen sowohl für das Individuum als auch der für die Art, und beides hängt in komplizierter Weise ab von der eusozialen Lebensweise, der Nahrung und den Lebensbedingungen, sowohl in der Gegenwart als auch während der Entwicklung der Art in der Vergangenheit. Für unsere Fragestellung nach den Ergebnissen des kollektiven Verhaltens reicht es aus, dass es Beispiele für sehr erfolgreiches Gruppenverhalten im Tierreich gibt, das mit der Verbesserung der Fähigkeiten der Individuen Hand in Hand geht.

Beispiele:
- Die Rabenvögel haben sich sehr erfolgreich über die ganze Welt verbreitet und man kann bei ihnen, abhängig von der Art, mehr oder weniger ausgeprägtes eusoziales Verhalten beobachten: Erwachsene Vögel leben oft weitgehend in Einehe, Nester haben sie als Vögel sowieso, und sie bilden mit anderen Individuen mehr oder weniger große Gruppen, die bei der Nahrungssuche Wächter ausstellen. Sie können in einem erweiterten Familienverband mit dem Nachwuchs des letzten Jahres die neue Brut betreuen, helfen sich bei Gefahr gegenseitig, pflegen gegenseitig das Gefieder und können je nach Art sehr gut Geräusche nachahmen. Sie verwenden auf intelligente Weise kleine Äste als Werkzeuge, lassen Walnüsse gezielt aus größerer Höhe fallen oder in der Stadt an Verkehrsampeln von Autos überrollen, unter Beachtung der Rotphasen, um an den Inhalt zu kommen usw. ([31] S.192). Krähen verstecken sehr geschickt Nüsse als Vorräte für den Winter und registrieren die Verstecke offenbar in einer Art kartografischem Gedächtnis ([31] S.187). Sie können andere Krähen individuell erkennen und ihr Verhalten einschätzen, sowie menschliche Gesichter zuverlässig erkennen, sortiert nach Freunden und Feinden, und deren Verhalten so gut wie fehlerlos einordnen. Das alles können sie sich über lange Zeit merken. Sie

können sich sogar taktisch verhalten und dabei schauspielern, insbesondere wenn es um das Verstecken von Vorräten geht.

- Die Gradschnabelkrähen aus Neukaledonien können Werkzeuge in mehreren Schritten einsetzen und dafür geeignete Äste abbrechen und gezielt zu Werkzeugen mit Haken umbauen. Die Herstellung von Werkzeugen ist eine besonders bemerkenswerte Leistung, weil der spätere Zweck schon geplant sein muss ([31] S.215). Diese Fähigkeiten werden sogar an die Nachkommen weiter gegeben: Junge Gradschnabelkrähen lernen ca. zwei Jahre bei ihren Eltern. Krähen haben anscheinend eine sehr hohe Stufe des eusozialen Verhaltens und des Gebrauchs von Werkzeugen im Tierreich erreicht. Das Gehirn der Rabenvögel ist in Relation zu den restlichen Körpermaßen größer als bei den meisten anderen Vögeln.

- Die intelligentesten aller Vögel scheinen Kolkraben zu sein ([31] S.83). Sie sind offenbar auch eine der erfolgreichsten Vogelarten, denn sie haben sich auf der gesamten Nordhalbkugel der Erde verbreitet. Sie werden 40 – 50 Jahre alt und können in diesem langen Leben viel lernen. Es wurde u.a. ein Verhalten beobachtet, bei dem ein zahmer Kolkrabe offensichtlich gezielt einen Hund gefoppt hat, den er laut Anweisung seines Betreuers nicht angreifen durfte. Er ließ sich aber von dem Hund nahe am Boden und kurz vor seiner Nase fliegend spielerisch verfolgen, bis der Hund völlig erschöpft war. Der Rabe hatte dabei offensichtlich eine Vorstellung von der Situation, von sich selbst und vom Hund, die man in der Hirnforschung mit theory of mind kennzeichnet ([31] S.90).

- Soziale Kooperation in einer Gruppe wild lebender Schimpansen [5]: Die beobachteten Gruppen leben im dichten Baumbestand und jagen u.a. andere, kleinere Affen. Damit die Beute nicht von Baum zu Baum entkommt, haben sich bei den Schimpansen für die Jagd Rollen herausgebildet, die von den Individuen flexibel wahrgenommen werden: Treiber, Blockierer und Fänger. Die Blockierer sorgen dafür, dass die Beute nicht über andere Bäume entkommt. Diese Rollen werden während der gemeinschaftlichen Jagd übernommen und ggf. auch geändert. Die Beobachtungen zeigen, dass die Schimpansen ihre Bewegungen und Handlungen laufend abstimmen, und sogar vorhersehen, was demnächst notwendig ist. Am Ende wird die Beute abhängig von der Rolle während der Jagd unterschiedlich aufgeteilt; der Fänger beispielsweise bekommt einen größeren Anteil. Trotz dieser Ungleichverteilung ist die Gruppenjagd im dichten Wald die Regel und nicht die Ausnahme, und die Rolle der Fänger wird abwechselnd von allen beobachteten Individuen übernommen. In anderen Gegenden mit einzeln stehenden Bäumen jagen die Schimpansen dagegen vorwiegend allein.

Weitere Beispiele für Mechanismen der Kooperation, die im Tierreich beobachtet wurden, sind die gegenseitige Bevorzugung von Individuen aufgrund von erhaltenen Vergünstigungen in der Vergangenheit, der Aufbau von persönlichem Ansehen aufgrund der Hilfe für andere

Individuen, bis hin zur Unterstützung der angesehenen Individuen durch Dritte, und Adoption von jungen Schimpansen, auch wenn es nicht die eigenen Jungen sind, durch männliche Schimpansen.

Ganz wichtig ist dabei die Beobachtung, dass altruistische Mechanismen nur dann wirksam werden, wenn die Gruppe so lange stabil bleibt, dass mehrere Zyklen der Kooperation durchlaufen werden.

Beispiel: Bei den bereits erwähnten Putzerstationen in den Korallenriffen wurde beobachtet, dass die Fische, die geputzt werden wollen, wenn der Andrang sehr groß ist ganz diszipliniert eine Warteschlange bilden, bis sie dran kommen. Und einen großen Rochen zu putzen kann drei Stunden dauern.

Im Gegensatz zur Gruppe und ihrer internen Kooperation der Individuen steht das solitäre Leben des einzelnen Individuums oder das von Paaren, wie es von vielen Tierarten her bekannt ist. Wenn es aufgrund der Lebensumstände vorteilhaft oder ausreichend ist, als einzelnes Individuum oder als Paar zu leben, sind kooperierende Gruppen natürlich unnötiger Luxus, vordergründig betrachtet. Wenn sich die Lebensumstände für eine Art aber kurzfristig so ändern, dass nur die Gruppe das Überleben ermöglicht, sind Einzelgänger evolutionär im Nachteil. Und langfristig fördert das Leben in der Gruppe die sozialen Fähigkeiten der Individuen, und damit die Flexibilität und die Fitness sowohl des Individuums als auch der Gruppe. Damit ist die Fähigkeit einer Art zur Bildung von kooperierenden Gruppen evolutionär immer ein Vorteil, und sowohl bei Insekten als auch bei Säugetieren beherrschen die wenigen Arten, die dazu fähig sind, die Welt seit Millionen Jahren. Schon Charles Darwin war der Meinung, dass nicht nur die Anatomie und der Stoffwechsel vererbt werden, sondern auch das Verhalten ([45] S.158).

Aus Sicht der Emergenz ist die Gruppe ein spontan organisiertes System aus Individuen, und die Wechselwirkungen bestehen in den beschriebenen Kooperationen. Beim Beispiel der gemeinsamen Jagd von Schimpansen stellt sich die Frage nach der Art der Wechselwirkung: Geschieht sie rein auf Basis der ererbten Instinkte? Oder sind schon höhere, individuell erworbene Fähigkeiten beteiligt, die innerhalb der Gruppe abgeschaut worden sind, und/oder aus der eigenen Erfahrung stammen? Angesichts der sehr flexiblen und komplexen Kooperation in diesen Gruppen ist letzteres wahrscheinlich. Wenn ja, stammt die Wechselwirkung nicht allein aus den Genen, sondern vor allem aus den Fähigkeiten der geistigen Ebene des Gehirns.

Der evolutionäre Erfolg einer Familie oder Gruppe wird durch das Zusammenwirken und die gegenseitige Unterstützung gefördert. Dadurch bilden sich von selbst Regeln heraus, die dem Individuum Einschränkungen abverlangen, für die Gruppe insgesamt aber positiv sind.

Beispiel: Gut bekannt und bei Tier und Mensch weit verbreitet ist die gegenseitige soziale Fellpflege, die wohl ursprünglich primär der Entfernung von Hautparasiten gedient hat, sich dann aber offensichtlich verselbstständigte, weil es für den Gepflegten angenehm ist. Sie verstärkt offensichtlich auch die Bindung von Paaren oder andere soziale Beziehungen bei vielen Tieren und Menschen. Inzwischen hat sie sich beim Menschen im Bereich Massage und Wellness schon zu einem Wirtschaftsfaktor weiter entwickelt.

Diese Regeln bewirken ein Moral-analoges Verhalten, das sich beim Menschen teilweise zur Ethik und zum bewussten moralischen Verhalten weiterentwickelt hat. Zu diesen Regeln gehört auch meist eine Bevorzugung der Mitglieder der eigenen Gruppe und die Ablehnung von Mitgliedern anderer Gruppen, was für das Überleben in Mangelsituationen wahrscheinlich notwendig war. Im Fall ausreichender Versorgung könnte dies Verhalten aber in den Hintergrund treten. Wie schon Berthold Brecht schrieb: „Erst kommt das Fressen, dann kommt die Moral". Aus der gerade geschilderten Sicht ist das allerdings etwas einseitig, denn meist erfordert schon bei höheren Tieren der Schutz der Jungen oder der gemeinsame Nahrungserwerb Moral-analoges Verhalten. Die „Wir und die Anderen" Regel wurde und wird bedauerlicherweise seit Jahrtausenden und auch noch in der Gegenwart von politischen und kirchlichen Organisationen missbraucht, um ihre Bürger bzw. Gläubigen zu binden, ihre eigene Macht zu vergrößern, von eigenen Problemen abzulenken oder aus einer fanatischen weltanschaulichen Einstellung heraus. „Der gemeinsame Feind ist einer der stärksten Anreize für das Gemeinschaftsgefühl" ([39] S.310).

Auch das einzelne Individuum profitiert von der Gruppe: Bei Primaten wurde ein eindeutiger Zusammenhang zwischen der Größe und Komplexität des Großhirns und der Größe und Komplexität der Beziehungen in der sozialen Gruppe festgestellt, in der die Art lebt. Die Komplexität der Beziehungen wird stark von der Paarbindung und der Monogamie bestimmt; beide stellen hohe Anforderungen an das Gehirn. Komplexität und Intensität der Beziehungen bei Gruppen und Paaren machen komplizierte Verhandlungen zwischen den Individuen notwendig, die offenbar einen großen Druck auf die Entwicklung des Gehirns ausgeübt haben [39]. Besonders ausgeprägt sind die eusozialen

Beziehungen bei den friedlicheren Verwandten der Schimpansen, den Bonobos [42].

Abschließend möchte ich noch eine ganz anderes Beispiel des selbstorganisierten Verhaltens erwähnen, das primär dem Schutz der Individuen gilt: Die großen Schwärme von kleinen Vögeln oder Fischen. Es gibt viele tolle Aufnahmen davon, und es ist sehr eindrucksvoll, welch komplizierte und überaus dynamische Formationsflüge beispielsweise ein großer Schwarm Stare an den Himmel zaubern kann. Dabei ist ihre Zusammenarbeit relativ einfach: Das Verhalten von Schwärmen ist ein emergentes Phänomen, das aus der Wechselwirkung von benachbarten Individuen resultiert. Das ist vergleichbar mit der lokalen Wechselwirkung zwischen individuellen Spins in einem Ferromagneten, die zu einer spontanen Magnetisierung führen kann.

Beispiel: Bei der Beobachtung und Simulation von Starenschwärmen im Projekt STARFLAG des ISC in Rom hat folgendes Modell die beste Übereinstimmung ergeben:

- Jeder Star orientiert sich an der gemittelten Richtung seiner sieben nächsten Nachbarn, unabhängig von der Dichte der Vögel im Schwarm.

- Jeder Star achtet auf einen bestimmten Abstand von seinen Nachbarn, nach vorn etwas mehr als seitlich.

- Jeder Star korreliert die Änderungen seiner Fluggeschwindigkeit mit der seiner Nachbarn. Die Reichweite der Korrelation wächst proportional zur Größe des Schwarms.

Bei der Simulation entwickelt sich mit diesem Modell spontan aus einer ungeordneten Bewegung der Individuen eine geordnete Bewegung des Schwarms, wenn eine ausreichend große Anzahl von Staren betrachtet wird. Obwohl die Wechselwirkung nur zwischen nächsten Nachbarn wirkt, pflanzen sich Störungen von außen – z.B. eine Änderung der Richtung, wenn sich ein Raubvogel nähert – im gesamten Schwarm fort.

Das Ergebnis dieses selbstorganisierten Verhaltens nennt man auch Schwarmintelligenz.

15. Das Gehirn des Menschen

Das Gehirn ist ein Paradebeispiel eines emergenten Systems, zusammengesetzt aus mehr als 10 Mrd. Nervenzellen, die vielfältig miteinander wechselwirken. Die Nervenzellen sind ab der Geburt vorhanden. Ihre Verbindungen werden aber lebenslang auf- und abgebaut, abhängig von den Erfahrungen des Menschen. Das Gehirn ist von der Evolution her auf massiv parallele Verarbeitung von Sinneseindrücken und gespeicherten Inhalten optimiert, mit einer Realzeitfähigkeit im Bereich von Bruchteilen von Sekunden, und hat ein gewaltiges Speichervermögen. Es setzt die materiellen Ebenen in die geistige Ebene um. Die Fähigkeiten des Gehirns machen die Persönlichkeit eines Menschen aus.

Das menschliche Gehirn zusammen mit dem Nervensystem ist ein extrem komplexes und leistungsfähiges System. Seine wesentlichen Elemente sind die Nervenzellen. Die wichtigsten Wechselwirkungen zwischen den Nervenzellen sind ihre erregenden oder hemmenden Signale, die Beeinflussung der Verbindungen untereinander durch die Häufigkeit der Benutzung und der Auf- und Abbau der Verbindungen. Seine Elemente und ihre elementaren Wechselwirkungen sind von der Logik her übersichtlich und relativ gut verstanden. Eine exakte Theorie zur Funktion des Gehirns gibt es bisher nicht; das erfolgreichste Modell, das Neuronale Netz, ist ein empirisches Modell. Womit wir beim Thema sind: Die enorme Leistungsfähigkeit des Gehirns beruht offensichtlich auf der selbstorganisierten Zusammenarbeit der Nervenzellen, bis hin zu den Sinnesorganen, und die dadurch erzeugten emergenten Fähigkeiten sind geradezu unglaublich. Für die Selbstorganisation sprechen auch die Anzeichen für einen kritischen Zustand: Das Gehirn hat sich durch seine eigene Dynamik so entwickelt, dass es nahe an der Grenze zum Chaos arbeitet, wo auch kleine Änderungen rasch wirksam werden und sich schnell ausbreiten können. Eine wichtige Bedingung dafür ist übrigens, das die Signalstärke der Verbindungen zwischen den Nervenzellen, der sog. *Synapsen*, sinkt, wenn sie mehrfach hintereinander benutzt werden (http://www.ds.mpg.de/148475/research_report_470058?c=148874).

So wie bei einem Sandhaufen im kritischen Zustand ein einziges zusätzliches Sandkorn eine Sandlawine auslösen kann, kann das Signal einer Nervenzelle im kritischen Zustand des Gehirns eine Lawine von Signalen anderer Zellen und damit eine verstärkte Reaktion auslösen. Ein weiterer Hinweis auf den kritischen Zustand ist der große

Energieverbrauch des Gehirns: Er beträgt, weitgehend unabhängig von der Beanspruchung, je Gewichtseinheit etwa das Zehnfache des Energieverbrauchs des restlichen Körpers im Ruhezustand. Das ist der Preis für die ständige Bereitschaft, seine enorme Leistungsfähigkeit in kritischen Situationen ohne Zeitverzug abzurufen. Ein anschauliches, vergleichbares Beispiel dafür ist der relativ hohe Aufwand von Ameisen im Zustand „Futtersuche", vgl. Kap. 14.

Beispiel: Man kann mit Hilfe eines EEGs beobachten, dass im ganzen geruchsempfindlichen Bereich des Gehirns eines Hasen, wenn er einen Geruch wahrnimmt, systematische, sich wiederholende Muster von elektrischen Erregungen auftreten. Aber auch in Ruhe, ohne besondere Geruchswahrnehmung, ist dieser Bereich von elektrischen Erregungen erfüllt, aber vom Typ „deterministisches Rauschen", sozusagen im „stand by" Betrieb ([11] S.113).

Es gibt aber offensichtlich einen großen Unterschied zur Selbstorganisation in der unbelebten Welt: Die Selbstorganisation des Nervensystems findet nur zum Teil vor der Geburt des Lebewesens statt. Von Beginn an zum Leben notwendig und deshalb vor und bei der Geburt bereits vorhanden sind die autonomen vegetativen Fähigkeiten zur Steuerung bestimmter Grundfunktionen wie atmen, der Herzschlag und der Stoffwechsel, sowie eine Grundausrüstung zum Überleben. „Ab ins Wasser" heißt es bei frisch geschlüpften Meeresschildkröten, „Schnabel aufsperren, wenn wer kommt" bei Jungvögeln und ein Saugreflex ist beim Säugetier-Jungen von Anfang an da. Abhängig von der Entwicklungsstufe des Lebewesens findet aber ein großer Teil der Selbstorganisation in der individuellen Entwicklung während des gesamten Lebens durch das *Lernen* statt, beim Menschen der weitaus größte Teil.

Zum Aufbau des menschlichen Nervensystems

Das leistungsfähigste Nervensystem im Tierreich ist das des Menschen; es ist ganz offensichtlich das Ergebnis einer Ko-Evolution von immer neuen Herausforderungen und laufend verbesserten Fähigkeiten. Herausforderungen wie die für das Überleben, die soziale Zusammenarbeit und später durch die Kultur der menschlichen Gesellschaft; Fähigkeiten wie zählen, rechnen, sprechen, schreiben und lesen, zeichnen, malen usw., die entwicklungsgeschichtlich „brandneu" sind. Im Rahmen der europäischen Kultur kam die polyphone Musik hinzu, die Mathematik sowie die Natur- und Geisteswissenschaften, die Bedienung von Maschinen und Computern usw. Diese aus Sicht der Evolution brandneuen Fähigkeiten waren und sind noch nicht in den Genen vorbereitet, sondern Sache des Gehirns und müssen von jedem Individuum jeweils neu erlernt werden.

Das Nervensystem des Menschen besteht aus mehr als 10^{10} Nervenzellen, eine unglaublich große Zahl! Obwohl es beim erwachsenen Menschen nur etwa 2 % des Körpergewichts ausmacht, verbraucht es etwa 20 % der Ruheenergie. Die einzelne Nervenzelle besteht aus dem Zellkörper mit einem langen Fortsatz, dem Axon, und vielen kurzen Fortsätzen, den Dendriten, vgl. Bild 28. Der Zellkörper ist das Zentrum für den Stoffwechsel und die Informationsverarbeitung der Nervenzelle. Das Axon kann sehr lang sein, z.B. bei den Nerven, die die Skelettmuskeln steuern. Es hat weitere Fortsätze, deren Enden mit Synapsen bestückt sind. Die Synapsen stellen den Kontakt zu anderen Nervenzellen her, entweder am Zellkörper oder an den Dendriten. Wenn eine Nervenzelle ein Signal abgibt („feuert"), so läuft das Signal entlang des Axons und versorgt alle angeschlossenen Synapsen. Das Signal kann andere Nervenzellen erregen oder hemmen. Wenn eine Nervenzelle Signale von einer oder mehreren anderen Nervenzellen bekommt, so feuert sie selbst wieder, und zwar erregend oder hemmend abhängig davon, ob es bei den etwa gleichzeitig eingegangen Signalen der anderen Zellen eine Überschuss der einen oder anderen Art gibt.

Die Signale einer Nervenzelle sind interessanterweise nicht analog, sondern digital in Form von kurzen Impulsen. Jede stärker das Signal ist, umso mehr Impulse werden pro Zeiteinheit ausgesandt. Selbst in Ruhezustand sendet eine Nervenzelle ab und zu Impulse.

Die Geschwindigkeit der Reizleitung auf den Axonen hat sich im Laufe der Evolution ständig vergrößert und beträgt inzwischen bis zu ca. 120 m/s. Es sei noch angemerkt, dass 90 % der Zellen des Gehirns sog. Gliazellen sind. Das sind zwar keine Nervenzellen, sie ermöglichen den Nervenzellen aber eine rasche Signalweiterleitung und versorgen sie mit Nährstoffen.

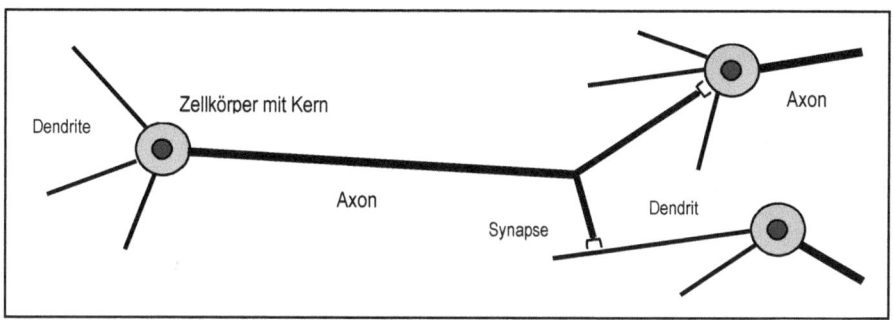

Bild 28 Grundsätzlicher Aufbau einer Nervenzelle, und der Verbindungen zu zwei anderen Nervenzellen, einmal mit einer Synapse am Zellkörper und einmal mit einer Synapse am Dendrit (schematisch)

Die Nervenzellen sind von ihrer Bauweise her sehr flexibel: Es sind mehrere Eingänge und Ausgänge für die Verarbeitung der Signale möglich, und es gibt erregende und hemmende Signale. Sie könnten deshalb sowohl die schrittweise („sequentielle") Informationsverarbeitung unterstützen, wie auch die *assoziative*, parallele Verarbeitung.

Die physikalischen Grundlagen der Informationsverarbeitung sind im Hinblick auf die einzelne Nervenzelle schon recht gut geklärt. Was aber bei der Zusammenarbeit der Nervenzellen geschieht, und wie das Gehirn als System funktioniert, ist noch weitgehend unklar. Gründe dafür sind die riesige Zahl der beteiligten Elemente des Nervensystems: Die mehr als 10^{10} Nervenzellen des menschlichen Gehirns sind durch etwa 10^{14} Synapsen miteinander verbunden, jede Nervenzelle im Mittel mit 1000 anderen, abhängig von der Aufgabe auch mit 10 000 anderen Nervenzellen. Die meisten wichtigen Verarbeitungsprozesse werden von ca. 100 – 1000 Nervenzellen gleichzeitig ausgeführt. Auch die Zahl der Sensoren für Reize aus der Umwelt ist sehr groß: Ca. 10^8 Photorezeptoren je Auge, ca. 15 000 Hörzellen je Ohr, ca. $3 \cdot 10^6$ Rezeptoren der Haut für Schmerz, Druck, Wärme, Kälte usw., ca. 10^8 Rezeptoren für Geschmack und Geruch usw. Und jeder dieser Rezeptoren liefert Reize mit bis zu 1000 Impulsen pro Sekunde!

Die Schätzungen der Speicherkapazität des menschlichen Gehirns variieren zwischen 10^3 und 10^6 Gigabytes. Allerdings wird die Information im Gehirn nicht exakt und linear gespeichert wie in einem Computer, sondern durchläuft einen komplexen mehrstufigen Lernprozess, bei dem das Gehirn versucht, unwichtige Information zu verwerfen und wichtige Informationen hierarchisch auf Basis bereits vorhandener Gehirnstrukturen und ihrer gespeicherten Inhalte zu organisieren. Die Kapazität des Gehirns ist riesengroß, man schätzt, dass sie normalerweise nur zu etwa 10% genutzt wird. Die Zahl der Nervenzellen ist bei der Geburt schon festgelegt. Beim erwachsenen Menschen bilden sich im Gehirn keine neuen Nervenzellen mehr, von ganz wenigen Ausnahmen abgesehen. Es ändern sich, abhängig von der Beanspruchung, nur die Funktion und Zahl der Synapsen, das Volumen des Zellkörpers oder auch die großräumige Zuordnung der Verarbeitung im Gehirn.

Die vorrangige Herausforderung für das Nervensystem ist offensichtlich die geordnete Bewältigung der gewaltigen Flut von gleichzeitigen Reizen der Sinnesorgane und der gespeicherten Informationen. Und das muss auch noch sehr schnell geschehen, in Bruchteilen von Sekunden. Denn man musste ja schneller sein als der Feind oder die Beute. Auch heute noch muss man rasch reagieren, wenn das Auto vor einem unerwartet bremst. Das geht wegen der relativ langsamen Verarbeitung der einzelnen Reize durch die Nervenzellen nur mit massiv paralleler und assoziativer Verarbeitung der Information.

Betrachtet man die Nervenzellen und ihre Funktion, so liegt es nahe, sich ihre Zusammenarbeit im Gehirn so vorzustellen, wie die der Schaltelemente in einem Computer. Die Anzahl der Nervenzellen im menschlichen Gehirn ist auch durchaus vergleichbar mit der Anzahl der Schaltelemente sehr großer Computer. Auch die beobachtete Verarbeitungsleistung des Gehirns ist vergleichbar mit der Verarbeitungsleistung großer Computer, obwohl die Schaltkreise der Computer sehr viel schneller sind als die Nervenzellen des Gehirns. Trotz dieser Vergleichbarkeit gibt es aber einen großen Unterschied zwischen der Informationsverarbeitung im Gehirn und der im Computer: Der normale Computer arbeitet ein Programm schrittweise (sequentiell) in einem Prozessor ab, und holt Programm und Daten aus einem dafür spezialisierten Speicher. Wegen dieser Art der Verarbeitung ist jedes Schaltelement im Mittel nur mit etwa drei bis einigen zehn anderen Schaltelementen verbunden, abhängig von ihrem Integrationsgrad.

Das Gehirn verarbeitet die Information aber offensichtlich parallel. Dafür spricht die sehr große mittlere Anzahl der Verbindungen zwischen den Nervenzellen, seine sehr große Leistungsfähigkeit trotz der relativ langsamen „Schaltelemente" und natürlich die stammesgeschichtlich gewachsenen funktionellen Anforderungen.

Das bisher beste Modell für die Funktion des Gehirns ist, wie schon angedeutet, das Neuronale Netz.

Neuronales Netz und Lernen

Grundlage für das Modell des neuronalen Netzes sind die Nervenzellen und ihre Verbindungen. Weil die einzelnen Nervenzellen relativ langsam sind, ist die enorme Leistungsfähigkeit des Gehirns ausschließlich bei massiv parallelen Verbindungen der Nervenzellen verständlich, und bei nur geringer logischer Verarbeitungstiefe. Die Verarbeitung muss ja auch noch unter Realzeit-Bedingungen geschehen, d.h. in Bruchteilen von Sekunden Ergebnisse liefern, damit das Lebewesen reagieren kann. Weil oft das Überleben davon abhängig war und ist. Das betrifft sowohl die sensorischen Wahrnehmungen selbst, die Umsetzungen und die Integration der Wahrnehmungen, das Erkennen komplexer Muster und die Integration von Gedächtnisinhalten. Mit dem Modell des neuronalen Netzes kann man diese Leistungsfähigkeit plausibel machen. Das Netz stellt dabei sowohl die Verarbeitungsleistung wie auch die Speicherkapazität zur Verfügung.

Mit „Mustern" sind im Hinblick auf das Gehirn die Objekte der Wahrnehmung gemeint, seien sie visuell, auditorisch, sensorisch, gedanklich, oder auch gespeicherte Objekte aus dem Gedächtnis. Typisch für neuronale Netze ist, dass sie die Fähigkeit zur Mustererkennung und die Regeln dafür erst durch lange „Schulung" erlernen müssen. Lernen steht hier stellvertretend für die Selbstorganisation des Gehirns während des Lebens. Die erlernten Fähigkeiten gelten danach mit einer gewissen Zuverlässigkeit nur für den Bereich der erlernten Vorbilder. Für „neue" Muster ist das Ergebnis der Verarbeitung nicht sicher vorhersagbar; sie müssen für eine sichere Verarbeitung erst noch erlernt werden.

Beispiel: Ein neugeborenes Kind bringt offenbar eine Grundausrüstung für die Mustererkennung mit auf die Welt, denn es kann sehr früh die Gesichter der Menschen individuell erkennen, die es versorgen.

Im Unterschied zu der beschriebenen Arbeitsweise des neuronalen Netzes kann man einen Computer programmieren, d.h. seinen Speicher sehr schnell mit einem vorbereiteten Programm und den Daten dafür füllen. Der Nachteil des programmierbaren Computers ist, dass er Lösungen nur dann finden kann, wenn der Lösungsweg durch eine Rechenvorschrift, einen sog. Algorithmus, vorgegeben ist. Ein neuronales Netz oder das Gehirn finden aber auch dann eine Lösung, wenn es keinen klaren Lösungsweg gibt oder nur unscharfe Regeln dafür, oder wenn komplexe Muster zu erkennen sind. Seine Arbeitsweise ist außerdem um viele Größenordnungen weniger fehleranfällig als die eines Computers.

Das Gehirn muss aber lernen, und zwar jedes Gehirn eines jeden Lebewesens aufs Neue. Und das dauert bei uns Menschen viele, viele Jahre lang. Das können wir bei Babys beobachten, und als Kinder und Schüler haben wir das auch selbst erlebt. Deshalb ist ein stimulierendes Umfeld und eine positive Motivation für die Gehirnentwicklung im Baby- und Kindesalter enorm wichtig. Und natürlich auch später noch …

Beispiel: Schon Charles Darwin hat beobachtet, dass das Gehirn von Hasen und Kaninchen, die in einem leeren Stall aufwachsen, um 15 – 30 % kleiner und entsprechend weniger leistungsfähig ist, wie das ihrer Artgenossen in der freien Natur ([39] S.54).

Wie funktioniert das nun mit dem Lernen im Neuronalen Netz bzw. im Gehirn? Im Prinzip beispielsweise wie folgt (sog. *Hebbsche Regel*): Wenn ein Axon der Nervenzelle A die Zelle B erregt und wiederholt und dauerhaft dazu beiträgt, dass die Zelle B „feuert", so resultiert dies in Wachstumsprozessen oder Veränderungen des Stoffwechsels in einer oder in beiden Zellen. Das hat zur Folge, dass die Wirkung von Zelle A in Bezug auf die Erzeugung eines Aktionspotentials in Zelle B größer wird. Das bedeutet: Je häufiger Zelle A gleichzeitig mit Zelle B aktiv ist, umso bevorzugter werden die beiden Zellen aufeinander reagieren ("what fires together, wires together") und eine bevorzugte Verbindung miteinander haben. Es sind im Gehirn aber noch andere Mechanismen des Lernens bekannt, wie z. B. den Aufbau oder Abbau von Synapsen. Oder etwas mehr IT-lastig formuliert: „ … basiert das Lernen darauf, dass Input-Output-Beziehungen immer wieder durchgespielt werden und die Verbindungen der Synapsen im Netzwerk sich langsam so verändern, dass der richtige Output mit immer größerer Wahrscheinlichkeit hervorgebracht wird" ([37] S.62).

Beispiel: Für die Erziehung von Kindern und vergleichbare Lehrmethoden kann man daraus ableiten, dass das Gehirn besser durch konkrete Beispiele und Vorbilder lernt, als nach abstrakten Anweisungen, was es lernen sollte.

Auch die stammesgeschichtliche Entwicklung des Gehirns legt die Notwendigkeit der Parallelarbeit der Nervenzellen nahe: Bis zur Entdeckung der Mathematik und Physik waren beim Menschen keine umfangreichen numerischen Rechnungen gefragt, oder andere sequentielle Prozesse, sondern nur die schnelle Umsetzung, Verarbeitung und Speicherung vieler paralleler Reize und Signale gleichzeitig.

Beispiel: Bei der visuellen Wahrnehmung werden die Bilder, die von den Augen dem Gehirn auf dem Kopf stehend dargeboten werden, wieder auf die Füße gestellt, und das für die Reize aller Sehzellen gleichzeitig. Außerdem wird aus den beiden zweidimensionalen Bildern der beiden Augen im Gehirn eine dreidimensionale Vorstellung von der Umwelt aufgebaut. Und beide Schritte möglichst in Echtzeit, und immer wieder aufs Neue. Das sind phantastische Leistungen!

Nachdem das Gehirn von Anfang an auf die parallele Verarbeitung optimiert war, ist es plausibel, dass es diese Fähigkeit dann auch für die stammesgeschichtlich späteren Anforderungen an höhere Funktionen wie soziale Interaktionen, Anfertigung und Gebrauch von Werkzeugen, Sprache, Musik usw. weiter ausgebaut hat.

Zum Aufbau des Gehirns

Es gibt im Gehirn des Menschen viele spezialisierte Bereiche wie beispielsweise das Kleinhirn, das die Feinmotorik und die Koordination der Bewegungen des Körpers sowie die der Sprache automatisch steuert. Auch im Großhirn gibt es Schwerpunkte der Verarbeitung wie das Sehzentrum oder die Koordination aller Sinneseindrücke im sog. Hippocampus. Viele funktionelle Zuordnungen in der Großhirnrinde sind aber nicht starr festgelegt, da sie von Mensch zu Mensch anders sein können, die Reize meist in mehreren Hirnregionen gleichzeitig verarbeitet werden, und auch größere Änderungen möglich sind, wenn sich die Anforderungen an die Verarbeitungsleistung ändern.

Beispiele:

- Bei professionellen Geiger/innen ist der Bereich des Großhirns, der die vier Finger der linken Hand steuert, fünfmal so groß wie beim normalen, nicht als Geiger ausgebildeten Menschen ([39] S.322)
- Es wurde beobachtet, dass das Sehzentrum eines blinden Menschen für die Verarbeitung der Blindenschrift benutzt wird, obwohl die Reize dafür vom Tastsinn kommen.

Für eine kurze Beschreibung des Gehirns ist es deshalb wichtiger, sich auf die Funktionen zu konzentrieren, als auf ihre Lokalisierung im Gehirn. Die Funktion des Gehirns wird durch die Verbindungen der Nervenzellen bestimmt. Die Verbindungen werden aufgrund der Häufigkeit der Benutzung aufgebaut und gestärkt. Wenig benutzte Verbindungen werden aber auch wieder abgebaut oder geschwächt, um häufig benutzten Verbindungen mehr Raum zu geben. Das geschieht während des ganzen Lebens. Bei der Geburt ist schon eine Vielzahl von Verbindungen vorhanden, die für die lebensnotwendigen Fähigkeiten des Babys gebraucht werden. In den ersten zehn Lebensjahren werden dann, gesteuert von den Erfahrungen, besonders viele neue Verbindungen aufgebaut, um das Gehirn möglichst flexibel zu halten. Soziale Faktoren können dabei einen großen Einfluss haben. Ab der Pubertät werden, abhängig von der Benutzung, zahlreiche wenig benutzte Verbindungen wieder gekappt, weil sich das Gehirn mehr und mehr auf die Bedürfnisse des Erwachsenen spezialisiert. Für diese etwas eingeschränkten Fähigkeiten gewinnt es allerdings erheblich an Leistungsfähigkeit.

Beispiel Sprache: Bei der Geburt kann ein Baby subtile Unterschiede in den Lauten sämtlicher Sprachen erkennen und alle Sprachen auch rasch und vollkommen erlernen. Im ersten Lebensjahr entwickelt sich im Gehirn dann die Fähigkeit, die Unterschiede der Laute der Muttersprache bevorzugt zu erkennen. Diese Spezialisierung führt dazu, dass die Fähigkeit zur Erkennung anderer subtiler Unterschiede in anderen Sprachen teilweise verloren geht.

Das Großhirn ist das Zentrum unserer Wahrnehmungen, unseres bewussten und unbewussten Denkens, Fühlens und Handelns. Im Großhirn herrscht eine Arbeitsteilung zwischen verschiedenen Bereichen; die wichtigsten sind:

- *Sensorische Bereiche*: Sie verarbeiten Erregungen, die von den Nerven der Sinnesorgane kommen,
- *Motorische Bereiche*: Sie aktivieren Muskeln und regeln willkürliche Bewegungen,

- *Gedanken- und Antriebsbereiche*: Sie liegen im vorderen Teil des Gehirns und sind wahrscheinlich die Zentren des Denkens und Erinnerns.

Um das Ergebnis aller neueren Forschungen gleich vorweg zu nehmen: Die Steuerung unseres Körpers und unser Geist sind das emergente Ergebnis der Zusammenarbeit von Milliarden von Nervenzellen, funktionell strukturiert in mehrere kooperierende Hirnregionen, insbesondere von Regionen im Großhirn.

Wie kann man feststellen, welche Bereiche des Gehirns welche Funktionen ausführen? Es gibt dafür nur wenige, grobe und ziemlich indirekte Möglichkeiten: Wenn ein Bereich des Gehirns verletzt oder ausgefallen ist, oder durch eine Operation beeinflusst wurde, kann man in günstigen Fällen die Ausfallerscheinungen den betroffenen Bereichen zuordnen.

In neuerer Zeit kann man mit Hilfe der funktionellen Magnetresonanztomografie (fMRT) aktive Bereiche des Gehirns mit guter räumlicher Auflösung darstellen, wenn man Versuchspersonen innerhalb eines speziellen kleinen Tomografen für den Kopf bestimmte Aufgaben oder Überlegungen ausführen lässt. Angezeigt wird die erhöhte Durchblutung, die mit dem erhöhte Stoffwechsel der aktiven Bereiche des Gehirns verbunden ist. Durch den Vergleich mit einer Untersuchung im Ruhezustand kann man erkennen, wo die Nervenzellen stärker beansprucht sind. Die fMRT-Messungen und ihre Interpretation sind allerdings nicht einfach und fehleranfällig: Die Untersuchungsaufgabe muss mehrfach wiederholt werden, um ein Bild zu bekommen, die zeitliche Auflösung ist gering und die Aktivität der Nervenzellen kann nur indirekt aus den Veränderungen des Stoffwechsels abgeleitet werden. Von einer Messung spezifischer Aktivitäten in Realzeit ist die Methode noch weit entfernt.

Mit einem Elektroenzephalogramm (EEG) kann man nur außen am Kopf rhythmische Schwankungen der elektrischen Potentiale des gesamten Gehirns feststellen, und daraus praktisch keine Information über seine detaillierten Funktionen gewinnen.

Zur Arbeitsweise des Gehirns

Die stammesgeschichtlich wichtigste Tätigkeit des Gehirns besteht in der Wahrnehmung der externen Reize, ihrer Bewertung und Verarbeitung und der Umsetzung in Handlungen. Dabei besteht die primäre Anforderung für das Überleben in der schnellen Umsetzung aller Sinnesreize in ein realistisches und stets aktuelles Abbild von der Umwelt im Gehirn. Um das zu erreichen, muss die gewaltige Flut der externen Reize zunächst komprimiert und bewertet werden. Ein Teil der Reize erreicht das Gehirn deshalb gar nicht, ein anderer Teil erreicht es, wird aber nicht bewusst, zumindest nicht sofort (vielleicht später in einem Traum?). Nur die als wichtig bewertete Essenz aller Sinneseindrücke wird bewusst, wenn möglich mit passenden gespeicherten Informationen des Gehirns ergänzt und im Fall dringender Handlungen sofort weiter verarbeitet. Die Reize der unterschiedlichen Sinnesorgane werden miteinander in einem kleinen zentralen Bereich des Gehirns, dem sog. Hippocampus, vernetzt. Reize, die in der Umwelt zusammen gehören, werden auch im Gehirn in benachbarten Bereichen verarbeitet.

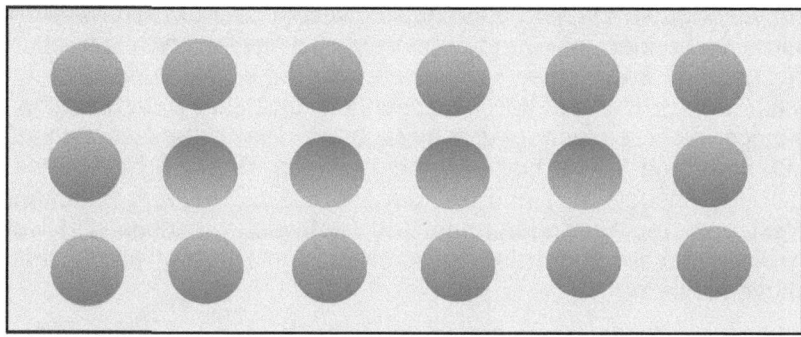

Bild 29: Beispiel zur Voreinstellung des Gehirns bei der visuellen Wahrnehmung. Die kleinen Scheiben wirken dreidimensional, außen im Bild als Erhebungen, innen als Vertiefungen. Was ändert sich, wenn Sie das Bild auf den Kopf stellen?

Die Auswertung der externen Reize im Gehirn wird durch die Erfahrung beeinflusst. Erfahrungen im Fall der visuellen Wahrnehmung sind, dass die Gegenstände nicht auf dem Kopf stehen, wie ihr Abbild auf der Netzhaut, oder dass das Licht meist von oben kommt. Ein Beispiel dazu zeigt Bild 29. Diese Beeinflussungen der Wahrnehmung erfolgen automatisch, unterhalb der Schwelle des Bewusstseins.

Die Wahrnehmung von Reizen wird schon in frühen Stufen der Verarbeitung priorisiert, z.B. durch die vom Gehirn zugeordnete Aufmerksamkeit. Die Aufmerksamkeit ist oft ein Ergebnis der Erinnerung an gefährliche Erlebnisse, oder geprägt von speziellen Interessen oder von der emotionalen Situation des Wahrnehmenden. Diese Bewertung hat zur Folge, dass dem mit Aufmerksamkeit besetzten Teil der Reize besonders viel Verarbeitungsleistung zur Verfügung gestellt wird, und anderen Teilen entsprechend weniger.

Auch die Speicherung der Wahrnehmungen wird von den Erfahrungen und der emotionalen Situation beeinflusst. Die Bewertung, Filterung und Ergänzung von Wahrnehmungen hat große Vorteile bei der schnellen Reaktion auf wichtige externe Situationen, früher für das Überleben in der Wildnis, heute z.B. im Straßenverkehr. Sie kann aber auch nachteilig sein wie im Fall der sog. *selektiven Wahrnehmung*, einem gefährlichen Gegenspieler der objektiven Wahrnehmung, die für zutreffende Erkenntnisse in der Wissenschaft, in der menschlichen Gesellschaft und auch bei jedem einzelnen Menschen unabdingbar ist.

Die selektive Wahrnehmung funktioniert folgendermaßen: Wenn ein bestimmter Inhalt der Wahrnehmung besondere Aufmerksamkeit erregt hat, merkt man sich diesen und weitere Ereignisse dieser Art bevorzugt, z.B. Handlungen von Menschen, die andersartig zu sein scheinen. Die besondere Wahrnehmung verstärkt sich auf diese Weise von selbst, und vergleichbare „normale" Wahrnehmungen werden schneller vergessen. Früher oder später hält man das Besondere dann für die Regel, auch wenn es nur aufgrund einer emotionalen Situation bei einer frühen derartigen Wahrnehmung selektiert worden ist.

Beispiel: Mit der beginnenden Motorisierung in der Zeit des Wirtschaftswunders sind auch Frauen zunehmend Auto gefahren. Anfangs war das etwas Besonderes, und Fahrfehler von Frauen wurden gern von männlichen Fahrern selektiv wahrgenommen, beispielsweise mit der Redensart „Frau am Steuer, ungeheuer!" Und lange gespeichert, weil es ein besonderes Ereignis war. Vergleichbare Fahrfehler von Männern wurden weniger beachtet, „business as usual". Als subjektives Ergebnis blieb in Erinnerung, dass Frauen nicht so gut Auto fahren wie Männer.

Besonders gut funktioniert dieser Mechanismus bei eindrucksvollen und seltenen Ereignissen, die sich zu Sensationen oder sogar *Wundern* entwickeln können, besonders mit der Nachhilfe einer entsprechenden

„Lobby" wie den Medien bzw. den Kirchen. Durch die unzureichend kontrollierte selektive Wahrnehmung entsteht ein falscher Eindruck. Es gibt sie bei einzelnen Menschen, die sich selbst gegenüber nicht kritisch genug sind, besonders aber bei Gruppen, in der sich die selektive Wahrnehmung selbstorganisiert verstärken kann.

Es ist eine besonders erstaunliche Leistung des Gehirns, dass es Objekte aus allen Bereichen der Wahrnehmung ganzheitlich erkennen kann, z.B. visuell Gesichter (aber erst nach ausreichender Übung). Es gibt auch spezialisierte Bereiche für die parallele Bearbeitung von wichtigen Aufgaben, bei der visuellen Wahrnehmung beispielsweise die Erkennung allgemeiner Objektmerkmale (z.B. Smileys als Symbole für Gesichter) und individueller Objekte (z.B. die Gesichter der Eltern bei Babys), sowie die Wahrnehmung von Bewegungen. Dabei erfolgt die Verarbeitung der Reize und die automatische Steuerung von dringenden Handlungen parallel zueinander.

Eine besondere Herausforderung für das Nervensystem ist die Auswertung der akustischen Reize für den Aufbau eines akustischen Abbilds der Umwelt im Gehirn. Das ist deshalb sehr viel schwieriger als bei den optischen Reizen, weil die verfügbare Information dafür nicht sehr reichhaltig ist: Sie besteht nur aus Frequenzen, Lautstärken und sehr geringen zeitlichen Unterschieden der Signale von beiden Ohren. Darum wird diese kritische Information in der Zusammenarbeit von Innenohr und Gehirn bestmöglich aufbereitet. Es gibt dafür eine hochsensible Rückkopplung, sozusagen einen nichtlinearen Verstärker mit variablem Verstärkungsfaktor für die akustischen Reize. Hier eine kleine Expertise dazu:

Das menschliche Gehör leistet höchst Erstaunliches: Junge Menschen können über ein Spektrum von 10 Oktaven Töne wahrnehmen, die sich in ihrer Frequenz lediglich um 0,2 % unterscheiden – und das bei einer zeitlichen Auflösung von 6 bis 10 Mikrosekunden! (Fledermäuse erreichen sogar 10 Nanosekunden). Erstaunlich ist auch, wie empfindlich unser Gehör ist: Das Ohr vermag akustische Schwingungen mit einer Amplitude von weniger als 0,1 Nanometern festzustellen. Es funktioniert aber auch dann noch, wenn der Schalldruck eine Million Mal stärker ist. Dass das Ohr diesen großen Intensitätsbereich mit so hoher Empfindlichkeit verarbeiten kann, ist das Resultat einer nichtlinearen aktiven Verstärkung der akustischen Signale, die mit maximaler Wirkung an der Grenze zur Instabilität arbeitet. Im Innenohr gibt es das sog. Corti-Organ mit den inneren und äußeren Haarzellen Die inneren Haarzellen nehmen die akustischen Schwingungen wahr und übersetzen sie in Nervenimpulse. Diese gelangen über den Hörnerv in den Teil des Großhirns, der die akustischen Reize verarbeitet. Von dort führen Rückkopplungen zurück in das Innenohr und verstärken über die äußeren Haarzellen die Schallsignale im Innenohr. Diese aktive Verstärkung wirkt allerdings uneingeschränkt nur bei geringen Schallintensitäten. Für mittlere Intensitäten nimmt die Verstärkung kontinuierlich ab, und ab einer gewissen Intensität hört die aktive Verstärkung ganz auf. Die rückgekoppelten Schwingungen der äußeren Haarzellen, die sog. oto-akustischen Signale, kann man messen, und damit das Modell verifizieren.

Die Empfindlichkeit für optische oder akustische Reize ist über einen sehr großen Intensitätsbereich optimal gewährleistet, mit einem Faktor von ca. 10^8 bei optischen bzw. 10^6 bei akustischen Reizen. Dabei arbeiten Auge bzw. Ohr und Gehirn eng zusammen. Bei dieser Fähigkeit hilft auch die sog. Adaption, bei der für einen dauerhaften Reiz konstanter Stärke die Empfindlichkeit für Änderungen der Wahrnehmung an diese Stärke angepasst wird, d.h. der „Messbereich" wird auf diese Stärke als Mittelwert verschoben.

Schwierig für das Gehirn ist das Verstehen der erst spät in der Evolution entstandenen Sprache; und es gibt dafür eigene hoch spezialisierte Bereiche. Man merkt das z.B. daran, dass Babys zwar mit einem Jahr laufen, aber erst mit zwei Jahren sprechen lernen. Eine „Grundausrüstung" für die Sprache ist aber offenbar schon in den Genen angelegt, weil es die akustische Kommunikation stammesgeschichtlich schon recht lange gibt. Im Übrigen werden Sprache und Musik im menschlichen Gehirn als „nahe Verwandte" behandelt.

Die Schrift dagegen ist stammesgeschichtlich noch so neu, dass sie nicht in den Genen vorbereitet ist. Die Fähigkeit zu lesen ist ebenfalls so neu, dass sie erst nach entsprechender Übung mit Hilfe der Erkennung der Sprache und der Objekterkennung in das Gehirn integriert werden kann. Man geht heute davon aus, dass beim Lesen zunächst sowohl die Buchstaben als auch ganze Worte wahrgenommen werden, und dann parallel zueinander die Buchstaben in die zugehörigen Laute der Sprache umgesetzt und die Worte als Objekte identifiziert werden, soweit sie bereits im entsprechenden Objektgedächtnis enthalten sind. Wenn ein Wort dort noch nicht verfügbar ist, muss es mit Unterstützung des Gedächtnisses für die Laute der Sprache buchstabiert werden. Beim Lesen einer Schrift mit komplizierteren Mustern als unsere Buchstaben, wie den Zeichen der chinesischen Schrift, sind die Arbeitsschritte im Gehirn sicher etwas anders, denn die Einheiten für das „Buchstabieren" sind komplexer, und die Schriftzeichen, die unseren Silben entsprechen, sind meist auch Einheiten der semantischen Bedeutung.

Eine kleine Ergänzung für die Anpassungsfähigkeit des Gehirns: Bei den Menschen, die regelmäßig die Blindenschrift lesen, ist im Gehirn der dafür benutzten Fingerkuppe ein vergrößerter sensorischer Bereich zugeordnet.

Das Gedächtnis

Die Kontakte zwischen den Nervenzellen werden durch Informationen, mit denen sie sich befasst haben, verändert. Das ist der Schlüssel für die Funktion des Gedächtnisses. Das Gehirn kann individuelle Wahrnehmungen und Erfahrungen aller Art speichern, verarbeiten und wieder abrufen. Die Verarbeitung wird offenbar auch unbewusst sowie im Schlaf fortgesetzt; es gibt Untersuchungen, dass das Gedächtnis unter zu wenig Schlaf leidet. Selten oder nicht benutzte Informationen werden auch wieder gelöscht (d.h. vergessen). Die beobachtete Arbeitsweise des Gedächtnisses legt es nahe, dass die Speicherung und der Zugriff auf die benötigten Inhalte einerseits parallel, und andererseits assoziativ erfolgt, also nicht über eine „Adresse" des Inhalts, sondern über den Inhalt selbst. Die Verfügbarkeit der Inhalte hängt dabei primär von der Häufigkeit der Zugriffe ab. Das hat zur Folge, dass man sich manchmal an länger nicht benutzte Worte nicht mehr erinnert, obwohl man weiß, was man sagen will. Wichtige Worte kann man aber durch „Eselsbrücken" oder Reime besser erinnerbar machen, weil die Wahrscheinlichkeit, dass man sich an einen Gedächtnisinhalt erinnert, offenbar mit der Zahl der Nervenzellen steigt, die bei der Speicherung beteiligt waren und bei der Suche beteiligt sind.

Beispiel: Ich konnte mich vor einiger Zeit an das Wort „Magnolie" immer wieder nur mühsam erinnern. Seitdem ich erst an die „Sternmagnolie" denke, die mir zuverlässig sofort einfällt, ist dann auch die „Magnolie" präsent.

Auch ganzheitliche Objekte wie Bilder, Klangobjekte oder Tonfolgen, häufige motorischen Abläufe und komplette geschriebene Worte können als vorgefertigte Bausteine gespeichert werden. Das Gehirn kann die gespeicherten Objekte dann wieder aus dem Gedächtnis abrufen und in die Verarbeitung einbauen, was sowohl für die schnelle Erkennung der Umwelt hilft, als auch, um schnelle Reaktionen oder rasche zutreffende Antworten möglich zu machen.

Beispiel: Neue Bewegungsabläufe werden anfangs durch das Großhirn gesteuert, und mit zunehmender Übung dann im Kleinhirn als Bewegungsmuster gespeichert.

Das Erkennen der Umgebung oder der Situation eines Lebewesens kann dadurch beschleunigt werden, dass einige wenige „Eckdaten" der Wahrnehmung zunächst mit schnell verfügbaren passenden Inhalten aus dem Gedächtnis ergänzt werden. Das Gehirn kann dafür nicht nur Sinneseindrücke, sondern auch „eigene" Gedanken, Objekte und Vorstellungen speichern und wieder verwenden.

Die Speicherung im Gedächtnis erfolgt in mehreren Stufen mit unterschiedlichen Haltezeiten. Die wichtigsten Stufen und ihre Haltezeiten sind:

Das sog. sensorische Gedächtnis mit weniger als einer Sekunde Haltezeit. Es speichert umfangreiche Sinneseindrücke, die aber auch schnell wieder verloren gehen können.

Das Arbeits- oder Kurzzeitgedächtnis mit weniger als einer Minute Haltezeit zur Speicherung von visueller und verbaler Information. Es hat eine begrenzte Kapazität. Bei der Aufnahme in das Arbeitsgedächtnis wird der neue Inhalt auf seine Bedeutung hin analysiert, und es wird versucht, Verbindungen zu bereits gespeicherten Inhalten herzustellen. Auch die Aufmerksamkeit und die aktuellen Gefühle spielen eine wichtige Rolle bei dieser Speicherung: Erfahrungen mit emotionalem Inhalt oder in emotional geprägten Situationen bleiben besser im Gedächtnis haften als Dinge, zu denen man keine besondere Beziehung hat. Diese Bewertung ist übrigens eine Basis für die selektive Wahrnehmung. Bei der Aufnahme von Information in diese Stufe des Gedächtnisses wird nur die Stärke der vorhandenen Synapsen verändert. Besonders furchterregende Eindrücke werden direkt ins Langzeitgedächtnis durchgereicht, denn die Erinnerung an Angst und Schrecken war für das Überleben wichtiger als die angenehmen Erinnerungen.

Das Langzeitgedächtnis mit Haltezeiten von Jahren. Bei der Aufnahme von Information in diese Stufe des Gedächtnisses werden neue Verbindungen zwischen den Nervenzellen gebildet. Für die Überführung von neuen Gedächtnisinhalten in das Langzeitgedächtnis und das Bewahren der Informationen ist das Üben unerlässlich. Üben besteht im mehrfachen bewussten Abrufen von Informationen vom Langzeit-gedächtnis zurück ins Arbeitsgedächtnis, mit Pausen dazwischen. Das Langzeitgedächtnis besteht aus verteilten Bereichen im Gehirn für die unterschiedlichen Arten der zu speichernden Information und hat eine praktisch unbegrenzte Kapazität. Wenn man etwas vergessen hat, so ist die Information meist nicht „weg" oder „überschrieben", sondern der Zugriff ist wegen der Konkurrenz mit anderen, in jüngerer Zeit häufiger verwendeten Informationen gerade nicht präsent.

Je länger die Haltezeit ist, umso geringere Teile der ursprünglichen Information werden gespeichert.

Die beschriebene Funktion des Gedächtnisses ist offenbar schon sehr alt: Schon bei der Meeresschnecke Aplysia funktioniert die Aufnahme ins Langzeitgedächtnis durch mehrfaches Wiederholen mit Pausen dazwischen, wie gerade beschrieben ([39] S. 321).

Damit bekommt der Vergleich der Arbeitsweise eines Schülers mit der einer Schnecke in der Pädagogik einen überraschend positiven Bezug im Hinblick auf die Methode des Lernens ;-)

„Wie wirklich ist die Wirklichkeit"?

Auf die bekannte Frage von Paul Watzlawick gibt es viele mögliche Antworten. Beispielsweise diese: Die physikalische Welt ist real, sie besteht ganz offensichtlich unabhängig von unserer Wahrnehmung (vgl. die Anmerkungen zur Erkenntnistheorie im Kap. 1). Die Fähigkeit des Gehirns, durch die Verwertung von Erfahrungen und Nutzung gespeicherter Objekte die Wahrnehmung zu beschleunigen, führt aber hin und wieder zu Wahrnehmungen, die falsch zu sein scheinen, sog. *Sinnestäuschungen*. Es ist aber nicht angemessen, wegen ein paar Sinnestäuschungen in speziellen Fällen gleich die gesamte Wahrnehmungsfähigkeit des Gehirns zu bezweifeln. Man kann ja einen irreführenden visuellen Eindruck meist mit anderen Sinnen überprüfen, z.B. eine visuelle Wahrnehmung mit dem Tastsinn. Wer einmal beobachtet hat, wie kleine Kinder ihre Welt mit allen Sinnen untersuchen, der weiß, dass diese Überprüfungen ganz normal sind.

Beispiel: Wenn ein Kleinkind einen neuen Gegenstand betrachtet, berührt und beklopft es ihn auch gleich noch ein paar Mal ganz leicht. Das tut es offenbar, um außer den visuellen Eigenschaften des Gegenstands gleich noch die statischen und dynamischen Eigenschaften mit zu untersuchen.

Außerdem kann man ja auch die eigenen Sinneseindrücke verbal mit denen anderer Leute vergleichen, wenn man mehr Sicherheit braucht.

Im Bereich der Gefühle ist in diesem Zusammenhang die sog. *Hedonische Adaption* wichtig, auch „Gefühlsbremse" genannt. Bei starken Empfindungen gibt es einen Ablauf im Gehirn, der die Gefühle ziemlich schnell nivelliert: Sowohl großes Glücksgefühl als auch großes Leid gehen bald in einen Zustand der Normalität über. Die Geschwindigkeit der Anpassung kann man in gewissem Umfang durch bewusste Akzeptanz oder aber Blockade beeinflussen, besonders im Fall des Leids. Die Empfindung von Glück oder Unglück beruht deshalb sehr stark auf der Wahrnehmung der Änderung des eigenen Zustandes. Wenn man diesen Mechanismus nicht berücksichtigt, können beispielsweise die eingeebneten Glücksgefühle einen Zustand der Leere oder Unzufriedenheit erzeugen. Dem kann man aber mit den Mitteln der Vernunft begegnen, oder auch dadurch, dass man sich neuen, sinnvollen Erlebnissen und Herausforderungen stellt. Drogen sind da nur das sprichwörtliche „kurieren am Symptom", und keine nachhaltige Lösung für die Gefühle.

Automatische, unbewusste und bewusste Abläufe

Es wurde schon erwähnt, dass die Verarbeitung im Nervensystem auf mehreren Ebenen stattfindet: Automatisch z.B. im vegetativen Nervensystem und im Kleinhirn; unbewusst offenbar bei geringer Aufmerksamkeit oder im Schlaf. Ein sehr großer Teil der Abläufe im menschlichen Gehirn ist aber offensichtlich den „bewussten", d.h. den vom Menschen selbst erlebten und beeinflussbaren Vorgängen gewidmet, wie wahrnehmen, verstehen, beurteilen, entscheiden, empfinden und erinnern, bis hin zu solch erstaunlichen Fähigkeiten wie Innovationsfähigkeit und Inspiration.

Setzt bewusstes Denken die Fähigkeit der Sprache voraus? Offenbar nicht, denn denken muss nicht unbedingt verbal sein. Mathematiker denken vermutlich oft mehr in Kategorien der Mathematik, Musiker empfinden häufig Melodien und Harmonien, Träume entsprechen meist mehr Bildern oder Erlebnissen usw. In welchen Kategorien man denkt oder empfindet, ist wahrscheinlich bei den Menschen unterschiedlich ausgeprägt, abhängig davon, welche Kategorie sie mehr benutzt haben.

Die Fähigkeiten zu denken und zu sprechen verstärken sich aber offensichtlich gegenseitig, und die Erfindung der Sprache hat auch generell die Fähigkeiten des menschlichen Gehirns enorm verstärkt. Man kann von einer Ko-Evolution der Fähigkeiten des Gehirns und der kulturellen Entwicklung der Menschen ausgehen, der Sprache, der Musik, Schrift, Kunst, Mathematik und Naturwissenschaften. Beide Entwicklungen haben sich gegenseitig verstärkt. Der Preis dafür ist, dass der Zeitbedarf für die „Schulung" des Gehirns mit der kulturellen Entwicklung laufend wächst, oder eine Spezialisierung notwendig ist.

Offensichtlich ist der Mensch nicht das einzige Lebewesen, bei dem bewusste Vorgänge im Gehirn ablaufen, denn sowohl die bereits erwähnte Benutzung von Werkzeugen als auch die Kommunikation und Kooperation bei einigen Tierarten ist ohne die bewusste Wahrnehmung und flexible Beurteilung von Situationen, sowie entsprechende Entscheidungen und Auswahl von Alternativen des Handelns nicht vorstellbar.

Etwas schwieriger erscheint die Antwort auf die Frage, wie es zum Bewusstsein seiner selbst als einem Individuum kommt. Reicht dazu schon die Erfahrung, zwischen Ich und Du unterscheiden zu können, indem man z.B. mit dem Finger die eigene oder fremde Brust berührt? Weil das Ich „die Bedingung (ist), die alles Denken begleitet" (Immanuel Kant). Oder muss man sich dafür das Bewusstsein der eigenen Gedanken oder Emotionen erwerben gemäß „cogito, ergo sum" nach René Descartes? Auf jeden Fall ist die Unterscheidung zwischen dem Ich und den Anderen unabdingbar für soziale Interaktionen, weil wir dabei laufend die eigene Situation zur Situation der anderen in Beziehung setzen müssen ([39] S.222). Da es bei höheren Tieren häufig ausgeprägte soziale Interaktionen gibt, kann man damit auch umgekehrt deren Bewusstsein ihrer selbst begründen.

Ein Beispiel dazu: Patienten, bei denen aus therapeutischen Gründen der sog. Balken zwischen den beiden Hälften des Gehirns durchtrennt worden ist, scheinen zwei mehr oder weniger getrennte Persönlichkeiten zu haben ([9] S. 87).

Das Bewusstsein ist offenbar eine kollektive Leistung des ganzen Gehirns, denn ein Zentrum des Bewusstseins lässt sich im Gehirn nicht feststellen ([9] S.85). Abschließend möchte ich dazu noch Stephen Hawking zitieren: „Bewusstsein ist keine Eigenschaft, die man von außen messen kann. (...) Ich ziehe es vor, von Intelligenz zu sprechen – diese (...) kann man von außen messen" (nach [28] S.213).

Innovation und Inspiration

Als besonders bemerkenswerte Leistung unseres Gehirns wird immer die Fähigkeit zur Innovation und Inspiration betrachtet, also über die etablierten Denkgewohnheiten hinaus etwas sehr Neues zu denken. Es ist schwierig, allgemein zu definieren, was das ist und wie es funktioniert. In Wissenschaft und Technik kennt man dafür aber bestimmte Methoden, beispielsweise:

- Man verknüpft bekannte Tatsachen, Verfahren o.ä. aus gänzlich unterschiedlichen Wissensbereichen miteinander zu einer Verbesserung, an die bisher keiner gedacht hat.
- Eine an sich bekannte Tatsache oder ein Verfahren gewinnt in einem stark veränderten Umfeld unerwartet eine viel größere Bedeutung als davor, und wird nun als innovativ wahrgenommen.

Beides sind Leistungen, die wir nach den bisher dargestellten Fähigkeiten dem menschlichen Gehirn durchaus zutrauen können; das fällt nicht aus diesem Rahmen. Interessant ist in diesem Zusammenhang auch, dass sich innovative „Aha-Erlebnisse" oft erst dann einstellen, wenn man sie nicht sucht, oder etwas ganz anderes tut, wie spazieren gehen. In der Regel hat man sich aber im Vorfeld mit diesem Thema bewusst und intensiv beschäftigt. Diese Erfahrung legt es nahe, dass das Gehirn mit einem Thema nach einer Phase intensiven bewussten Nachdenkens noch autonom beschäftigt sein kann, indem es die Information z.B. ordnet, bewertet oder verknüpft.

Beispiele:
- Man sagt oder denkt oft bei schwierigen Entscheidungen: „Da muss ich noch mal eine Nacht drüber schlafen".
- Mozart, der sich ständig mit Musik beschäftigt hat, soll gesagt haben: „Wenn ich wohlauf und guter Dinge bin, wenn ich nach einer guten Mahlzeit eine Ausfahrt mache oder spazieren gehe oder wenn ich nachts nicht schlafen kann, drängen sich die Gedanken nur so in meinem Geiste. Wie und woher kommen sie? Ich weiß es nicht und habe damit nichts zu tun. Die mir gefallen, behalte ich im Kopf ...".

16. Die menschliche Gesellschaft

Die Wechselwirkungen der Menschen untereinander werden primär durch seine geistigen und kulturellen Fähigkeiten bestimmt, weniger durch seine Instinkte. Seine rasche Evolution in den letzten 100 000 Jahren hat vor allem im Gehirn stattgefunden, weniger in den Genen. Die Entwicklung von Ethik und Moral der Menschen hat in der westlichen Welt mit der raschen wissenschaftlich-technischen Entwicklung nicht Schritt gehalten.

Alles wie in der Natur?

Beim Verhalten der mehr als 7 Mrd. Menschen in der Welt, insbesondere als Völker, religiöse Gemeinschaften oder Zuschauermassen in Fußballstadien ist sehr häufig kollektives Verhalten zu beobachten.

Beispiel La Ola, die Welle: In einem möglichst voll besetzten Stadion (dem System) beginnt ein Block von ca. 30 Zuschauern (der Keim) die Welle, indem alle gleichzeitig aufstehen und die Arme hochreißen. Nach einem oder mehreren Versuchen (Hinweis auf kritischen Zustand) entsteht eine nach rechts umlaufende Welle, wenn jeder Zuschauer sich an den Zuschauern direkt links und vor ihm orientiert, ebenfalls aufsteht und die Arme hochreißt (kollektiver, strukturierter Ablauf, verbunden mit Symmetriebruch).

Im Gegensatz zur spontanen Selbstorganisation in der Natur aufgrund des Wirkens der Naturgesetze sind die Wechselwirkungen der Menschen untereinander, als Elemente des Systems menschliche Gesellschaft oder seiner Teilsysteme, nicht unmittelbar durch die Naturgesetze bestimmt und nur zum kleinen Teil durch instinktives ererbtes Verhalten. Die Wechselwirkungen zwischen den Menschen werden überwiegend auf der geistigen Ebene von den sozialen Regeln zwischen den Individuen, den Instanzen der Gesellschaft und ihrer Kultur bestimmt. Dazu gehören angeborene und erworbene Verhaltensmuster, ethische und religiöse Überzeugungen, Vorgaben durch Gesetze und Normen, und das alles auf der Basis eines Grundverständnisses von ihrer Welt. Erste Ausprägungen von sozialen Regeln sind schon beim Verhalten von Rabenvögeln oder Schimpansen in freier Wildbahn zu beobachten. Bei der Evolution des Homo sapiens haben sie sich ebenfalls herausgebildet. Der Schwerpunkt lag dabei auf der Seite des empathischen Verhaltens, aber aggressives

Verhalten war, abhängig von der Situation der Menschen, ebenfalls mit in seinem Repertoire. Es ist deshalb interessant, die menschliche Gesellschaft aus der Sicht der Selbstorganisation zu analysieren.

Weil diese Sichtweise vielleicht etwas ungewöhnlich ist, hier noch einmal in kurzer Form das Modell der menschlichen Gesellschaft unter dem Aspekt der Emergenz. Die Elemente sind die Menschen, das System ist die Gesellschaft oder Teile davon, und die Wechselwirkungen werden bestimmt durch die Regeln für den Umgang miteinander auf Basis eines gemeinsamen Grundverständnisses von der Welt, einer verbindlichen Ethik, den Gesetzen usw.

Die Fähigkeiten des menschlichen Geistes haben in Europa seit der Aufklärung, und später auch anderswo, neue und beschleunigende Kräfte in die Welt gebracht, insbesondere durch die Ko-Evolution von Wissenschaft und Technik. Bedauerlicherweise hat die Entwicklung einer des Menschen würdigen Ethik und Moral mit dieser schnellen Entwicklung bisher nicht Schritt gehalten. Das hat dazu geführt, dass die technischen Möglichkeiten leichtfertig oder von Demagogen häufig verantwortungslos missbraucht wurden und werden.

Beispiele:
- Seit Jahrhunderten gibt es viele regionale und globale Kriege aus religiösen oder demagogischen Gründen, um Land oder Bodenschätze zu erobern, oder auch nur, um die Macht der Mächtigen noch zu vergrößern.
- Durch riesige schwimmende Fang- und Fischverarbeitungsanlagen ist der größte Teil der Weltmeere seit Jahrzehnten fast völlig leer gefischt worden. Eine Einigung im Sinne einer nachhaltigen „Bewirtschaftung" der Meere war bisher national und international nicht möglich, von wenigen Ausnahmen abgesehen. Aus Sicht jedes vernünftig denkenden Menschen wäre das aber notwendig gewesen, denn es hätte allen Beteiligten weltweit größere Fangquoten gebracht, als die egoistische und kurzsichtige Überfischung.
- Die sog. Finanzkrisen, die seit 2008 in immer neuen Wellen die USA und die Euro-Länder erschüttern, sind offensichtlich das Ergebnis von verantwortungslosen Finanzspekulationen der Banken, insbesondere ihrer Investment-Sparten. Die überwiegende Ursache ist die hemmungslose Gier der Banker nach maximalen Renditen, verbunden mit der Erwartung, dass die Steuerzahler die Verluste übernehmen werden, wenn die Spekulationen scheitern und die Bank „systemrelevant" ist. Dieses Verhalten wird durch die Politiker begünstigt und gedeckt, weil sie von den Krediten der Banken abhängig sind, in der Euro-Zone die flexiblen Wechselkurse der Währungen abgeschafft haben und nur bis zum Ende der jeweiligen Legislaturperiode planen.

Es gibt noch weitere gravierende Unterschiede zu den Verhältnissen in der Natur: Im Vergleich zu den Zeiträumen von Jahrmillionen, die die Natur für die Evolution einschließlich der Selektion zur Verfügung hatte, ist die Zeit für die Entwicklung der menschlichen Gesellschaft extrem kurz. Viel zu kurz, um das Ergebnis der Wirkung von Mutation und Selektion oder eine der schneller wirkenden Mechanismen für die Veränderung der Gene zu sein. Die Probleme der menschlichen Gesellschaft sind in der Ebene des Geistes entstanden und müssen dort auch gelöst werden.

Die Evolution ist wertfrei und nicht zielgerichtet, deshalb kann es dabei zu größeren Fehlentwicklungen kommen oder katastrophalen Ereignissen, die das Aussterben ganzer Arten zur Folge haben. Die Natur hat das verkraftet, aber im Fall der menschlichen Gesellschaft ist es moralisch bedenklich und für die betroffenen Menschen höchst unerwünscht.

Durch die raschen Fortschritte der Technik und die Konzentration von Reichtum bekommen kleine Gruppen und sogar Einzelpersonen immer mehr Macht und die Mittel, um sehr viele andere Menschen zu beherrschen, zu töten oder anderes Unheil anzurichten. Dazu gehören nicht nur militärische Macht, sondern auch politische Macht, die Macht zur egoistischen Ausbeutung natürlicher Ressourcen oder anderer Länder, und die Möglichkeit, nicht umkehrbare Schäden in der Umwelt anzurichten.

Die Selbstorganisation in der menschlichen Gesellschaft basiert überwiegend auf Verhaltensregeln, die die Menschen selbst festlegen und interpretieren, und nicht unmittelbar auf den Naturgesetzen. Aus Sicht des hierarchischen Aufbaus der Welt also auf den Funktionen des Gehirns, die die emergenten kollektiven Fähigkeiten des menschlichen Geistes möglich gemacht haben. Das verändert die Möglichkeiten und Wirkungen der Selbstorganisation in der menschlichen Gesellschaft grundlegend und dramatisch. Wenn man allerdings nach einem durchgängigen und allgemein akzeptierten Modell oder einer Theorie zur Funktion der menschlichen Gesellschaft sucht, findet man – von wenigen Ausnahmen abgesehen – je nach Perspektive nur ein Chaos oder ein Vakuum. Der Philosoph und Naturwissenschaftler William C. Wimsatt sagt dazu: „... for cultural evolution (of mankind), a development perspective is even more urgently needed than in biology"[47]. Eine der wichtigsten Fragen lautet heute, „... wie sich eine blühende Wirtschaft mit einer humanen Gesellschaft in Einklang bringen lässt" ([42] S.13).

Die Evolution zum Homo sapiens

Die Entwicklung zum Homo sapiens verlief als selbstorganisierter Vorgang der Evolution nicht zielgerichtet, etwa direkt auf uns zu als die „Krone der Schöpfung", sondern sie hat sich aufgrund von geeigneten Chancen und glücklichen Umständen so ergeben. Trotzdem ist die Richtung der Entwicklung kein blinder Zufall – wie nach „Darwin" zu vermuten – sondern das Ergebnis der kollektiven, meist synergetischen Evolutionsschritte und den dadurch bedingten Erfolgsfaktoren. Auch wenn es für viele von uns nicht leicht zu akzeptieren ist: „ ... dass das Universum primär gar nicht für ihn konstruiert wurde, sondern dass er in dieser Welt nur als Zaungast logiert, geht dem Menschen immer noch gegen den Strich" ([15] S. 137). Unser Dasein bietet aber genügend Möglichkeiten, es überlegt und zielstrebig mit sinnvollen und befriedigenden Inhalten zu füllen und damit nachträglich zu zeigen, dass der Mensch ein gutes Ergebnis der Evolution ist. Auf jeden Fall hat der Mensch den evolutionären Durchbruch geschafft, sich von den Engpässen und Problemen seiner Umwelt weitgehend unabhängig zu machen. Er hat sogar große Teile der Welt weitgehend nach seinen Bedürfnissen gestaltet, mit allen Vor- und Nachteilen: „Die Befreiung von Umweltzwängen ist kein Freibrief für den Umgang mit der Umwelt" ([30] S.190),

Vor etwa 1,8 Mio. Jahren hat der Homo erectus von Afrika aus Europa und Asien besiedelt. Er war bereits sehr anpassungsfähig. Sein erfolgreichster Abkömmling war der Homo sapiens, dessen Spuren man seit etwa 180 000 Jahren feststellen kann. Zunächst daheim in Afrika, und später weltweit. Seine Entwicklung war weitgehend eine Evolution der Fähigkeiten des Gehirns. Eine Evolution der Gene hat in dieser Zeit, die für eine genetische Evolution sehr kurz ist, die Evolution des Gehirns höchstens ergänzt, z.B. zur Verbesserung der Resistenz gegen Krankheiten, die Laktose-Verträglichkeit von Erwachsenen usw. Das Gehirn des Homo sapiens hatte bereits vor ca. 50 000 Jahren eine Kapazität und eine funktionelle Potenz erreicht, die seither als Basis für die rasche Evolution der menschlichen Fähigkeiten und Kulturen ausreichend war.

Beispiele:
- Adoptierte Kleinkinder von Aborigines in moderne Familien in Australien haben sich zu kompetenten Mitgliedern der modernen Gesellschaft entwickelt, obwohl die

Abstammungslinien der Kinder sich vor ca. 45 000 Jahren von denen seiner Adoptiveltern getrennt hatten! ([45] S.99)
- Die durchschnittlichen Persönlichkeitsmerkmale in der Bevölkerung unterscheiden sich zwischen Burkina Faso und der USA kaum, die Bandbreite der individuellen Merkmale ist viel größer ([45] S.100)
- Die Persönlichkeitstypen variieren in 49 verschiedenen, weltweit untersuchten Kulturen etwa im vergleichbaren Ausmaß. Die gängigen Stereotype über Rassenunterschiede treffen demnach nicht zu [40].

Die wichtigsten Stufen in der Evolution vom Säugetier bzw. Primaten zum Menschen dürften die folgenden gewesen sein:
- Die Entwicklung einer Körpergröße, die für ein genügend großes Gehirn ausreicht (z.B. im Vergleich zu den Insekten).
- Der Wechsel aus dem proteinarmen afrikanischen Regenwald in die Savanne mit ihren großen Herden jagdbarer Tiere. Er war verbunden mit dem aufrechten Gang für mehr Übersicht im Gelände und der Entwicklung einer ausreichenden Schnelligkeit und vor allem Ausdauer zur Verfolgung der Tiere, und um den Wanderungen der Herden folgen zu können. Als Anpassung bildete sich das Fell zurück und die Zahl und Funktion der Schweißdrüsen nahm zu; „kein anderes Säugetier verfügt über eine derart wirksame Kühlung" ([33] S.106). Hinzu kommt die Entwicklung greiffähiger und vielseitig nutzbarer Hände. Außerdem waren die Verhältnisse in den afrikanischen Savannen während der Entwicklung der Menschen über mehr als sechs Mio. Jahre relativ stabil, im Unterschied zu anderen Erdteilen, auch wenn sich die tierreiche Klimazone ab und zu nord- oder südwärts verschoben hat ([33] S.137).
- Die Folge war eine bessere Ernährung und ein höherer Proteinanteil in der Nahrung, ein Vorteil insbesondere für schwangere und stillende Frauen. In Kombination mit einer gemeinsamen Betreuung konnten die Frühmenschen vier- bis fünfmal so viele Kinder erfolgreich aufziehen wie die Schimpansen ([31] S.48; [33] S.114).
- Die Bildung von Großfamilien und Gruppen mit entsprechender Kooperation der Individuen bei der Jagd. Das ist sonst bei Säugetieren selten: Nur bei einigen Affenarten, bei Löwinnen, bei afrikanischen Wildhunden und bei Wölfen, abhängig von den jahreszeitlichen Bedingungen für die Jagd.
- Beherrschung und Nutzung des Feuers (seit etwa 1,5 Mio. Jahren).
- Nutzung von dauerhaften Lagerstätten (seit etwa 1 Mio. Jahren), und dadurch die Herausbildung der Arbeitsteilung. Beides war mit

entsprechenden eusozialen Herausforderungen verbunden, und erforderte gut durchdachte Regeln zum Schutz des Eigentums ([1] S. 180).

Beispiele:

– Die Bewältigung der Konflikte, die mit dem ständigen Zusammenleben auf engem Raum verbunden waren.

– Die Unterstützung der genetisch verankerten sexuellen Anziehung durch eusoziale geistige Fähigkeiten, um eine jahrelange Partnerschaft möglich zu machen. Diese war für die immer längere Betreuung der Kinder notwendig. Zusammen mit den sozialen Kompetenzen wurde daraus die Liebe.

Die genannten Stufen der Evolution waren primär das Ergebnis einer Ko-Evolution der menschlichen Fähigkeiten mit den Möglichkeiten der lang anhaltenden guten Lebensbedingungen in der afrikanischen Savanne und den Herausforderungen der sozialen Beziehungen der Frühmenschen untereinander.

Die Arbeitsteilung bei der Jagd und in den Lagerstätten hatte eine spontane Selbstorganisation der dabei zweckmäßigen Aufgaben und Rollen zur Folge. Insbesondere die vielfältigen Aufgaben und Beziehungen in einer Gruppe, die in einem Lager zusammen lebt, brachten große Herausforderungen im Hinblick auf die soziale Kompetenz, und damit einen Schub für die Weiterentwicklung des Gehirns. Dauerhafte Lagerstätten und die damit verbundenen Vorräte und Jagdreviere werden beansprucht und bei Nahrungsmangel oder Revierkonflikten auch verteidigt, um das Überleben der Gruppe zu sichern. Revierbesitz ist ja auch bei vielen anderen Tierarten ein entscheidendes instinktives Bedürfnis und ein wichtiges Ziel.

Die wichtigsten sozialen und kulturellen Einflussfaktoren für die Evolution vom Frühmenschen zum Homo sapiens dürften die folgenden gewesen sein:

• Die sozialen Herausforderungen in der Familie, wegen der immer längeren Kindheit und der dafür notwendigen jahrelangen Betreuung durch die Eltern und andere Mitglieder der Gruppe, und die damit mögliche Weitergabe von (Lebens-)Erfahrungen an die Nachkommen.

• Die sozialen Herausforderungen in der Gruppe wie die der Fähigkeit zum Altruismus, der uneigennützigen Unterstützung anderer Familien- oder Gruppenmitglieder, und zur *Empathie*. Das ist die Fähigkeit, schnell und zutreffend die Absichten oder Bedürfnisse anderer zu erkennen. Beides war für die Evolution des menschlichen Sozialverhaltens von überragender Bedeutung ([45] S.53 ff). Das Gehirn des Homo sapiens wurde durch diese Herausforderungen sozial geprägt und zugleich sehr leistungsfähig.

- Gelegenheit und Muße für handwerkliche und künstlerische Tätigkeiten als Folge der verbesserten Lebensbedingungen (Feuer, Jagd, Fischfang, Lager, Nutztierhaltung, Landwirtschaft, ..), oder durch die Unterstützung von Individuen, die zur Jagd nicht mehr geeignet waren, aber für leichtere Tätigkeiten im Lager. Die Leistungen und Fähigkeiten der Gruppe und die der Individuen konnten sich so gegenseitig fördern und verstärken.
- Das Selbst-Bewusstsein der Menschen dürfte vor etwa 1,5 Mio. Jahren aufgekommen sein, wie man aus Zeugnissen von kulturellen Handlungen und Werkzeugen „in Serienfertigung" erkennen zu können glaubt ([25] S.174).
- Auf dieser Basis gab es erweiterte Möglichkeiten dafür, was die Kinder lernen und später selbst weitergeben können, sowie die Zeit dafür, sich um sie zu kümmern. Hier war vermutlich auch die Generation der Großeltern gefragt.

Kulturelle Entwicklungschancen gab es wahrscheinlich bevorzugt in einer lebensfreundlichen Umwelt mit mehr Überfluss als Mangel, wie die der warmen afrikanische Savanne. Aber auch durch vielseitige Herausforderungen bei der Nahrungsbeschaffung, verbunden mit den entsprechenden handwerklichen Anforderungen. Bessere Lebensbedingungen führen zu mehr Freiraum für die geistige und kulturelle Entwicklung, und diese wieder zur besseren Bewältigung des Lebens, mehr Unabhängigkeit von der Umwelt und verbesserter Konkurrenzfähigkeit mit anderen Gruppen, wenn notwendig. All das verstärkte sich gegenseitig. Unterm Strich ist es dabei vor allem um eine Entwicklung der geistigen Fähigkeiten gegangen, einschließlich der Fähigkeit, Erfahrungen weiter zu geben, dauerhaft zu speichern, und gespeicherte Erfahrung aus unterschiedlichen Bereichen des Gehirns zu neuen Fähigkeiten zu verknüpfen. Abstraktes Denken und erste Ansätze zum Gebrauch der Sprache könnten vor 70 000 Jahren entstanden sein, also etwa in der Zeit, um die es hier geht ([45] S.217).

Die Neandertaler lebten etwa in der gleichen Zeit in Europa in einer eiszeitlichen und nacheiszeitlichen Steppe und mussten wahrscheinlich härter um ihr Überleben kämpfen. Sie hatten deshalb weniger Muße und Möglichkeiten für die kulturelle und geistige Weiterentwicklung. Die archäologischen Funde zeigen, dass es bei ihnen fast 200 000 Jahre lang keinen sichtbaren Fortschritt gegeben hat, auch keine Kunst und keinen Körperschmuck wie beim Homo sapiens seit etwa 160 000 Jahren. Die Neandertaler hatten aber schon ein vergleichbar großes Gehirn ([45] S.223).

Vor etwa 70 000 Jahren begann der Homo sapiens, aus Afrika nach Asien, Europa und Amerika auszuwandern ([33] S.141). Dies wird durch genetische Abstammungsanalysen gestützt. Dort musste er sich teilweise wieder mit härteren Herausforderungen von Klima und Umwelt auseinander setzen, z.B. Vorsorge für den Winter treffen. Das gilt umso mehr, weil der Homo sapiens tropische Verhältnisse gewohnt war und seine Nachfolger sie bis heute benötigen: Bei 27 °C Außentemperatur erzeugt sein Stoffwechsel im Grundumsatz gerade soviel Wärme, wie er unbekleidet abgibt. Er braucht also außerhalb der Tropen warme Kleidung, genügend energiereiche Nahrung und ausreichend warme Aufenthaltsräume. Diese Bedürfnisse waren im kühlen oder kalten nördlichen Klima mit besonderen Anforderungen verbunden, für die er aber offenbar geistig und sozial besser gerüstet war als die dort lebenden anderen Nachfolger des Homo erectus. In Europa hat der Homo sapiens beispielsweise innerhalb von etwa 10 000 Jahren den Neandertaler verdrängt ([45] S.83).

Vor etwa 35 000 Jahren gab es offenbar einen großen kulturellen Schub beim Homo sapiens: Die ältesten in Europa gefundene Felsgemälde, kleine Schnitzereien aus Mammut-Elfenbein und das älteste Musikinstrument, eine Knochenflöte, stammen aus dieser Zeit. Aus dem gleichen Zeitraum gibt es aber auch in Afrika und Australien erste kulturelle Zeugnisse ([33] S.150). Nach vergleichenden Untersuchungen der heutigen Sprachen stammt anscheinend auch deren gemeinsamer Ursprung aus dieser Zeit ([33] S.155). Die Sprachen und die damit verbundenen kulturellen Unterschiede trennen die Menschheit inzwischen weit stärker als die biologischen Unterschiede. Das geht soweit, „... dass sie einander reichlich unmenschlich behandeln können. ... Hat der Mensch als biologische Art mit der Sprache die Domäne der biologischen Evolution verlassen?" ([33] S.158 bzw. 162). Im Laufe dieser Entwicklung hat sich das Volumen des Gehirns ab der Trennung der menschlichen Abstammungslinie vom Schimpansen bis zum Homo sapiens innerhalb von ca. 6 Mio. Jahren etwa verdreifacht. Allein vom Homo erectus bis zum Homo sapiens hat es sich innerhalb von 700 000 Jahren etwa verdoppelt ([45] S.44). Seither verfügt unser Gehirn nicht nur über eine fast unbegrenzte Kapazität für die Langzeitspeicherung von Erfahrungen und eigenen Vorstellungen, sondern auch über eine angeborene Struktur, die die schnelle Verknüpfung von unterschiedlichen Sinneseindrücken und gespeicherter Information möglich macht.

Vor etwa 10 000 Jahren wurde zunächst die Nutztierhaltung und später in mindestens drei weit voneinander entfernten Regionen der Welt der Ackerbau „erfunden. Eine der Regionen war im Vorderen Orient der sog. „fruchtbare Halbmond", ein Bereich vom östlichen Mittelmeer über die Südosttürkei, den Oberlauf von Euphrat und Tigris bis hinunter zu persischen Golf. Hier ging die Entwicklung offenbar von dem bereits sesshaften Volk der Natufier aus ([1] S.179). Der Grund für diese Innovation ist nicht ganz klar, ein zunehmender Mangel an jagdbarem Wild scheint es nicht gewesen zu sein [33]. Es gibt archäologische Hinweise darauf, dass die Natufier schon eine hierarchisch geordnete Gesellschaft hatten, bevor bei ihnen der Ackerbau erfunden wurde ([1] S.181). Es scheint sich in diesem Fall um eine spontan entstandene Sozialordnung zu handeln, möglicherweise in einer Ko-Evolution mit der Nutztierhaltung und dem Ackerbau. Eine ähnliche Entwicklung gab es offenbar im Mittelalter im Staat der Bushong am Kongo (siehe Abschnitt zur spontanen Sozialordnung).

Mit der Erfindung von Nutztierhaltung und Ackerbau verbesserte sich die Lebensgrundlage der Menschen ganz erheblich. Sie lösten sich erstmals im großen Stil aus der Abhängigkeit von der Natur ([33] S.9). Die Produktivität pro Flächeneinheit wuchs um den Faktor 10 oder mehr ([33] S.39), und eine Vorratshaltung wurde notwendig. In der Folge bildeten sich Dörfer und Städte sowie vor etwa 5000 Jahren an mehreren Stellen in der Welt die ersten Staaten ([45] S.102). Durch den wachsenden Wohlstand bekam auch die kulturelle Entwicklung einen großen Schub. Die Zahl der Menschen und die Dichte der Besiedelung nahm in diesen Bereichen rasch zu, führte aber auch zu neuen Problemen wie größerer Infektionsgefahr, mehr Konkurrenz um Ressourcen und – verbunden mit dem Besitz – dem übermäßigen Streben nach Macht und Einfluss [33] und der damit verbundenen extraktiven Sozialordnung.

Diese sehr bedeutende Innovation der Menschheit wird auch „Neolithische Revolution" genannt. Sie verlief offenbar sehr rasch, wahrscheinlich als sich selbst verstärkender Prozess: Jeder Fortschritt im Lebensunterhalt machte weitere soziale Fortschritte möglich und wahrscheinlich, und umgekehrt. Erste Kreuzungen von Pflanzen wurden beobachtet und kultiviert und mit systematischer Züchtung ausgebaut. In diesem Zeitraum wurde auch die Herstellung von Werkzeugen weiter optimiert, Gefäße wurden erfunden und vor ca. 6000 die ersten bekannten Schriften in Mesopotamien und Ägypten ([45] S.104). Der mit der Neolithischen Revolution erreichte allgemeine Lebensstandard der Menschheit hat sich danach bis zur Industriellen Revolution nicht mehr wesentlich verbessert ([1] S.230). Zeitlich begrenzte Ausnahmen davon gibt es u.a. bei geografisch besonders bevorzugten Handelsplätzen wie Venedig, und/oder spontan entstandenen sog. inklusiven Sozialordnungen (vgl. Abschnitt zu Sozialordnungen).

Ethische und moralische Grundlagen

Ethik, Moral, und aus der Vergangenheit heraus die Religionen sind aus Sicht der Emergenz ein Fundament unserer Sozialordnung und der wirtschaftlichen Ordnung (Ökonomie), weil sie die Wechselwirkungen der Menschen untereinander und ihrer Organisationen im Hinblick auf die soziale Ordnung des Systems Menschliche Gesellschaft bestimmen. Die ethischen Regeln der Sozialordnung sind bei modernen Staaten vereinbart in einer Verfassung und einer Vielzahl von Gesetzen, vom Strafrecht bis hin zur Straßenverkehrsordnung. Sie haben als Fundament ein gemeinsames Grundverständnis von der Welt und eine gemeinsame Kultur.

Das soziale Erbe der Menschen zeigt sich bei uns auf sehr unterschiedliche Weise: In der Ebene der Bürger findet man meist die altruistische Natur der Menschen, nicht nur in der Familie, sondern auch im Beruf, in der Bereitschaft, sich ehrenamtlich in Sportvereinen, Musikgruppen usw. zu engagieren, in Spenden zu Gunsten bedürftiger Menschen oder für gemeinnützige Projekte oder Organisationen.

Beispiel für das Ehrenamt: 16% der Einwohner Leipzigs waren im Jahre 2011 ehrenamtlich tätig (www.leipzig-exklusiv.de 3, 2013). Das ist ein erstaunlich hoher Anteil. Leider nimmt das Engagement seither ab.

In der Ebene der Reichen und Mächtigen dominiert meist das Streben nach immer mehr Reichtum, Macht und geschichtlicher Bedeutung. Als Folge davon ist die Gesellschaft in der Vergangenheit immer wieder falschen Dogmen aufgesessen.

Beispiele:
- Die völlig veralteten religiösen Dogmen, die sich aufgrund des unzureichenden Wissens zur Zeit der Entstehung der Religionen gebildet hatten, aber von den kirchlichen Machthabern bis heute mehr oder weniger fanatisch vertreten und fortgeschrieben werden.
- Das Dogma vom „Kampf ums Dasein", nach einem verkürzten Verständnis der Evolutionshypothese von Charles Darwin, die in der Frühzeit des Kapitalismus als sog. Neodarwinismus opportun war und bis heute als bequeme Rechtfertigung von schrankenlosem Egoismus dient.
- Das Dogma von der positiven Wirkung des egoistischen Handelns in der Ökonomie, nach einer einseitigen Auslegung der *„Unsichtbaren Hand des Marktes"* des Ökonomen Adam Smith. Es wird bis dato mit fast schon religiösem Eifer praktiziert von den marktradikalen Neoliberalen anglo-amerikanischer Prägung.

Es gibt viele weitere untaugliche Ansätze wie die Ideologien des Kommunismus und des Nationalsozialismus, die fast immer von halbwissenden Demagogen und fanatischen Machthabern ausgehen. Auch die moderne westliche kapitalistische Gesellschaft ist inzwischen sehr stark geprägt durch Egoismus, Raffgier und die überbordende Macht des Geldes. Sie hat sich unter dem Einfluss der USA von der *sozialen Marktwirtschaft* der Nachkriegszeit weit entfernt.

Religionen

Religionen waren in den letzten Jahrtausenden eine Antwort auf das Bedürfnis der Menschen nach einem Grundverständnis der Welt. Ein gemeinsames Grundverständnis hat auch den Zusammenhalt eines Stammes oder Staates unterstützt. Die Offenbarungen der großen Religionen beziehen sich aber überwiegend auf den Wissensstand bei ihrer Verkündung. Im Fall des Christentums ist das etwa 2000 Jahren her. Die andere Basis des Christentums, das Alte Testament, ist noch weit älter. Aufgrund des Zeitpunkts ihrer Entstehung ist diese Basis aus heutiger Sicht weitgehend spekulativ, weil man damals ausschließlich Vermutungen darüber haben konnte, was es jenseits des sehr geringen Wissens über die Welt noch gibt.

Wären die Religionen aus heutiger Sicht geeignet als ethisches und moralisches Fundament für eine gute menschliche Sozialordnung? Schauen wir sie etwas genauer an: „Es gibt in etwa 10 000 verschiedene Religionen, und alle sind davon überzeugt, dass es nur eine einzige fundamentale Wahrheit gibt, und dass ausgerechnet sie im Besitz des wahren Glaubens sind. Dazu scheint auch der Hass auf Andersgläubige zu gehören". Man kann daraus nur folgern, dass offenbar keine Religion die Wahrheit kennt ([39] S.338). Auch heute noch sind die Hälfte der US-Amerikaner Kreationisten. Das sind überwiegend protestantische Fundamentalisten, die an die biblische Schöpfungsgeschichte glauben, und nicht an die Evolution. Wie kommt das? Wegen unzureichender Schulbildung? Wegen des sozialen Drucks in der Gesellschaft? Wegen der Angst vor beruflichen oder geschäftlichen Nachteilen? Oder ist es einfach nur die kulturelle Trägheit der Masse Mensch?

Beispiel: Es hat in Mitteleuropa 400 - 500 Jahre gedauert, bis sich die arabischen Ziffern gegen die gewohnten römischen Ziffern durchgesetzt hatten, obwohl die arabischen Ziffern sehr viel leistungsfähiger sind und einfacher zu handhaben.

Dass die Ausbildung und das Wissen einen großen Einfluss auf die Bereitschaft zum religiösen Glauben haben, kann man an folgenden Untersuchungsergebnissen ablesen: Ca. 95% der US-Amerikaner sagen, dass sie an Gott glauben, aber nur 39% der amerikanischen Wissenschaftler, nur 7% der Mitglieder der US-amerikanischen National Academy of Science, und so gut wie kein Nobelpreisträger ([39] S.339). Offensichtlich verschafft ein ausreichend fundiertes Wissen die Fähigkeit zum kritischen und unabhängigen Denken. Das gilt nicht nur im Hinblick auf die Religionen, sondern auch für alle anderen Ideologien. Es erfordert allerdings auch Mut und Selbstvertrauen, um sich gegen etablierte ideologische Propaganda zur Wehr zu setzen.

Von Sir Arthur C. Clarke, der nicht nur Science-Fiction-Autor, sondern auch Wissenschaftler war, stammt die Aussage: „Die größte Tragödie in der Geschichte der Menschheit ist, dass die Moral von den Religionen mit Beschlag belegt wurde" ([39] S.309). Die Christen beispielsweise sind aus Sicht ihrer Kirchen von Anfang an im Stand der Erbsünde: Ab der Zeugung (katholische Kirche) bzw. ab der Geburt (evangelische Kirche). Sie werden davon nur vorübergehend durch die Taufe entlastet. Auch später im Leben sind die Christen immer von der Vergebung durch die „Funktionäre" der Kirchen abhängig und können sich nicht selbst von ihrer echten oder kirchlich verordneten Sünde befreien.

Beispiel: Die ersten beiden der vier Lutherischen Soli, die die Grundlage reformatorischer Theologie bilden, lauten wörtlich:
"Sola gratia – allein die Gnade Gottes rettet den Menschen, nicht eigenes Tun",
"Sola fide – allein durch den Glauben wird der Mensch gerechtfertigt, nicht durch gute Werke".

Man sieht: Der reformatorische Gläubige ist moralisch weitgehend entmündigt, sein „Seelenheil" hat die Kirche in der Hand. Er selbst kann nichts anderes dafür tun, als an die kirchlichen Dogmen zu glauben. Und in anderen Religionen ist es auch nicht anders, man denke nur an die „allein selig machende" katholische Kirche.

Beispiel: Durch die Beichte kann sich der katholische Gläubige immer wieder von den begangenen Sünden lossprechen lassen. Er ist dadurch aber von der Kirche abhängig. Weil das Lossprechen recht einfach ist, ist die Versuchung groß, weiter zu sündigen, d.h. unmoralisch zu handeln. Ein Teufelskreis ...

Die Entmündigung ging in Fall der katholischen Kirche aber weit über die Moral hinaus: Sie hat mehr als tausend Jahre lang die naturwissenschaftliche Erkenntnis und das Wissen außerhalb der Religion kassiert und auf den Index gesetzt, auch unter Androhung von Folter und Tod.

Beispiel: Galileo Galilei musste 1632 auf massiven Druck der katholischen Kirche sein heliozentrisches Weltbild widerrufen. Er wurde erst 2008 von der Kirche rehabilitiert.

Auch Kunst und Musik wurden in dieser Zeit weitgehend auf religiöse Themen eingeschränkt, was heute oft als große kulturelle Leistung der Kirchen „verkauft" wird.

Das Interesse der Menschen an geistigen Dingen (die sog. Spiritualität) ist eine Folge der emergenten Fähigkeiten des Gehirns und damit ein Erbe aus der Evolution. Sie umfasst ganz allgemein das Interesse an geistigen Themen wie Erkenntnis, Einsicht und Weisheit und die Kategorien der Ethik, und nicht nur das Interesse an religiösen Themen, wie oft behauptet wird. Religiöse oder ethische Inhalte sind nicht angeboren, sondern müssen wie fast alle geistigen Inhalte des Gehirns im Laufe des Lebens erlernt werden: „Die religiöse Programmierung des Kindes findet nach seiner Geburt statt" ([39] S.341). Das Wissen der Kinder über die Welt ist ja anfangs noch gering und nimmt erst mit den Jahren zu. Andererseits haben Kinder eine sehr lebhafte Phantasie. Sie sind deshalb besonders empfänglich für Vorstellungen aller Art, auch übernatürliche. Deshalb ist es ganz besonders wichtig, dass sie von Anfang an mit dem „richtigen" Wissen und den „richtigen" Vorstellungen versorgt werden. Auf jeden Fall muss der Unterschied zwischen Erfindung und Realität von Anfang an klar gemacht werden.

Die religiösen Inhalte bestehen bei den großen Religionen aus sehr alten Vorstellungen und Normen, die als sog. Offenbarungen unmittelbar vom jeweils zuständigen Gott gekommen sein sollen. Sie wurden dann von den Kirchen zum Glauben erhoben und damit zur heiligen absoluten Wahrheit deklariert, obwohl sie aus einer Zeit des noch sehr geringen Wissens stammen. Beschäftigt man sich aber näher mit diesen „Wahrheiten", so stellt man fest, das sie im Laufe der Jahrhunderte nach der jeweiligen Offenbarung mehr oder weniger ausgeprägte Veränderungen erfahren haben, sei es die Auslegung der Bibel, oder die Thora, die Moses zugeschrieben wird, und der Talmud der jüdischen Religion. Sie wurden offensichtlich an die Bedürfnisse der jeweiligen Kirchen oder ihrer Machthaber angepasst. Der Koran und die Sunna des Islam wurden durch die Isnaden mit den Veränderungen der Regeln und Gesetze nach der Offenbarung verkettet ([14] S. 408).

Im Fall der katholischen Kirche wurde die Offenbarung erheblich durch die Erfindung der Erbsünde verändert (Augustinus von Hippo, um das Jahr 400), die des Zölibats (Synode von Elvira im Jahr 310, seit dem zweiten Laterankonzil 1139 Pflicht), die beschränkten Rechte für Frauen und noch 1950 durch das Dogma von der leiblichen Aufnahme von Maria in den Himmel (Papst Pius XII; [21]).

In der Bibel überwiegen Appelle wie „Liebe deinen Nächsten wie dich selbst", „sei Untertan der Obrigkeit" usw., sowie eine Vielzahl von Prophezeiungen, die meist erst ein Leben nach dem Tod betreffen. Die zentralen Regeln sind - wie in der jüdischen Religion - die Zehn Gebote aus dem Alten Testament, die sinngemäß auch in anderen Religionen als ein Minimum an Ethik akzeptiert werden.

Der Islam ist als Religion besonders problematisch, weil er im Gegensatz zu den anderen Religionen auch heute noch mit einem alten Rechtssystem gekoppelt ist, der Scharia. Die Scharia ist mit den mitteleuropäischen Rechtsordnungen unvereinbar, weil sie brutale und aus heutiger Sicht unmenschliche Rechtsgrundsätze und Strafen beinhaltet. Islamische Gruppen in Europa versuchen aber weiterhin, dieses islamische Recht anzuwenden.

Konfuzianismus

Schauen wir uns noch mal kurz den *Konfuzianismus* an, der 2000 Jahre lang Staatsphilosophie in China war. Er ist keine Religion, wurde also nicht durch eine göttliche Offenbarung eingeführt und nicht als eine heilige Pflicht des Glaubens zementiert. Seine Schwerpunkte waren und sind die „Fünf Tugenden" und die „Drei Pflichten":

- Die Tugenden Menschlichkeit, Gerechtigkeit, ethisches Verhalten, Weisheit und Güte.
- Die Pflichten Treue als Untertanen, Verehrung von Eltern und Ahnen, sowie eine Sammlung von Riten.

Die Riten beinhalten Verhaltensregeln, die einen guten Menschen auszeichnen und die Voraussetzung für eine intakte konfuzianische Gesellschaftsordnung sind. Sie regeln sämtliche Lebensbereiche, d.h. nicht nur den Umgang mit anderen Menschen, sondern z.B. auch die Staatsführung und das Verhalten gegenüber unbelebten Dingen. Wer dem Anstand und der Sitte entsprechend lebt, verändert sich dadurch nicht nur selbst zum Guten, sondern „löst auch einen Dominoeffekt aus, der auf seine Mitmenschen wirkt". (Das deutet schon ein Verständnis von einer selbstorganisierten kollektiven Wirkung an!) Konfuzius lehrte, dass die Menschen von Natur aus gut sind und in erster Linie soziale Wesen. Die humanistischen Vorstellungen, die Konfuzius eingeführt hatte, wurden von seinen Nachfolgern weiter entwickelt und dienten als Basis der chinesischen Gesellschaft. Hinzu kommt, dass lernen und wissen als Voraussetzung für das Verständnis „der Ordnung des Himmels und der Menschen" gesehen wird.

Als Beispiel dazu noch zwei konfuzianische Regeln:
„Worin besteht der Unterschied zwischen guten und bösen Menschen? Gute Menschen benutzen ihren Verstand!"
„Lernen ohne zu denken ist sinnlos; aber denken ohne gelernt zu haben ist gefährlich."

Ethik und Moral

Die Ethik hat die Aufgabe, auf dem Prinzip der Vernunft Kriterien für gutes und schlechtes Handeln aufzustellen. Das Ziel dabei sind allgemein gültige Normen und Werte, sowohl für das Individuum als auch für die Gesellschaft. Die Moral beschreibt die Übereinstimmung von Verhalten und Handeln von Individuen und Gesellschaft mit den aus der Ethik abgeleiteten Normen und Werten und dem aus der Ethik abgeleiteten Rechtssystem. Ein zentrales Thema der Moral ist die Verantwortung, die in gut funktionierenden Organisationen wie Unternehmen der Wirtschaft immer klar definiert, durchführbar und Personen zugeordnet sein muss.

Beispiel: Das Prinzip der Subsidiarität ist dafür fundamental wichtig. Es besagt, dass alle Aufgaben und Probleme so weit wie möglich selbstbestimmt und eigenverantwortlich gelöst werden sollten, und zwar soweit „unten" in der gesellschaftlichen Organisation wie möglich. Damit das machbar ist, müssen aber auch die Kompetenzen zur Lösung da sein und dürfen nicht durch bürokratische Hindernisse oder eine „Entmündigung von oben" blockiert werden. Das Subsidiaritätsprinzip wird aber immer mehr missachtet, einerseits durch das Anspruchsdenken von Menschen, die nicht selbst verantwortlich sein wollen, sondern ihre Probleme lieber auf „den Staat" abschieben, andererseits auch mit den gleichen Motiven von gesellschaftlichen Institutionen und sogar von den Staaten der EU.

Es ist nicht so, dass Ethik und Moral von den Menschen „erfunden" wurde; Moral-analoges Verhalten gibt es bereits bei höheren Tieren. Die Empathie z.B. geht bei vielen Tierarten seit Millionen von Jahren hervor aus der Fürsorge der Eltern, insbesondere der Mütter für ihre Jungen, und ist seither in den Genen angelegt. Empathie zu empfinden, d.h. mit anderen zu fühlen, ist die Grundlage jedes moralischen Handelns. Sie wurde weiter verstärkt durch die Tendenz zu kooperativem und einfühlsamem Verhalten, das bei den eusozial lebenden Tierarten zu beobachten ist, und das sich dort seit etwa 200 Mio. Jahren entwickelt hat ([39] S.315). Da auch der Homo sapiens von Anfang an eusozial gelebt hat, sind diese Fähigkeiten auch bei ihm von Natur aus angelegt. Nach Untersuchungen des Max-Planck-Institut für evolutionäre Anthropologie in Leipzig können bereits sechs Monate alte Babys Mitmenschen danach beurteilen, ob sie ihm oder anderen (!) helfen oder nicht. Viele altruistische Tendenzen wie helfen, teilen und kooperieren, bringen Kleinkinder von Natur aus mit. Ab dem vierten Lebensjahr entwickeln sie ein erweitertes Wir-Gefühl, das beispielsweise alle Kinder ihrer Kindergartengruppe umfasst. Sie beginnen moralische Werte ihrer Kultur zu übernehmen: „Wir tun einander nicht weh", „wir halten unser Versprechen", „wir lügen nicht", „wir teilen gerecht" usw. (http://www.mpg.de/7537349/teilen).

Wie stark die auf Empathie bezogenen Verhaltensweisen in der Evolution verankert sind, kann man beispielsweise am Gehirn erkennen: „Wir haben in unserem Gehirn ein moralisches Netzwerk, dessen neurobiologische Bausteine sich im Laufe der Evolution schrittweise entwickelt haben" ([39] S.312). Wir erfassen die Bewegungen und damit auch die Emotionen unseres Gegenübers mit einer besonderen Art von Nervenzellen, den *Spiegelneuronen*: Bei der Wahrnehmung der Handlungen eines anderen Individuums werden durch die Spiegelneuronen im Beobachter die gleichen Aktivitätspotentiale ausgelöst, als ob er sie selbst ausführen würde. Die Natur hat diese Fähigkeit offenbar schon seit langem als sehr wichtig erkannt und sie gleich „in Hardware implementiert", wie die Computerfachleute das nennen. Die Spiegelneuronen erleichtern das Lernen vom Vorbild durch Nachahmung. Neugeborene können schon nach der ersten Stunde die Mundbewegungen Erwachsener nachmachen. Wir können uns mit Hilfe der Spiegelneuronen auch leichter in die Emotionen anderer Menschen einfühlen ([39] S.312). Eine ähnlich spezifische Rolle für die Unterstützung der Selbsterkennung und anderer Aspekte der Empathie scheinen die sog. Spindelneuronen zu haben, die bisher nur bei Menschen, Menschenaffen, Elefanten, Delfinen und Walen gefunden wurden [42].

Es gibt eine große Vielfalt von Beobachtungen und Erkenntnissen, dass bei Tier und Mensch der Egoismus und der Kampf ums Dasein von Natur aus nur einen kleinen Teil des Verhaltens ausmachen, und dass Symbiosen, Kooperation, Empathie und Altruismus eine größere Rolle spielen [42]. Warum ist dieser Teil der natürlichen Veranlagung in der modernen industriell und finanziell orientierten Gesellschaft oft nicht mehr zu erkennen?

Um es auf den Punkt zu bringen: Im Gegensatz zum eusozialen Erbe der Menschen wurde die Kultur der westlichen Gesellschaft im Mittelalter durch die christlichen Religionen und das Machtstreben der Kirchen geprägt. Die christlichen Religionen vermitteln primär Gebote für den Glauben, die Hoffnung auf das Leben nach dem Tode und außer den zehn Geboten wenig ethische Inhalte. Der Mensch wird als „von Natur aus sündig" gebrandmarkt. Im „diesseitigen" Leben kommt es vor allem darauf an, dass man an die kirchlichen Dogmen glaubt. Außerdem ist die christliche Religion seit fast 2000 Jahren verbunden mit der Ablehnung des Glaubens (oder auch Unglaubens) anderer Religionen und dem Drang zur Missionierung, notfalls mit Gewalt. Das sind in Summe keine guten Vorgaben für die Moral in der Gesellschaft.

Hinzu kommt die Kultur des verkürzten Darwinismus, die ausschließlich das egoistische Verhalten und den Kampf ums Dasein betont. Die Ökonomie des Adam Smith wird ebenfalls auf das egoistische Verhalten im Markt reduziert. Der Sozialdarwinismus des Engländers Herbert Spencer (von ihm stammt die Metapher „survival of the fittest") gipfelt darin, dass in der Welt der Menschen nur Platz für die Erfolgreichen sei, und die Natur bestrebt ist, „die Welt von den Untüchtigen zu befreien" (Social Statics, 1864). Der bekannte Ökonom

Milton Friedman sieht die einzige Aufgabe der Unternehmen darin, für die Aktionäre soviel Gewinn wie möglich zu erwirtschaften. „Es gibt wenige Entwicklungstendenzen, die so gründlich das Fundament unserer freien Gesellschaft untergraben können, wie die Annahme einer anderen sozialen Verantwortung durch die Unternehmer, als die, für die Aktionäre ihrer Gesellschaft so viel Gewinn wie möglich zu erwirtschaften. Alles andere ist eine zutiefst subversive Doktrin" (Kapitalismus und Freiheit, 1982, S. 176). Für Friedman sind Kapitalismus und schrankenloser Egoismus offensichtlich synonym. Ein Streben nach dauerhafter Prosperität der Unternehmen, Erhalt der Arbeitsplätze und guten Produkten ist halt „subversiv"!

Diese egoistischen Denkweisen bieten den Reichen und Mächtigen eine bequeme Rechtfertigung ihres Verhaltens, sie wurden insbesondere in den USA umgesetzt und ausgebaut. Seit einigen Jahrzehnten werden die überzogenen Forderungen an den sog. shareholder value und die Umsatzrendite der Unternehmen aber mehr und mehr in die europäischen Staaten importiert, insbesondere durch US-amerikanische Beraterfirmen wie McKinsey oder Boston Consulting Group. Andere Staaten in der Welt, die auf dem Weg zur Industrialisierung sind, schließen sich an, weil sie diese Denkweise für das primäre Erfolgsrezept des Kapitalismus halten, und weil auch dort die Reichen und Mächtigen noch reicher und mächtiger werden wollen. Die Soziale Marktwirtschaft, die Deutschland nach dem Krieg das Wirtschaftswunder beschert hat, ist darüber gänzlich in Vergessenheit geraten. Der Egoismus gilt nicht nur für Menschen und Unternehmen, sondern auch für das Verhalten der Nationen untereinander, und ist deshalb einer der Gründe für den schlechten Ruf der sog. Globalisierung.

Ethik und Moral sind dadurch auf der Ebene der Wirtschaft und des Staates weltweit in keinem guten Stand. Der Primatenforscher Frans de Waal hat nicht ohne Grund für sein Buch „Das Prinzip Empathie" den Untertitel gewählt: „Was wir von der Natur für eine bessere Gesellschaft lernen können" [42]. Ein wichtiger Ansatz zur Verbesserung der aktuell desolaten Lage der menschlichen Ethik muss eine objektive Sicht auf die tatsächlichen Verhältnisse in der Natur sein, anstatt sie wie bisher völlig einseitig als Kronzeugin für die Ideologie von Egoismus und gnadenlosem Kampf zu missbrauchen. Es gibt vieles, das wir von der Natur lernen können, nicht nur hinsichtlich der Empathie: Das Bedürfnis nach Sicherheit und Gerechtigkeit, nach Geselligkeit und Freundschaft, nach Anerkennung. Auch das Bedürfnis tätig zu sein und gebraucht zu werden und nach einem persönlichen Besitz („Revier") in angemessenem Umfang. Egoismus, Kampf und Gier sind nur ein kleiner Teil des Verhaltensspektrums in der Natur, und eigentlich nur in Mangelsituationen.

Eine bekannte, zentrale Fragestellung zum kooperativen Verhalten ist das sog. Gefangenendilemma. Die Simulationen dazu zeigen, dass die grundsätzlich wohlwollende, tolerante, klare aber konsequente (!) Strategie „Tit for Tat" (in etwa „wie du mir, so ich dir"), von Anfang an verbunden mit der Bereitschaft zur Kooperation, allen anderen Strategien überlegen ist [4]. Vor allem den egoistischen Strategien. Voraussetzung für ihre Wirkung ist aber, dass viele Zyklen der Kooperation durchlaufen werden, und dass die Strategie konsequent durchgehalten wird.

Beispiel Welt-Ethik

Der katholische Theologe Hans Küng bemüht sich seit 1960 um eine Reform der katholischen Kirche und eine weitreichende Ökumene. Von der deutschen Bischofskonferenz wurde ihm daraufhin 1979 die kirchliche Lehrerlaubnis entzogen. Seit 1990 versucht er im Rahmen seines Projekts „Weltethos", die gemeinsamen ethischen Inhalte der Weltreligionen zu identifizieren und ihnen zur Anerkennung zu verhelfen, unter Einschluss des Konfuzianismus (siehe beispielsweise [21]). Seine Schwerpunkte sind Themen wie „Kein Weltfriede ohne Religionsfriede" oder „Warum brauchen wir globale ethische Standards, um zu überleben?" Bedauerlicherweise ignoriert er die Beiträge der Naturwissenschaften zu Ethik und Moral, ein typisches Indiz für die kurzsichtige Trennung von Geistes- und Naturwissenschaften. Zudem sieht er ganz normale physikalische Eigenschaften von Quantenteilchen wie die der Wellenfunktionen und die Unbestimmtheitsrelation (vgl. Kap. 6) als Indiz dafür, dass die Naturwissenschaft nicht ohne Gott auskommt [21]. Dabei sind sie nur für uns Menschen aus unserer Erfahrung heraus schwer vorstellbar. Seine Argumentationen zur Notwendigkeit bestimmter religiöser Vorstellungen sind oft sehr schwer nachzuvollziehen. Der Philosoph Hans Albert sagt dazu: „Die Theologie ist in ihrem Denken mehr als je zuvor durch das Vorurteil für bestimmte Glaubensbestände geprägt. Sie ist gewissermaßen der professionalisierte und institutionalisierte Missbrauch der Vernunft im Dienst des Glaubens ...." (http://de.wikipedia.org/wiki/Hans_Küng).

Die offensichtlichen Schwierigkeiten von Hans Küng bei der Erarbeitung einer Welt-Ethik lassen erahnen, dass Einigungsprozesse hier außerordentlich mühsam sein werden, insbesondere wenn man versucht, die Religionen mit einzubeziehen. Aussichtsreicher erscheint mir ein Neubeginn, ausgehend beispielsweise von den Geboten 4 – 10 der Zehn Gebote, vom eusozialen Erbe der Menschen, einer Ethik des Humanismus, und unabhängig vom Einfluss der dogmatisch erstarrten Religionen. Wichtig ist dafür aber auch ein angemessenes Grundverständnis unserer Welt auf der Basis der Naturwissenschaften. Davon sollte jeder von uns mehr wissen und verstehen als heute, um spekulative Einflüsterungen als das zu erkennen, was sie sind: Phantasiegebilde, religiöse Dogmen, Köder von Sekten o.ä. Wichtig ist nicht nur in diesem Zusammenhang, dass Natur- und Geisteswissenschaften wieder mehr zusammen wachsen, und die Geisteswissenschaftler die Beiträge aus der Naturwissenschaft dazu besser verstehen und schätzen.

Noch schwieriger als die Erarbeitung einer Welt-Ethik dürfte allerdings eine weltweite Umsetzung sein. Sie hat ohne konsequente weltweite Trennung von Kirchen und Staaten keine Chance. Sie müsste bei den Kindern in den Familien, im Kindergarten und in der Schule beginnen, in der Zeit, in der sie dafür besonders empfänglich sind. Schon heute ist es überfällig, den Religionsunterricht in den privaten Bereich auszulagern und in den Schulen ausschließlich Ethik zu unterrichten.

Es wird immer wieder behauptet, dass die Menschen überheblich werden könnten, wenn sie keinen allmächtigen Gott über sich haben. Stellvertretend sei hier Fjodor Dostojewski zitiert: „Wenn es keinen Gott gibt, dann ist alles erlaubt". Im emergenten Weltbild sieht das völlig anders aus: Wir sind alle unmittelbar oder mittelbar den Naturgesetzen unterworfen, und die Natur ist offensichtlich den Menschen und ihrem Geist einschließlich aller mathematischen, naturwissenschaftlichen und spirituellen Fähigkeiten derart überlegen, dass wir Respekt vor ihr haben müssen und menschlicher Hochmut nicht angebracht ist. Schon Karl Marx hat zu unserer Verantwortung als Bewohner der Erde gesagt (Marx-Engels-Werke, Bd. 25, S. 784): Wir „... sind nicht Eigentümer der Erde. Wir sind nur ihre Besitzer, ihre Nutznießer, und haben sie als gute Familienväter den nachfolgenden Generationen verbessert zu hinterlassen." Damit hat er als gesellschaftlich engagierter Mensch sicher nicht nur die Bodenschätze gemeint, sondern alles, auch die gesellschaftlichen Verhältnisse.

Die spontane Sozialordnung und der Staat

Das gesellschaftliche Konzept aus Sicht der Emergenz ist die *spontane Sozialordnung*; Friedrich von Hayek schrieb dazu 1961 (vgl. [15] S. 141): „... eine polyzentrische Ordnung, ungerichtet und ungeplant, die durch die Wechselwirkung vieler Individuen und vorgegebener Randbedingungen entsteht, kann das verteilte Wissen vieler Menschen besser umsetzen, als die planende Konstruktion Einzelner". Als Hintergrund der letzten drei Worte könnte die damalige zentralistische Planwirtschaft des Ostblocks Pate gestanden haben. Wie alle Ergebnisse spontaner Selbstorganisation ist auch die spontane Sozialordnung zunächst wertfrei, d.h. weder gut noch böse. Aber wie sah es und sieht es mit der tatsächlichen Realisierung von Sozialordnungen in der menschlichen Gesellschaft aus? Hier kommen die geistigen Fähigkeiten und die technischen Errungenschaften der Menschen ins Spiel, aber auch ihre Fehler und Schwächen, die die Organisation der Gesellschaft massiv beeinflussen. Die historischen Erfahrungen zeigen bis zum heutigen Tag, dass alle Sozialordnungen ohne ausreichende ethische *Regulierung* aus dem Ruder laufen, oft mit katastrophalen Folgen.

Wann und wo hat es eigentlich spontane Sozialordnungen im Sinne Friedrich von Hayeks gegeben? Alle menschlichen Sozialordnungen sind natürlich selbstorganisiert, weil von den Menschen selbst geschaffen. Im engeren Sinne spontan haben sich wahrscheinlich nur die eusozialen Großfamilien und kleine Gruppen des Homo sapiens gebildet, vielleicht auch noch größere Gruppen wie Stämme. Auch heute noch können spontan Gruppen, Bürgerinitiativen oder kleine Vereine entstehen, um vorübergehend oder regelmäßig gemeinsam Musik zu machen, das Anliegen von Bürgern zu vertreten, Fußball zu spielen usw.

Bei Paul Watzlawick [43] findet man zwei interessante Beispiele spontaner sozialer Ordnungen:
– Bei einer menschlichen Zweierbeziehung „neigen im Konfliktfall die beiden Partner dazu, die Schuld beim anderen zu sehen. Beide sind überzeugt, das ihre zur Lösung des Konflikts zu tun, und wenn das Problem dennoch fortbesteht, dann muss es die Schuld des anderen sein – denn wo sonst könnte sie denn liegen?" Aber „... jede Beziehung ist eben mehr und andersgeartet als die Summe der Bestandteile, die die Partner in sie hineinbringen – sie ist vielmehr eine überpersönliche ‚Neubildung' ... ".

– Im Ersten Weltkrieg, während der langen Stellungskriege in Flandern, hat sich an der Front zwischen den feindlichen Soldaten immer wieder spontan ein „leben-und-leben-lassen" Verhalten entwickelt, „... weder als die Initiative der einen oder anderen Seite, und schon gar nicht als die Initiative eines Einzelnen, sondern etwas, das sich aus der Situation ergab.". Und das nicht nur zu Weihnachten, und auch gegen die Drohungen der Armeeführungen beider Seiten mit dem Kriegsgericht. Wenn doch unbedingt geschossen werden musste, hat man halt daneben geschossen.

Eine Staatsgründung mit Verfassung, BGB usw. kann man ebenfalls als selbstorganisiert betrachten, wenn sie von den Bürgern selbst durchgeführt und von bestimmten Gruppen veranlasst wird; spontan ist sie nicht. Die menschliche Sozialordnung ist aus Sicht der Emergenz sehr interessant, weil auch sie ein kollektiver Vorgang ist, dessen Ergebnis meist nicht vorhersagbar ist. Es können auch kritische Zustände auftreten: Eine Revolution z.B. kann man durchaus mit einer Siedeverzugs-Explosion vergleichen, wenn sich in der Gesellschaft so viel Not und Unzufriedenheit angesammelt hat, dass der sprichwörtliche Funke eine gesellschaftliche Explosion auslöst. Man weiß nur nicht genau, aus welchem Anlass, wann und wo. Die Geschichte bietet genügend Beispiele dafür.

Extraktive und inklusive Systeme

Das Thema der menschlichen Sozialordnungen ist äußerst komplex. Ich konzentriere mich deshalb hier auf die Aspekte der „Wechselwirkungen" zwischen den Menschen mit dem Schwerpunkt der Erfolgs- und Risikofaktoren. Für die Frage, was eine gute Sozialordnung insgesamt ausmacht, einschließlich der damit verbundenen Wirtschaftsordnung, kann uns – nicht ganz unerwartet – die Analyse der emergenten Prozesse in der Natur weiterhelfen. Ein guter Ansatz dafür sind die Untersuchungen von Daron Acemoglu und James A. Robinson zu der Frage, warum sich die Nationen sehr unterschiedlich entwickelt haben und auch heute noch krasse Unterschiede zwischen arm und reich bestehen. Sie unterscheiden dabei zwischen inklusiven und extraktiven Systemen in der Gesellschaft [1].

Inklusive Systeme zeichnen sich aus durch eine breite aktive Beteiligung der Bürger in Wirtschaft und Politik, die Förderung der Ausbildung, der Wissenschaft und der unternehmerischer Initiative, die persönliche Freiheit bei der Wahl der Ausbildung und der Berufswahl, ein breit verteiltes Wissen der Bürger, die Existenz von persönlichem

Eigentum, das Recht auf die Verwertung eigener Ideen usw. Hinzu kommt ein allgemein verbindliches Rechtssystem und eine zentrale Institution, die Ordnung und Recht gewährleistet, sowie eine Vielfalt im wirtschaftlichen Wettbewerb ohne Beschränkung des Zugangs. Alle Menschen haben dadurch einen Anreiz, für sich selbst und die Gesellschaft etwas zu tun, weil sie wissen, dass sie unmittelbar oder mittelbar selbst davon profitieren. Sie müssen aber auch die Verantwortung dafür übernehmen.

Bei extraktiven Systemen konzentriert sich Macht, Reichtum und Wissen auf eine kleine selbsternannte „Elite", die i.d.R. nicht besonders gut qualifiziert ist, denn sie ist meist durch Geburtsrecht oder Parteibuch an die Spitze gekommen. Sie wird auch nicht kontrolliert, denn es gibt keine Gewaltenteilung; Legislative, Jurisprudenz und Exekutive sind in der Hand der „Elite". Die Bürger werden mehr oder weniger als Sklaven des Systems erzogen und behandelt, es gibt für sie kein oder nur ein sehr geringes Privateigentum. Der Zugang zum Beruf wird z.B. durch Zünfte beschränkt, unternehmerische Initiativen werden unterdrückt und Märkte monopolisiert. Dadurch fehlt in einem extraktiven System für die allermeisten Menschen der persönliche Anreiz und die Motivation, mehr als das allernotwendigste zu tun. Staat und Gesellschaft funktionieren deshalb mehr schlecht als recht. Allgemeine Bildung, Fortschritt und Innovation wird von der „Elite" unterdrückt, weil dadurch ihre Macht gefährdet werden könnte. Wegen des großen sozialen Unterschieds zwischen den vielen ganz Armen und den wenigen ganz Reichen sind extraktive Sozialordnungen sehr viel konfliktträchtiger als inklusive. Sie sind deshalb weniger stabil, und ihre Aufrechterhaltung erfordert einen großen militärischen und finanziellen Aufwand.

Es gibt viele Beispiele für extraktive Systeme in der Geschichte und in der Gegenwart, und ebenso für die Ergebnisse, die sich aus ihrem Wirken ergeben. Beispiele sind die von Parteieliten regierten Systeme des Kommunismus und Nationalsozialismus, die von europäischen Staaten ausgebeuteten, zerstörten oder sogar entvölkerten Kolonien und die absoluten Monarchien und Fürstentümer. Im europäischen Mittelalter wurden die Untertanen von den weltlichen Herrschern und den Kirchenfürsten gleich doppelt ausgebeutet, frei nach Reinhard Mey: „Der Fürst nimmt flüsternd den Bischof am Arm, halt Du sie dumm, ich mach' sie arm." Extraktiv sind auch alle Staaten, die wesentlich auf Sklavenhaltung oder Leibeigenschaft aufgebaut sind, oder die, wie der größte Teil von Afrika, durch den Verkauf von Sklaven an die europäischen und arabischen Sklavenhändler zerstört und entvölkert wurden. Extraktive Systeme „… kommen in der Geschichte so häufig vor, weil ihnen eine machtvolle Logik innewohnt: Sie können einen begrenzten Wohlstand hervorbringen und ihn einer kleinen „Elite" zuführen" ([1] S. 193). Auch ein Wachstum extraktiver Systeme ist möglich, aber nur im begrenzten Rahmen des etablierten Systems. Ihr Wachstum ist nicht nachhaltig, weil die „Elite" keinen schöpferischen Wandel und keine inklusive, pluralistische Sozialordnung zulässt und deshalb auf Dauer den Anschluss verpasst, wenn neue Technologien aufkommen oder sich andere Bedingungen gravierend ändern.

Beispiel Spanien: Die brutale Eroberung und Ausbeutung Mittel- und Südamerikas während des 16. und 17. Jahrhunderts brachte Spanien zunächst unerhörten Reichtum. Dann folgte aber ein jahrhundertelanger wirtschaftlicher Niedergang wegen der dauerhaft extrem extraktiven und religiös fundamentalistischen Kultur des spanischen Staates ([48] S. 36 ff).

Unter dem Aspekt der Emergenz fällt bei dieser kurzen Beschreibung folgendes auf:
- Eine extraktive Ordnung ist vergleichbar mit dem Schmarotzertum in der Natur,
- eine inklusive Ordnung ist vergleichbar mit der Zusammenarbeit vieler Lebewesen zum gegenseitigen Nutzen bzw. mit den Symbiosen in der Natur.

Verschiedene Sozialordnungen können trotz ähnlicher Bedingungen unterschiedliche Wege der gesellschaftlichen Entwicklung einschlagen.

Beispiele:
- Süd- und Nordkorea hatten nach dem Ende des zweiten Weltkriegs in etwa die gleiche Ausgangslage. Mit dem Unterschied, dass Nordkorea danach kommunistisch regiert wurde, und Südkorea kapitalistisch. Heute hat Südkorea ein zehnmal so großes Bruttosozialprodukt wie Nordkorea.
- Im südwestlichen Kongo leben an den beiden Ufern des Kasai die Völker der Bushong und der Lele. Sie bewohnen eine vergleichbare Landschaft, haben eine gemeinsame Herkunft, und ihre Sprachen sind verwandt ([1], S. 173 ff). Es gibt aber gravierende Unterschiede: Die Bushong sind verhältnismäßig reich, und die Lele sind arm. Die Bushong hatten seit 1620 einen zentralisierten, gut strukturierten Staat einschließlich Besteuerung, Polizei und Gerichtsverfahren. Sie betrieben seither eine ausgeklügelte Form von Ackerbau und Viehzucht und handelten mit den Überschüssen. Die Lele dagegen lebten in befestigten Dörfern, hatten ständig Stammesfehden untereinander und lebten „von der Hand in den Mund". Wie kam es zu diesen großen

Unterschieden? Um 1620 wurden bei den Bushong nach einer Revolution von einem Mann namens Shyaam ein Königreich gegründet und eine - wenn auch extraktive - funktionierende politische Organisation aufgebaut. Der große Vorteil für alle Bushong war die Sicherheit in ihrem Staat vor Überfällen und Gewalt, und seine offenbar relativ gute Konstruktion. Erst bei der Kolonisation des Kongo durch die Belgier ist dieser Staat zerfallen.

Fazit: Es kann an Einflüssen von außen liegen, wie es im Fall Korea die Vorgaben der Siegermächte für die Staatsform waren. Es können aber auch kleine anfängliche Unterschiede sein, wie im Fall der Bushong und Lele, die sich im Laufe der Zeit von selbst verstärken. Ein weiteres Beispiel für die Auswirkung kleiner Unterschiede ist das konsequente bzw. weniger konsequente Monopol des Königshauses für den Handel über den Atlantik, das die unterschiedliche Entwicklung von Spanien und England im 17. und 18. Jahrhundert stark beeinflusst hat (siehe unten). Kleine anfängliche Unterschiede können besonders stark in Phasen eines Umbruchs wirken, wie bei globalen Veränderungen von Handelsrouten oder wenn ganz neue Technologien entstehen. Das ist durchaus vergleichbar mit der Wirkung von Keimen in kritischen Phasen bei selbstorganisierten Prozessen in der Natur.

Beispiel: Die (extraktive) Herrschaft der Dinosaurier auf der Erde dürfte während einer langanhaltenden Klimaverschlechterung aufgrund des Einschlags eines großen Kometen zu Ende gegangen sein. Gewinner waren die Säugetiere, die als Warmblüter weitgehend unabhängig von der Umgebungstemperatur waren und sich vielseitiger ernähren konnten.

Die Art der Institutionen in Politik und Wirtschaft verstärkt sich i.d.R. gegenseitig, so das nach einiger Zeit beide extraktiv oder inklusiv sind [1].

Extraktives Verhalten gibt ist auch bei Institutionen innerhalb der Staaten, aktuell beispielsweise bei Banken, Versicherungen und Hedgefonds, die sich ihre Spekulationsverluste aus dem Steueraufkommen der Bürger bezahlen lassen. Ebenso im Verhältnis der Staaten untereinander, beispielweise bei der Ausbeutung der Bodenschätze der Dritten Welt durch die Industriestaaten, oder zwischen den Staaten mit angemessenen Steuersätzen und den sog. Steueroasen.

In der Geschichte der Menschheit kann man glücklicherweise einen Trend von den extraktiven zu den inklusiven, synergetischen Systemen beobachten: Im Rahmen der Neolithischen Revolution sind zunächst extraktive Systeme entstanden und haben 5000 Jahre lang bis in die Neuzeit die Sozialsysteme dominiert, von wenigen Ausnahmen abgesehen [1]. Die modernen inklusiven Systeme sind erst allmählich seit dem 18. Jahrhundert mit den konstitutionellen Monarchien und später den Demokratien entstanden. Die Entwicklungstendenz von extraktiv zu inklusiv erinnert an die Beobachtungen in der Natur, vgl. Kap. 13, dass Symbiosen als Schmarotzer-Wirt-Partnerschaften begonnen und sich einige davon dann zu symbiotischen Partnerschaften weiterentwickelt haben. Diese vergleichbare zeitliche Entwicklung in der Natur und in der menschlichen Gesellschaft ist ein weiterer Hinweis darauf, dass es sich um vergleichbare Mechanismen handelt. Und: „…ein Ansatz zur Erklärung des Erfolgs und des Scheiterns von Nationen … sind die von den Staaten gewählten Regeln oder Institutionen, die darüber bestimmen, ob sie wirtschaftlich erfolgreich sind oder nicht" ([1] S. 14).

Die naheliegende Frage ist nun, warum sich extraktive Gesellschaftsordnungen überhaupt so lange halten konnten, denn wir erinnern uns:

* Die gesellschaftlichen Konflikte sind in einer extraktiven Gesellschaft sehr groß wegen der sehr großen Unterschiede im Wohlstand und in den Menschenrechten.
* Die symbiotischen Gemeinschaften sind langfristig den Schmarotzer-Wirt-Gemeinschaften überlegen.

Der Grund scheint zu sein, dass es bei einem bestimmten Zustand der wirtschaftlichen Möglichkeiten eines Staates den „Eliten" in einer extraktiven Ordnung besser geht als sie es von einer symbiotischen Ordnung erwarten. Darum wollen extraktive „Eliten" - egal ob staatlich oder kirchlich - unbedingt an der Macht bleiben. Dass sich in einer symbiotischen Sozialordnung mittelfristig die Wirtschaftskraft stärker zu Nutzen aller verbessert, als bei einer extraktiven, und damit auch zum Nutzen der „Eliten", ist für extraktive „Eliten" keine ausreichende Motivation, weil sie fürchten, dabei im Vergleich zur etablierten extraktiven Ordnung an Macht und Wohlstand zu verlieren ([1] S.111). Hinzu kommt, dass bisher jede „Elite" überzeugt war, besser zu wissen, was für die Sozialordnung gut ist, als ihre Untertanen. Ein fundamentaler Wandel der Sozialordnung, auch „schöpferische Zerstörung" genannt [1], wird verhindert, denn es fehlt das Wissen von der Kraft der Vielfalt und der der Selbstorganisation, und die Erfahrung damit, und deshalb der Glaube daran. Eine allmähliche Änderung wie beispielsweise durch die erfolgreiche Entwicklung und Verbreitung der Cyanobakterien und den damit verbundenen schöpferischen Wandel von der anaeroben zur aeroben Welt mit Sauerstoff wird durch die Möglichkeiten des menschlichen Geistes und die etablierten Machtstrukturen verhindert.

Für den Wechsel einer Gesellschaftsordnung von extraktiv zu symbiotisch gibt es in der Geschichte unterschiedliche Beispiele. Oft ist es die Zerstörung durch eine Revolution aufgrund der extremen Armut und Unzufriedenheit der Untertanen oder der zu großen Unterdrückung durch die „Eliten". Anlass ist oft eine zusätzliche Belastung. beispielsweise durch Kriege oder Missernten. In vielen Fällen wurde dabei aber nur die alte extraktive „Elite" durch eine neue ersetzt. Sehr viel seltener waren in der Geschichte fundamentale evolutionäre Änderungen.

Beispiele für evolutionäre Veränderungen von extraktiven zu inklusiven Systemen:
– Venedig war im Mittelalter wahrscheinlich die reichste Stadt der Welt. Europa war nach dem Zerfall des Römischen Reiches wieder geordnet und es gab einen florierenden Handel. Venedig profitierte von seiner günstigen Lage für den Handel mit Ostasien und Byzanz. Entscheidend für seinen Aufstieg zwischen dem 9. und 13. Jahrhundert, und damit der Keim für die nachfolgende, sich selbst verstärkende Entwicklung war aber offenbar die Gültigkeit offener, inklusiver Regelungen für die Wirtschaft und in der Politik in der Stadt, die zu inklusiven Institutionen führten. Die wichtigste war die sog. commenda, eine einfache Form einer Aktiengesellschaft ([1] S. 197). Eine commenda hatte zwei Partner, einen für die Finanzierung und einen für die Logistik, die Begleitung der Fracht auf dem Handelsweg. Die Rolle des Frachtbegleiters stand jedem Bürger offen und war ein wichtiger Pfad zum sozialen Aufstieg für Leute mit Unternehmungsgeist. Venedigs Handel reichte bis zu den Gewürzmärkten in Südostasien. Nach rund 400 Jahren beispiellosem Wachstum bekamen die extraktiven Kräfte wieder die Oberhand in Politik und Wirtschaft, beispielsweise wurden die commendas verboten. Dadurch und durch die Verlagerung wichtiger Handelswege vom Mittelmeer auf den Atlantik wurde der wirtschaftliche Niedergang Venedigs besiegelt.
– In England wurden die Weichen zur inklusiven Sozialordnung zuerst in der Politik gestellt. Die Entwicklung im Telegrammstil: 1215 Magna Charta, 1265 erstes Parlament, 1688 Einführung der konstitutionellen Monarchie, sog. „Glorreiche Revolution", und Abschaffung der extraktiv wirkenden Monopole im Inland, 1694 Gründung der Bank of England, die jedem Bürger, der eine Sicherheit bieten konnte, einen Kredit gewährte, ab 1733 schrittweise Erfindung des mechanischen Webstuhls usw. Der entscheidende Unterschied zur Entwicklung von absolutistisch regierten Ländern wie Spanien, Portugal und Frankreich war, dass der Handel über die atlantischen Schifffahrtsrouten und die Entwicklung der industriellen Produktion nicht das Monopol des Königshauses blieb, sondern aufgrund der Mitbestimmung des Parlaments auch von vielen selbstständigen Kaufleuten bzw. Geschäftsleuten wahrgenommen werden konnte. Auch viele Persönlichkeiten mit technischem Talent und Weitblick wie Edmond Cartwright oder James Watt hatten bessere Chancen aufgrund der pluralistischen Ordnung der englischen Gesellschaft. Gegenüber seinen

Kolonien verhielt sich England allerdings noch bis ins 20. Jahrhundert extrem extraktiv.

- Das extraktive kommunistische System der Sowjetunion mit der „Elite" der „Nomenklatura" ist in den 70er Jahren wirtschaftlich, technologisch und politisch im Vergleich zum Westen immer mehr zurück gefallen. Hinzu kamen die hohen Kosten für den Krieg in Afghanistan und das Wettrüsten mit der USA. Der Aufstieg selbstständig denkender Menschen in Staat und Partei wurde weitgehend verhindert. Das Reaktorunglück von Tschernobyl 1986 hat die Kompetenz und die Zuverlässigkeit der staatlichen Institutionen zusätzlich in Frage gestellt. Ein fundamentaler Umbau des Staates war notwendig und wurde von der Elite selbst unblutig im Rahmen eines jahrelangen evolutionären Reformprozesses erreicht. Er ist unter den Schlagworten „Perestroika" (Umgestaltung) und „Glasnost" (Offenheit) bekannt geworden. Jurij Andropow und Michail Gorbatschow haben in den 80er Jahren mit einer Überprüfung der Nomenklatura an der Spitze der Partei begonnen, bei den Neuwahlen 1985 wurden 40% der Funktionäre ausgetauscht. Die Ernennung der Parteifunktionäre wurde durch Wahlen ersetzt; Kriterium für den Aufstieg sollte nicht mehr die Position, sondern die Kompetenz der Kandidaten sein. Kampagnen für mehr Demokratie und gegen Amtsmissbrauch, Korruption und Trunksucht folgten. Die Wirtschaft wurde reformiert und den Betrieben etwas mehr Selbstständigkeit eingeräumt. Eine Marktwirtschaft wurde aber noch nicht eingeführt. Die Außenpolitik wurde liberalisiert. Es gab aber innerhalb Russlands weiter große Widerstände gegen den Umbau des Staates, vor allem in den mittleren Parteikadern der Regionen, die den Verlust ihrer Macht befürchteten und Veränderungen in ihrem Einflussbereich verhinderten. 1991 konnte ein Putschversuch konservativer Kräfte abgewehrt werden. In der Folge wurde aber die KPdSU verboten und den nichtrussischen Nationen sowie den kommunistischen Ländern Osteuropas, einschließlich der DDR, die Unabhängigkeit gewährt. Man einigte sich schließlich auf eine Auflösung der Sowjetunion und des Warschauer Pakts.

Seit etwa 20 Jahren erleben wir aber auch ein Beispiel für einen Übergang von bisher inklusiven Systemen in ein großes, zunehmend extraktives System:

Die europäischen Nationen bewegen sich im Rahmen der EU und vor allem mit der Einführung des Euro in die Richtung eine großen extraktiven, zentralistischen, demokratisch nicht mehr legitimierten Staatsform mit einer überbordenden Bürokratie. Wie in der ehemaligen Sowjetunion zieht eine Nomenklatura von ernannten EU-Kommissaren laufend mehr Macht an sich. Insbesondere der Euro hat wegen der fehlenden flexiblen Wechselkurse zwischen den Nationen und dem Bruch der Maastrichter Verträge eine Orgie von Reparaturmaßnahmen erforderlich gemacht: die sog. Rettungsschirme, die verantwortungslose Geldpolitik der EZB und die Bankenunion. Alle diese Institutionen sind demokratisch nicht legitimiert, niemand verantwortlich und werden von den meisten Bürgern der europäischen Staaten abgelehnt. Es ist eine Fehlentwicklung im großen Stil zu Lasten der Nationen und der nachfolgenden Generationen, an der die EU zu zerbrechen droht. Ein Pop-Titel der Beatles bekommt eine ganz neue Bedeutung im Hinblick auf die Verhältnisse und den Trend in der EU: „Back to the USSR".

Erfolgsfaktoren und Risikofaktoren

Soweit zum Modell der extraktiven und inklusiven Sozialordnungen. Was bedeutet das Modell für die Praxis? Beginnen wir hier wieder einmal mit Charles Darwin: Er meinte, das gute Funktionieren der Individuen sei für die komplexen sozialen Interaktionen in der Gesellschaft von sehr großer Bedeutung ([39] S.222). Die Basis für eine gute Sozialordnung sind demnach „gute" Menschen: Gut erzogen in der Familie und im Kindergarten, gut ausgebildet, kompetent im Beruf und als Wähler, bis hin zur ständigen Weiterbildung im Erwachsenenalter. Ich bin mir sicher, dem wird niemand widersprechen. Zu den Erfolgsfaktoren gehört aber auch eine „gute" Ethik, die die Regeln zwischen den Menschen, den Teilen der Gesellschaft und den Beziehungen der Nationen untereinander bestimmt. Dabei spielt die Verantwortung eine herausragende Rolle, nicht nur für den einzelnen Menschen, sondern in allen Ebenen der Gesellschaft bis hinauf zu den Regierenden. Der Kabarettist Claus von Wagner brachte 2013 in der Sendung „Theorie der feinen Menschen" das Problem der Gesellschaft, ganz im Sinne der Emergenz, folgendermaßen auf den Punkt: „Stellen sie sich mal vor, wie schwierig die Physik wäre, wenn die (Elementar-)Teilchen auch noch denken könnten!" Ich kehre den Vergleich hier genüsslich um: Was würde in der Natur passieren, wenn die Elementarteilchen keine Verantwortung für ihre im Rahmen der Naturgesetze vorgesehenen Eigenschaften hätten? Ein unvorstellbares Chaos …

Stabile Strukturen entstehen in der Natur bei einem Gleichgewicht von Kräften. Übertragen auf die Sozialordnung muss eine wirksame Gewaltenteilung für das (dynamische) Gleichgewicht sorgen. Angemessene Regeln für moralisches Handeln in Gesellschaft und Staat mit angemessenen Konsequenzen für die Verantwortlichen sind dafür unabdingbar. Das setzt natürlich vor allem voraus, dass die Verantwortungen nach dem Subsidiaritätsprinzip immer klar definiert, durchführbar und Personen oder Institutionen zugeordnet sind, und dass sie nicht nur für die gerade laufende Legislaturperiode gelten. Die Regeln der Zusammenarbeit müssen gut durchdacht sein, Fehlentwicklungen müssen früh erkannt und es muss wirksam gegengesteuert werden. Es wäre schon viel gewonnen, wenn ein Staat wie ein gutes Unternehmen in der Industrie strukturiert wäre und die Regierenden die persönliche Verantwortung für die Ergebnisse ihrer Tätigkeiten übernehmen müssten. In diesem Zusammenhang ist es dringend notwendig, die Veruntreuung von Steuergeldern durch Politiker als Straftatbestand wirksam zu regeln.

Risikofaktoren ergeben sich, wenn man die Erfolgsfaktoren vernachlässigt. An der Spitze der Risikofaktoren stehen einerseits menschliche Schwächen wie Machtgier, Großmannsucht, krankhaftes Streben nach geschichtlicher Bedeutung, sowie betrügerisches und opportunistisches Verhalten, und andererseits religiöser oder weltanschaulicher Fanatismus. Das Streben nach einem höheren Lebensstandard muss für sich allein kein Risikofaktor sein, denn Untersuchungen zeigen, dass jenseits eines bestimmten Grundeinkommens der materielle Wohlstand eine bemerkenswert geringe Rolle für die Zufriedenheit der Menschen spielt; vgl. [42] S.27 und [16]. Die heute übliche absolute Priorität des Wachstums ist deshalb nur soweit im Sinne der Bürger, wie sie Arbeitsplätze und einen angemessenen Wohlstand schafft und erhält. Wachstum darüber hinaus ist nur ein Ziel für die „Eliten" und ihre egoistischen Strategien. Denn mit zunehmender Größe und wirtschaftlicher Macht gelingt es offenbar großen Konzernen oder Institutionen immer mehr, Personen oder Parteien in der Politik oder ganze Staaten als Erfüllungsgehilfen für ihre meist extraktiven wirtschaftlichen Ziele einzusetzen. Oder auch kleinere Konkurrenten auszuschalten.

Als aktuelles Beispiel für diesen Trend mögen die Finanzkrisen dienen: Man lässt die Banken seit Jahren nach Belieben spekulieren, und wenn sie bankrott zu gehen drohen, werden von den Politikern riesige Summen aus Steuermitteln zur „Rettung" der Banken ausgegeben, die zum größten Teil umgehend in die Taschen der Investoren wandern, obwohl diese meist schon jahrelang an den marktüblichen hohen Renditen für die riskanten Anlagen gut verdient haben. Und das alles wird noch garniert mit unmoralisch hohen Boni für die Verantwortlichen der Fehlspekulationen in den Banken, selbst wenn sie versagt haben. Das ist ein Paradebeispiel für unkontrolliertes extraktives Verhalten von Unternehmen, verbunden mit fehlender geschäftlicher und gesellschaftlicher Verantwortung.

Bei so vielen Risikofaktoren, die mit Führungskräften zu tun haben, könnte man auf die Idee kommen, ganz ohne diese auszukommen. Aber:

Hierarchien sind sinnvoll und notwendig für die gute Funktion einer großen und komplexen Organisation. Ganz ohne geht es halt nicht.

Beispiele:
- In der Industrie gilt der Erfahrungswert, dass anspruchsvolle technische Aufgaben in Teams von max. sechs bis zehn Ingenieuren effizient bearbeitet werden können. Wenn aber noch mehr Leute an einem komplexen Thema arbeiten, ist erfahrungsgemäß eine geeignet strukturierte Organisation, verbunden mit der Festlegung von klar definierten persönlichen Verantwortungen, dem nicht strukturierten Team überlegen.
- Die Industriegesellschaft lebt davon, dass die Unternehmen gut und erfolgreich wirtschaften. Große Unternehmen sind vergleichbar mit einem kleinen Staat, nur besser organisiert: Einige zehn- bis hunderttausend Mitarbeiter, eine hierarchische Struktur, hin und wieder wird „politisch" argumentiert und gehandelt usw. Es gibt aber auch entscheidende Unterschiede: Unternehmen sind verantwortlich für ihr Geschäft und können in Konkurs gehen, die Manager haben in allen Ebenen klar dokumentierte Aufgaben und sind dafür verantwortlich, sie werden weitgehend nach Kompetenz ausgewählt und befördert usw. Wichtige komplexe Entscheidungen werden in gut geführten Unternehmen bottom up von qualifizierten Mitarbeitern vorbereitet und auf dieser Basis von den zugeordneten Managern oder der Geschäftsleitung entschieden. Und nicht zuletzt planen Unternehmen langfristig und sind nicht nur auf den Erfolg im laufenden Geschäftsjahr fixiert. Das war zumindest in der Zeit der Sozialen Marktwirtschaft so. Aus dieser kurzen Beschreibung kann man unmittelbar erkennen, was in den Staaten anders ist, und warum sie so schlecht funktionieren.

Die Demokratie gilt als beste aller Sozialordnungen, doch seit einiger Zeit werden uns in den USA, in Deutschland und auch anderswo ähnliche Gefahren wie die im Kommunismus sichtbar vorgelebt. Die Macht verdirbt auch in der Demokratie den Charakter und pervertiert die Moral der Machthaber: Verantwortungslosigkeit und Inkompetenz der Politiker in hohen Ämtern, verbunden mit der Desinformation der Bürger nehmen überhand. Das primäre Ziel dieser Politiker ist primär die Machterhaltung bis in die nächste Legislaturperiode.

Beispiele für Desinformation durch Politiker und ihre Medien:
- Als Verursacher der Finanzkrisen seit 2008 wird, wann immer möglich, die Misswirtschaft von Ländern wie Griechenland, Irland usw. angeprangert. Tatsächlich haben aber die Banken dieser Länder einschließlich ihrer internationalen Verflechtungen 80% der 322 Mrd. € „erwirtschaftet", für die allein der deutsche Steuerzahler haften soll (Stand 2012, lt. parlamentarischer Anfrage der Linkspartei im Bundestag; damals noch ohne die Schulden der spanischen Banken).

– Die Behauptung von Angela Merkel (2010) "... scheitert der Euro, dann scheitert Europa". Tatsächlich sieht es so aus, als ob die EU am Euro scheitern wird.

Die Macht und der Einfluss der Banken, Investment-Gesellschaften und international operierender Konzerne ist in der westlichen Welt inzwischen so dominant, dass man die Staaten als sog. Plutokratien betrachten muss, wo das Geld die Politik und die Medien beherrscht. Für den Aufstieg von Politikern in hohe Positionen gibt es keinerlei Kriterien wie fachliche Kompetenz, langjährige Erfolge in einem anspruchsvollen Beruf oder nachgewiesene menschliche Qualitäten. Eine politischer Aufstieg ist sehr oft ein „Sieg des Hinterns über den Kopf", des jahrzehntelangen ehrgeizigen Strebens an die Spitze einer Partei statt des Erfolgs durch Kompetenz.

Beispiele:
– Als deutscher Bundestagsabgeordneter braucht man nicht mal ein polizeiliches Führungszeugnis.
– In Italien gab es im September 2013 eine Regierungskrise, weil der rechtsgültig verurteilte Politiker Silvio Berlusconi seinen Sitz im Senat abgeben sollte, und aus Protest dagegen die Minister seiner Partei aus der Regierung abberufen wollte.

Das wichtige Prinzip der Subsidiarität wird immer mehr durch Verantwortungslosigkeit, Zentralismus und Bürokratie außer Kraft gesetzt.

Beispiel: Die Staaten der Eurozone haben wegen des Euro das marktwirtschaftlich wichtige Instrument der flexiblen Wechselkurse nicht mehr zur Verfügung. Sie können also ihre Wirtschafts- und Geldpolitik nicht mehr selbst bestimmen und werden deshalb abhängig von der EU-Bürokratie und den Subventionen anderer Staaten.

Theoretisch wäre eine wirksame, sachbezogene Kontrolle von Politik und Gesellschaft durch die Medien sinnvoll und notwendig, denn die historische Gewaltenteilung in Legislative, Jurisprudenz und Exekutive ist für die komplexe moderne Welt offensichtlich nicht mehr ausreichend. Die Medien könnten als „vierte Gewalt" eine wichtige Rolle übernehmen. In manchen sehr alten Schwarz-Weiß-Filmen ist diese Rolle einzelner Journalisten auch ab und zu ein Thema. Der Philosoph Jürgen Habermas hat dazu gesagt: „... entwickelte sich die kritische öffentliche Meinung (im 18. und 19. Jahrhundert) zu einer neuen Institution, die die Politik- und Machtinteressen der Regierenden begrenzt und so zu einem der wesentlichen Grundpfeiler der Demokratie geworden ist". Diese Hoffnung ist offensichtlich nicht erfüllt worden, zumindest was die Medien betrifft: In der modernen westlichen Gesellschaft haben sie zwar eine sehr große Wirkung auf die öffentliche Meinung, sind aber meist weder unabhängig noch kritisch noch ausreichend kompetent. Man hat den Eindruck, dass eher das sog. Propaganda-Modell von Noam Chomsky gilt: Die Öffentlichkeit wird von den Medien manipulativ in die Perspektiven der Machthaber eingebunden – während gleichzeitig der Anschein von demokratischem Prozess und Konsens gewahrt bleibt.

Beispiel: Über die neue eurokritische Partei AfD wurde mehr als ein Jahr lang von den Medien ziemlich konsequent nicht berichtet, außer im Fall von personellen Konflikten. Dabei hatte sie wenige Monate nach ihrer Gründung 4,7% der Wählerstimmen bei der Bundestagswahl 2013 erreicht.

Außerdem hat es offenbar zwischen den Medien und ihren Konsumenten in den letzten Jahrzehnten auch eine Art Ko-Evolution gegeben: Das Angebot der meisten Massenmedien, fast ausschließlich optimiert im Hinblick auf Auflage bzw. Einschaltquote, und das Konsumverhalten der Bürger hat sich gegenseitig in einer „Spirale abwärts" zu einem immer trivialeren Niveau verstärkt. Dies wird zunehmend bestimmt durch Sensationen, billige Emotionen, Neugier auf Prominente u.ä. Sachliche Informationen oder fundierte Recherchen sind Mangelware, Ansätze zur (Weiter-)Bildung der Bürger erst recht. Die Kabarettisten Hanns Dieter Hüsch und Thomas Freitag haben das Ergebnis dieses Teufelskreises schon 1992 auf den Punkt gebracht: "Maßgebend sind die Einschaltquoten, ermittelt aus der Masse der Idioten", vgl. http://www.youtube.com/watch?v=MisEzyDe0RI Das Video ist übrigens auch sonst sehr sehenswert, z.B. für angehende Autoren und die Rolle des Marketing dabei. Lobenswerte Ausnahmen von der Spirale abwärts sind einzelne populärwissenschaftliche Monatszeitschriften, die wöchentlichen Wissenschaftsteile einiger überregionaler Zeitungen, einige wenige Fernsehsendungen, z.B. um Sprachen zu lernen, oder sachorientierte Sendungen der Dritten Programme. Eine zunehmend größere positive Rolle spielen Sachinformationen und nicht staatlich gelenkte Meinungen im Internet auf Basis privater Initiativen wie Wikipedia und Teilen der sozialen Netzwerke wie facebook.

In Politik und Ökonomie (siehe nächster Abschnitt) ist ein Paradigmenwechsel überfällig. Es wird nicht alles gut, wenn man nur egoistisch auf den Kampf ums Dasein setzt, und auf die „Unsichtbare Hand des Marktes" vertraut; diese Hypothesen werden seit über 200 Jahren verkürzt verbreitet, leichtfertig oder mit Absicht. Da ein Paradigmenwechsel aber viel Zeit benötigen wird, ist es inzwischen höchst dringend zu klären und zu entscheiden, für welche Bereiche die Politiker nicht mehr zuständig sein dürfen.

Beispiel: Die lebenswichtige Verantwortung für die Deiche und das Management des zu- oder abfließenden Wassers der Polder ist in den Niederlanden seit 1255 nicht mehr in der Hand der Politik, sondern in der spezieller regionaler Genossenschaften, den sog. Waterschappen.

Eine vergleichbare Regelung wäre auch anderswo für risikoreiche, dauerhafte und hoheitliche Aufgaben sinnvoll und notwendig, wie z.B. der Versorgung mit Trinkwasser und elektrischer Energie, dem Betrieb von Atomkraftwerken und Endlagern für radioaktiven Abfall, Entscheidungen zur Gewinnung von Erdgas und Erdöl durch hydraulic fracturing usw. Wie die Erfahrung zeigt, darf man derartige Aufgaben weder den Politikern überlassen, noch einseitig profitorientierten Unternehmen.

Was halten Sie, verehrter Leser, von folgender Reform: Man entziehe den Politikern die Verantwortung für die o.g. Aufgaben sowie für die Verwendung der Steuergelder und die Erarbeitung von Gesetzen. Wenn Sie meinen, das sei ein extremer Vorschlag eines profilierungssüchtigen Buchautors, dann lesen Sie nach bei Adam Smith: Der Staat, in dem aus seiner Sicht die sog. „Unsichtbare Hand des Marktes" wirken sollte, hatte ausschließlich die Aufgabe, die Bürger vor Gewalt und Unterdrückung durch andere Teile der Gesellschaft zu schützen und bestimmte öffentliche Institutionen einzurichten, die für den einzelnen Bürger zu teuer sind.

Letzten Endes kommt in einer Demokratie eine gute Regierung aber nur dann zustande, wenn die Mehrzahl der Wähler kompetent und engagiert genug ist und sich für die Wahl der richtigen Kandidaten und Parteien fundiert entscheidet. Diese Verantwortung kann den Wählern niemand abnehmen.

Die Sozialsysteme in China

Machen wir abschließend noch ein paar Momentaufnahmen von einem ganz anderen Staatswesen, nämlich dem in China. China war seit etwa 2300 Jahren bis in die Gegenwart immer wieder bemerkenswert fortschrittlich und erfolgreich, auch wenn es häufig von Eroberungen und inneren Krisen erschüttert wurde. Die ersten konsequenten Reformen gab es bereits im Reich Qin vor 2300 Jahren: Es wurde eine Leistungsgesellschaft eingeführt, in der nur diejenigen im Staat und beim Militär hohe Ränge erreichen konnten, die auch entsprechende Leistungen brachten. Vor allem wurde die Auswahl der Kandidaten für öffentliche Ämter reformiert: Ein Amt wurde nicht mehr von Vater auf den Sohn vererbt, sondern nur fähige Menschen sollten ein Amt übernehmen. Dabei wurde nicht mehr auf die Herkunft geachtet; Geburtsrechte gab es ausschließlich im Königshaus. Adlige, die keine militärischen Erfolge aufweisen konnten, verloren automatisch ihren Stand. Ab 600 bis zum Ende der Kaiserzeit 1905 wurde die Auswahl zunehmend auf der Basis eines Systems anspruchsvoller Prüfungen getroffen.

Das Belehnungssystem in der Landwirtschaft wurde abgeschafft und das Land wurde an die Bauern verteilt. Damit wurden die Bauern aus der Leibeigenschaft befreit. Werkzeuge aus Eisen setzten sich durch, Bewässerungsanlagen wurden gebaut, und die Benutzung der Magnete zur Anzeige der Himmelsrichtung war bekannt. Es war auch die Blütezeit der chinesischen Philosophie, seit 2400 Jahren mit dem Konfuzianismus als Schwerpunkt. So ertüchtigt, konnte Qin bis 221 v. Chr. ganz China unter der Han-Dynastie vereinigen. China erhielt das effektive Verwaltungssystem des Reiches Qin und das umfassende Prüfungssystem für Beamte. Diese erfolgreichen Maßnahmen machten die Han-Zeit zu einer Blütezeit Chinas.

Der Konfuzianismus wurde zur Staatsphilosophie und blieb es weitere zweitausend Jahre. Die Inhalte und die Rolle des Konfuzianismus waren sicher einer der dauerhaften Erfolgsfaktoren Chinas: Der Konfuzianismus war keine Religion mit dem Anspruch auf die alleinige Wahrheit, sondern eine lebendige Philosophie; er war nicht verbunden mit der Unterdrückung anderen Wissens, sondern offen für die Weiterentwicklung. Während im christlichen Mittelalter Europa unter dem Diktat der Religion völlig in Stagnation versank, außer vielleicht in der Kriegstechnik, die für die Macht der Fürsten aller Art nützlich war, war China dem Abendland zwischen 500 und 1500 in fast allen Bereichen überlegen. Am deutlichsten war dieser Vorsprung in Wissenschaft und Technik. Die Chinesen machten Entdeckungen, die dem Westen erst Jahrhunderte später gelangen: Bereits ab 400 Schmelzöfen für hohe Temperaturen, später die Herstellung von Stahl, die Erfindung von Papier, Porzellan, des Buchdrucks und des Schwarzpulvers. Auch der Stand in den Naturwissenschaften war dem der Europäer überlegen, sowie die Methoden in der Landwirtschaft.

Im 19. Jahrhundert erlebte China massive soziale Spannungen. Durch Naturkatastrophen in Verbindung mit dem vermehrtem Invasionsdruck der zu dieser Zeit militärisch überlegenen Europäer, insbesondere Englands wegen seines Handelsdefizits durch Teeimporte, wurde China mehr und mehr auf das Niveau einer Kolonie der Europäer herabgedrückt. Nach der Eroberung durch Japan und dem kommunistischen Umsturz ging China zunächst den extraktiven Weg aller kommunistischen Planwirtschaften. Aber ab 1976, nach dem Ende der sog. Kulturrevolution, hat das Land aus eigener Kraft durch Reformen den Weg zu einer sozialistischen Marktwirtschaft mit wachsenden inklusiven Regelungen beschritten, die Volkskommunen wurden aufgelöst und den Bauern wurde erlaubt, auf eigene Rechnung zu wirtschaften. Chinas Wirtschaft gehört seither zu den am schnellsten wachsenden der Welt.

Die „Unsichtbare Hand des Marktes"

Wie kam es im 19. und 20. Jahrhundert zur rasanten Entwicklung der Technik und der Industrie in Mitteleuropa? Es war offensichtlich eine Ko-Entwicklung von Kultur, Wissenschaft und Technik, in der Ebene des Geistes und der handwerklichen Fähigkeiten. Aus Handwerkern, die Ideen für neuartige Produkte hatten wie elektrische Lampen, Telegrafen, Dampfmaschinen, Autos usw., wurden Maschinenbau- und Elektro-Ingenieure, aus Handwerksbetrieben entwickelten sich Werke, die Produkte in größeren Stückzahlen fertigen konnten, und das alles auf Basis der wissenschaftlichen Erkenntnisse und der zunehmend besser organisierten Nutzung von Wasserkraft, Bodenschätzen und der Sonnenenergie. Das führte in wenigen Jahrzehnten, nach einer Phase verstärkter Armut durch Landflucht und industrieller Ausbeutung zu einer erheblichen Verbesserung der Lebensbedingungen der Menschen, von der schließlich auch die gesamte Bevölkerung profitiert hat. Diese gesellschaftliche Entwicklung hatte eine derartige Kraft, dass sie auch die historischen extraktiven Gesellschaftssysteme beseitigt hat. Die naturwissenschaftliche Basis dafür waren die wachsenden Kenntnisse in Bereichen wie Thermodynamik, Elektromagnetismus, und später in der Festkörperphysik, der Lasertechnik und der Informationstechnologie. Die industrielle Entwicklung brachte wieder verbesserte Möglichkeiten für die Wissenschaft, sei es in der zunehmend besseren Ausbildung für immer mehr Menschen, den verbesserten Geräten, den verfügbaren finanziellen Mitteln usw. Beide Bereiche verstärkten sich gegenseitig in einer wissenschaftlich-technischen Ko-Evolution.

Unser Wohlstand und unser gutes Leben beruhen seither auf unserer guten Erziehung und Ausbildung, einschließlich der handwerklichen Ausbildung zum Gesellen und Meister, dem Handwerk und der gut funktionierenden, wenn auch immer wieder gern verteufelten Industrie. Vor allem aber in der pluralistischen Einbindung der Interessen und Aktivitäten möglichst vieler Menschen in alle diese Prozesse, ganz im Sinne der Emergenz. Ausschlaggebend ist der gute Wirkungsgrad, mit dem wir die Energiereserven der Natur auf unserer Erde (noch) nutzen können. Zukünftig wird es dabei mehr um die Energie von der Sonne gehen, sobald die mit ihrer Nutzung verbundenen Probleme wie Wirtschaftlichkeit, Energieverteilung und Energiespeicherung gelöst sind.

Diese Entwicklung wurde zweimal durch Weltkriege wieder zunichte gemacht. Die wirtschaftliche Erholung und der Wohlstand nach dem Zweiten Weltkrieg hat bisher angehalten, aufgrund der weiteren großen Fortschritte der Technik und der Naturwissenschaften, und trotz der zuletzt eher schlecht funktionierenden Staatswesen. Die Risiken sind allerdings in der Europäischen Union inzwischen erheblich größer geworden, vor allem aufgrund der leichtfertigen Einführung des Euro. Die Probleme der EU werden seit Jahren, ähnlich wie in der USA, nur durch die praktisch zinslosen Kredite der Europäischen Zentralbank und die ständige Schöpfung neuer Euros durch die Kredite der Banken vertuscht. Die Rechnung für diese Misswirtschaft wird dann spätestens der nächsten Generation präsentiert.

Die rasche Entwicklung der Industrie und ihrer Märkte in den letzten 200 Jahren geschah ganz im Stil spontaner Selbstorganisation, aber oft in eine dafür nicht vorbereitete Welt hinein. Manchmal sogar gegen den erbitterten Widerstand weiter Teile der Gesellschaft, die in den primär religiös beeinflussten Traditionen verhaftet war und alle Änderungen als „Teufelszeug" ablehnte. Welche Kenntnis hatte die Gesellschaft von den Spielregeln der Wirtschaft?

Freiheit und Verantwortung

Der Athener Philosoph Xenophon hat bereits vor 2400 Jahren Zusammenhänge in der Wirtschaft analysiert und beschrieben, die die moderne Ökonomie erst im 19. Jahrhundert wieder entdeckt hat. Beispielsweise, dass eine Vergrößerung der Einnahmen von Athen am besten durch eine Ausweitung des Handels erreicht werden kann, auch unter Einbeziehung von Immigranten und der Spezialisierung der

Handwerker in größeren Märkten. Er berücksichtigt bereits die menschliche Motivation, etwas Besonderes zu sein, und schlägt z.B. für erfolgreiche Händler Ehrensitze im Theater vor. „Wir können durchaus sagen, dass sein (Xenophons) ökonomischer Horizont breiter und in vieler Hinsicht tiefer war als der von Adam Smith" ([35] S.136). Der Ökonom und Philisoph Adam Smith schrieb 1776 in seinem Buch *The wealth of nations* folgendes über die Handlungen des Einzelnen: „By pursuing his own interest he frequently promotes that of the society more effectually than when he really intents to promote it." Wer da, wie bisher meist üblich, „own" mit „egoistisch" übersetzt, hat bereits den ersten gravierenden Fehler bei der Interpretation gemacht; egoistisch wird im Englischen mit „selfish" beschrieben. Wichtig ist doch nur, dass der persönliche Antrieb des Einzelnen, im Sinne einer inklusiven Ordnung aktiv zu werden, etwas zu unternehmen und etwas besitzen zu wollen, nicht nur für ihn, sondern für alle gut ist.

Beispiele: Der Kommunismus hat diese persönliche Motivation bei seinen Bürgern weitestgehend unterdrückt, zusammen mit dem Verbot privater Produktionsmittel, und wäre schon allein deshalb langfristig gescheitert. In der Volksrepublik China hat man die Privatwirtschaft ab etwa 1980 wieder zugelassen und damit ein großes wirtschaftliches Wachstum erreicht.

Zum zweiten hat Adam Smith wahrscheinlich gemeint, dass der „Schuster bei seinem Leisten bleiben" und sich nicht anmaßen sollte, als Einzelner für die ganze Gesellschaft planen zu können. Das soll er der „Unsichtbaren Hand des Marktes" überlassen, dem kollektiven Zusammenwirken aller Teilnehmer am Markt, das nach Friedrich von Hayek und anderen spontan wirtschaftliche Ordnung entstehen lässt. Für die gesamtwirtschaftliche Ordnung und die Abstimmung der einzelnen ökonomischen Aktivitäten soll dabei allein der Preismechanismus sorgen und ausreichend sein, glaubte man. Das gilt aber nur, wenn es keine Preisabsprachen, keine Subventionen und keine marktbeherrschenden Monopole gibt.

Die falsch interpretierte Regel, nach der sich die Teilnehmer des ökonomischen Marktes beliebig egoistisch verhalten dürfen, weil ja trotzdem alles gut wird, wurde bis heute unkritisch oder absichtlich fortgeschrieben nach dem Motto: „Wenn jeder nur an sich denkt, ist an alle gedacht". Sie wurde sogar noch verschärft, z.B. durch Herbert Spencer und Milton Friedman. Dabei wurde aber verdrängt, dass derselbe Adam Smith schon in seinem Buch „Zur Theorie der ethischen Gefühle" die Metapher von der „Unsichtbaren Hand" verwendet hat, aber in einem deutlich anderen Sinne: Um zu beschreiben, wie die Wohlhabenden, ohne dies bewusst zu beabsichtigen, dazu geleitet werden, ihren Reichtum mit den Armen zu teilen. Das verschweigen uns aber die Vordenker der Heuschrecken unter den Kapitalisten geflissentlich. Die Realität sieht oft ganz anders aus: Für die Verluste der verantwortungslosen Spekulationen der Banken am Finanzmarkt müssen die Steuerzahler aufkommen:

Das ist eine Anwendung der bekannten ungeschriebenen und unmoralischen Regel: „Gewinne privatisieren, Verluste sozialisieren!"

Die überzogene Optimierung der Unternehmen auf den Gewinn der Aktionäre (den sog. shareholder value) führt zu einseitiger extraktiver Maximierung der Gewinne für die Investoren, und zu kurzatmiger Optimierung der Unternehmen zu Lasten ihrer Konkurrenzfähigkeit und Überlebensfähigkeit, bis hin zum Export oder Verlust der Arbeitsplätze. Gewinne werden oft in undurchsichtig verflochtenen internationalen Konzernen weiter transferiert und nicht dort versteuert, wo die Wertschöpfung stattfindet. Die treibenden Kräfte hinter dieser negativen Entwicklung sind die großen Investoren: Banken, Versicherungen und Hedgefonds. Das sind die offensichtlich extraktiven Institutionen in den ansonsten weitgehend inklusiven kapitalistischen Demokratien. Sie bewegen aber Geldmengen, die ein mehrfaches der Bruttosozialprodukte betragen, und sind deshalb enorme Risikofaktoren. Unterm Strich werden durch diese Machenschaften die ganz Reichen immer reicher, und alle anderen immer ärmer. Das gilt sowohl für die einzelnen Menschen als auch für ganze Länder. Es sind die offensichtlichen Folgen des Glaubens an die einseitige Berechtigung von Egoismus und Gier in den Märkten!

Ein Beispiel dazu: Der US-Großinvestor Warren Buffet (54 Mrd. $ Vermögen) hat 2006 in einem Interview mit der New York Times gesagt: „... richtig, es ist Krieg, reich gegen arm; aber es ist meine Klasse, die Klasse der Reichen, die den Krieg führt, und wir gewinnen"!

Die von Ludwig Erhardt propagierte Soziale Marktwirtschaft war in dieser Hinsicht die bessere Lösung. Leider wird der Begriff sehr unterschiedlich interpretiert. Man ist sich jedoch einig, dass er irgendwo in der Mitte steht zwischen dem gänzlich unregulierten Heuschrecken-Kapitalismus US-amerikanischer Prägung und der zentralen Planwirtschaft der kommunistischen Staaten. Völlig vergessen wurde inzwischen offenbar, dass „die Eigentümer von Produktivkapital sich nicht nur die Gewinne aneignen, sondern auch die volle Haftung für getroffene Fehlentscheidungen tragen" (http://www.juergen-paetzold.de/einfuerung_mawi/2_MAWI.html). Wenn man die soziale Marktwirtschaft als Kompromiss zwischen persönlicher unternehmerischer Freiheit und angemessener staatlicher Lenkung sieht, so würde sie zumindest das übliche Kriterium in der Natur erfüllen, dass Stabilität nur beim dynamischen Gleichgewicht von mindestens zwei Kräften entsteht. Allerdings nur unter der Bedingung, dass die staatliche Lenkung kompetent, nachhaltig und frei von Lobbyismus und Korruption erfolgt. Der Begriff der Freiheit wird im Zusammenhang mit der kapitalistischen Sozialordnung immer gern und plakativ verwendet, um nicht zu sagen missbraucht. Nämlich als Freiheit „von" etwas, insbesondere der Freiheit der Mächtigen von jeglicher Kontrolle. Unter dem Aspekt der Emergenz muss sie aber als Freiheit „wozu" verstanden werden: Zur inklusiven Beteiligung möglichst vieler kompetenter Bürger in der Wirtschaft und der Politik im Rahmen angemessener Regeln.

In der Ökonomie nimmt inzwischen die Mathematik als Aushängeschild für scheinbare Exaktheit einen breiten Raum ein. Die Mathematik ist hier aber kein Selbstzweck, sondern nur ein Werkzeug zur Verifizierung der ökonomischen Modelle. Entscheidend ist, ob die Modelle das beobachtete Verhalten des Marktes wiedergeben, oder nicht. Und falls die Modelle nichtlineare Abhängigkeiten beinhalten, ist der Einsatz der Mathematik sowieso fragwürdig. Frei nach Alfred Marshall würde spätestens dann auch der gesunde Menschenverstand ausreichen, in Englisch natürlich ... Außerdem spielt auch hier das Verhalten der Menschen eine entscheidende Rolle, denn das ist höchst nichtlinear und lässt sich deshalb nicht mathematisieren.

Betrachten wir als Beispiel die Taylor-Regel (FAZ 20.7.2013): „Der aktuelle nominale Leitzins ergibt sich als Summe aus seinem langjährigen realen Durchschnitt, der erwarteten Inflationsrate, der halben Abweichung der tatsächlichen Inflationsrate vom Ziel und der halben Abweichung des tatsächlichen realen Bruttoinlandsprodukts von seinem Potential". Selbst wenn diese Formel zutreffend und ihre Größen gut definiert wären (sie gilt aber bestenfalls grob empirisch) so hätte man das Problem, dass nicht alle Eingangsgrößen genau genug definiert sind und (wie beim idealen Gas in der Physik) erst recht nicht zu genau einem Zeitpunkt alle Anfangswerte genau genug bestimmt werden können.

Es ist ein Beispiel dafür, dass die Mathematik die reale ökonomische Welt nicht zuverlässig beschreiben kann. Darauf wies schon Friedrich von Hayek hin [13]: „Selbst wenn die Ökonomen ein allumfassendes Gleichungssystem aufstellen könnten, sie bekämen die vollständigen und ausreichend korrekten Anfangsbedingungen für die Lösungen der Gleichungen niemals zusammen".

Weitere Beispiele ([34] S.356):
- Irving Fisher, ein führender mathematischer Ökonom der 1920er Jahre, verkündete noch zehn Tage vor dem Schwarzen Freitag 1929 in New York, die Aktienkurse hätten ein dauerhaft hohes Niveau erreicht.
- Alan Greenspan, 18 Jahre lang Chef der FED, räumte 2008 nach der ersten Welle der Bankenkrise ein, dass die unzureichende Regulierung der Banken ein Fehler gewesen sei.
- Die Planer im kommunistischen Ostblock hatten bis zuletzt gehofft, mit der Mathematik und immer leistungsfähigeren Computern ihre Wirtschaft zentral planen und beherrschen zu können. Aber sie sind bekanntlich gescheitert, nicht zuletzt weil sie den Faktor Mensch nicht ausreichend berücksichtigt haben.

Aus Sicht der Emergenz sind das einerseits Indizien für falsche, teilweise unsoziale Regeln in der Ökonomie, und andererseits für das Scheitern des Glaubens, alles berechnen zu können. Die Entwicklung der Wirtschaft und das Verhalten des Marktes sind sehr komplexe Vorgänge; sie werden entscheidend durch die Selbstorganisation der Menschen und ihrer ökonomischen Institutionen geprägt und brauchen auf jeden Fall ein Mindestmaß an ethischen Grundsätzen. Dies alles ist im Laufe des 20. Jahrhunderts von einem Übermaß an Egoismus und dem Glauben an mathematische Formeln mehr und mehr verschüttet worden.

Beispiel: Wie krank das Selbstverständnis der internationale Bankenwelt ist, sieht man daran, dass die Investmentbanker auch dann noch mit riesigen Boni belohnt werden, wenn sie durch Fehlspekulationen Milliarden-Verluste „erzielt" haben, für die dann der Steuerzahler aufkommen muss. Wegen der starken Abhängigkeit der Staaten von den Banken versuchen die Politiker, dieses unmoralische Verhalten auszusitzen.

Die stärksten Impulse sind in dieser Hinsicht von der USA ausgegangen, wo man mit geradezu religiösem Eifer an den Dollar glaubt, und daran, dass zum Zusammenraffen möglichst vieler Dollars alles erlaubt ist. In einer globalisierten Welt sind die Gefahren von derartig unkontrolliertem nationalen, wirtschaftlichem und sozialem Egoismus besonders groß.

Kollektive Internet-Projekte

Zum Abschluss noch zwei sehr positive Beispiele für das, was bei der weltweiten konstruktiven Zusammenarbeit vieler Menschen im Sinne der

Emergenz möglich ist, wenn Machtbesessenheit und Geldgier keine Rolle spielen: Die Projekte *Linux* und *Wikipedia*. Diese Projekte folgen in direkter Linie der Verbesserung der Fähigkeiten des Menschen zur Kommunikation und Zusammenarbeit; hier noch mal die wichtigsten Schritte:

- Zu Beginn ermöglichte die Sprache die Abstimmung über kleinere Entfernungen, und die mündliche Weitergabe von Lebenserfahrungen und Kulturgütern.

- Die Erfindung der Schrift und die Fähigkeit zu lesen halfen dann, durch Briefe und Schriftstücke Raum und Zeit im größeren Stil zu überwinden.

- Dies wurde weiter verstärkt durch die Erfindung der Bücher und ihre freie Zugänglichkeit in Bibliotheken.

- Durch Telefon und Internet und die damit gegebene online-Fähigkeit wurde auch der zeitliche Verzug (Transport der Briefe, Druck der Bücher) noch eliminiert, so dass man heute weltweit mit jedem Menschen fast so kommunizieren kann, als würde er gegenüber sitzen.

- Hinzu kommt, dass es im Internet inzwischen eine große Wissensbasis gibt, die unmittelbar online und kostenlos zur Verfügung steht. Dadurch wird der mögliche Fortschritt in Wissenschaft und Technik weiter beschleunigt, und ganz neue Dinge wie kollektive weltweite Projekte sind möglich geworden. Leider nicht nur gute, sondern auch schlechte, solange wir keine bessere Ethik befolgen.

- Dadurch wäre auch eine wirksame Verbesserung des Wissens in der Gesellschaft möglich, denn fast jeder hat heute einen PC. Leider sind die meisten Menschen inzwischen zu der bereits erwähnten seichten und an Sensationen orientierten Unterhaltung der Medien umerzogen worden und haben überwiegend wenig Interesse für Wissen und Weiterbildung.

Jede neue kommunikative Fähigkeit hat die menschliche Kultur und damit auch die Weiterentwicklung der Zusammenarbeit gefördert. Das ist ein eindrucksvoller Erfolg der Ko-Evolution von Möglichkeiten und Fähigkeiten.

Und nun zu den zwei Beispielen für „gute" Projekte: Bei Linux handelt es sich um ein Softwareentwicklungs-Projekt für ein komplettes Betriebssystem. Ein Betriebssystem ist eines der komplexesten Produkte, das es in der Informationstechnik gibt. Wikipedia ist ein sehr umfangreiches Internet-Lexikon, das alle Bereiche des Wissens umfasst und ständig erweitert und aktualisiert wird. An beiden Projekten haben weltweit Tausende von Menschen ehrenamtlich gearbeitet, und mit einem relativ geringen Aufwand an zentraler Administration und Qualitätssicherung Systeme geschaffen, die es an Funktionalität und Qualität mit jedem kommerziellen Produkt aufnehmen. Beide sind seit Jahren produktiv im Einsatz. Beide Projekte sind sehr gut dokumentiert, so dass ich mich hier auf eine Zusammenfassung der wichtigsten Aspekte für deren kollektive Entwicklung beschränken kann. Aus Sicht der Emergenz sind die beteiligten Fachleute die Elemente, die spontan und gemeinsam mit ihrem Fachwissen nach bestimmten vorgegebenen Regeln, beides als Teile der Wechselwirkungen, die emergente Funktionalität und Struktur der genannten Informationssysteme entwickelt haben.

Internet-Lexikon Wikipedia

Das Internet-Lexikon Wikipedia umfasst rund 30 Millionen Artikel (Stand 2013; sie entsprechen den Stichworten) in über 280 Sprachen, davon 1,5 Millionen allein in der deutschsprachigen Ausgabe. Die Artikel werden seit 2001 jeweils von mehreren, unentgeltlich arbeitenden Autoren konzipiert, verfasst und fortwährend gemeinschaftlich korrigiert, erweitert und aktualisiert. Die Autoren sind weitgehend gleichberechtigt. Die Arbeiten werden von speziellen Programmen unterstützt, die auch ermöglichen, dass mehrere Autoren gleichzeitig online im Internet-Browser an dem gleichen Artikel arbeiten können. In diesem offenen Bearbeitungsprozess hat Bestand, was von der Gemeinschaft der Autoren akzeptiert wird.

Beispiele:
- An der deutschsprachigen Ausgabe haben 2009 regelmäßig mehr als 6.700 Autoren mitgearbeitet.
- Alle Artikel haben Benutzungs-Zähler, an denen man ablesen kann, dass gängige Stichworte täglich einige hundert bis einige tausend Mal nachgeschlagen werden: Im Juni/Juli 2013 z.B. das Stichwort Wikipedia 120 000 mal in 30 Tagen, und Emergenz 8400 mal .

Die zentralen Computer für Wikipedia benutzen übrigens das Betriebssystem Linux. Der Begriff „Wiki" kommt vom hawaiischen Wort für „schnell", einer wichtigen Eigenschaft des Lexikons.

Für die Selbstorganisation der Wikipedia-Autoren gelten folgende Regeln:

- Wikipedia ist eine Enzyklopädie.
- Beiträge sind so zu verfassen, dass sie dem Grundsatz des *neutralen Standpunkts* entsprechen.
- Geltendes Recht – insbesondere das Ureberrecht – ist strikt zu beachten.
- Andere Benutzer sind zu respektieren und die Wikipedia-Etikette ist einzuhalten.

Für die Qualität des Inhalts ist die Regel vom neutralen Standpunkt entscheidend: Ein Artikel soll so geschrieben sein, dass ihm möglichst viele Autoren zustimmen können. Existieren zu einem Thema unterschiedliche Ansichten, so soll der Artikel diese fair beschreiben, aber nicht selbst Position beziehen. Entsprechend wird abgestimmt, welche Themen in die Enzyklopädie aufgenommen werden. Soziale Prozesse gewährleisten, dass diese Neutralität eingehalten wird, was bei kontroversen Themen oft zu längeren Diskussionen im Internet führt.

Zum Stichwort Etikette: Die Erfahrung zeigt, dass sich unfreundliches Verhalten in Wikipedia nicht auszahlt: Man erlangt schnell eine entsprechende Reputation und muss damit rechnen, dass andere Nutzer die eigenen Bearbeitungen besonders kritisch lesen. Und der gleiche Nutzer, den man gerade unfreundlich behandelt hat, ist vielleicht schon beim nächsten eigenen Artikel ein potenzieller Verbündeter ... Wir kennen diese soziale Strategie schon: *Tit for Tat* in mehreren Kooperationszyklen.

Für die Koordinierung der Wikipedia-Entwicklung gibt es zwar eine Hierarchie, die ist aber sehr überschaubar:

- Autoren mit einer Benutzerkennung, die bereits eine bestimmte Zahl von Bearbeitungen vorgenommen haben, verfügen über zusätzliche Rechte.
- Besonders engagierte Teilnehmer können von der Autorengemeinschaft zu Administratoren gewählt werden. Administratoren haben erweiterte Rechte und Aufgaben, z.B. das Recht, die Bearbeitung von umstrittenen Artikeln für nicht angemeldete Benutzer zu sperren, oder auch Bearbeiter zeitweise auszuschließen, die grob oder wiederholt gegen die Regeln verstoßen.
- Es gibt in mehreren Sprachversionen auch ein Schiedsgericht, das über Fragen entscheidet, die anders nicht zu klären sind.

In der deutschen Wikipedia-Version gibt es seit 2007 sog. Mentoren, die neuen Autoren den Einstieg erleichtern sollen. Trotzdem ist die Zahl der Autoren offenbar rückläufig. Ein Grund dafür dürfte sein, dass sich auch in Wikipedia ein „Establishment" herausgebildet hat, das zusammen mit einigen „Hofschranzen" sein (etwas veraltetes) Wissen schützt und neue Autoren mobbt, wenn deren Beiträge ihren Denkgewohnheiten nicht entsprechen. Ein anderer Grund könnte sein, dass Wikipedia aufgrund seines großen Erfolgs auch für die Versuche von Ideologen und PR-Agenturen interessant ist, ihre Sichtweisen in Wikipedia unterzubringen. Es soll mittlerweile immer weniger ehrenamtliche Autoren geben und immer mehr, die für derartige Interessengruppen arbeiteten - sogar direkt als einflussreiche Wikipedia-Administratoren.

Betriebssystem Linux

Linux ist ein freies Betriebssystem, das kompatibel zum kommerziellen Betriebssystem UNIX der Firma AT&T ist. UNIX war in den 1980er Jahren an den Universitäten weit verbreitet, das Programm selbst, in dem man etwas ändern kann (der sog. Quellcode) wurde von AT&T aber nicht zur Verfügung gestellt, sondern nur die Übersetzung, die auf dem Computer ablaufen kann. Da der Quellcode in den 1970er Jahren aber schon für die Universitäten verfügbar gewesen war, wurde das Projekt GNU gestartet, um wieder ein Betriebssystem samt Quellcode zu haben. 1992 wurde dafür der Kern, die Hardware-nahe Software, die der Finne Linus Thorwalds entwickelt hatte, unter dem Namen Linux freigegeben. Die Verfügbarkeit des Quellcodes machte das System für eine noch größere Zahl von Entwicklern interessant, da sie die Anpassung, Änderung und Verbreitung vereinfachte. Die garantierte Freigabe des Quellcodes war damals völlig ungewöhnlich, geradezu ein Paradigmenwechsel, entwickelte sich aber rasch zum wichtigen Erfolgsfaktor von Linux und hat die erfolgreiche kollektive Weiterentwicklung möglich gemacht. Auch die Rechte an der Software wurden freigegeben, und damit den Endbenutzern (Privatpersonen, Organisationen und Firmen) erlaubt, die Software anzuwenden, andere Software davon abzuleiten, sie zu kopieren, zu verbreiten und zu ändern (sog. GNU General Public License). Bedingung ist dabei nur, dass auch Software, die von Linux abgeleitet wird, unter der gleichen freien Lizenz allgemein zur Verfügung steht.

Linux ist modular aufgebaut, aus dem Kern und vielen darauf aufbauenden Subsystemen, und kann deshalb sehr flexibel von Softwareentwicklern auf der ganzen Welt weiterentwickelt werden, die an den verschiedenen Subsystemen und an Projekten mitarbeiten. Der Kern wird in Abhängigkeit von der Anwendung mit einer Reihe von Subsystemen gebündelt, getestet, freigegeben und eingesetzt. Die Entwicklung von Linux liegt wegen der Verfügbarkeit des Quellcodes, der freien Lizenz und einem sehr offenen Entwicklungsmodell nicht in der Hand von Einzelpersonen, Konzernen oder Ländern, sondern in der Hand einer weltweiten Gemeinschaft vieler Programmierer, die sich in erster Linie über das Internet austauschen. Durch diese unkomplizierte Vorgehensweise ist eine schnelle und stetige Entwicklung gewährleistet, die auch die Möglichkeit mit sich bringt, dass jeder dem Kern und den Subsystemen Fähigkeiten zukommen lassen kann, die er benötigt. Eingegrenzt wird dies nur durch die Kontrolle von Linus Torwalds und einigen speziell ausgesuchten Programmierern, die das letzte Wort bei der Aufnahme von Verbesserungen und Änderungen haben.

Beispiel: Auf diese Weise entstanden im Jahr 2007 im Mittel täglich ca. 4.300 Zeilen neues Programm, wobei auch ca. 1.800 Zeilen gelöscht und 1.500 geändert wurden. An der Koordination der Entwicklung sind derzeit weltweit ungefähr 100 Verantwortliche für 300 Subsysteme beteiligt.

Sie werden sich vielleicht fragen, ob bei einem so komplexen Software-System die „vielen Köche nicht den Brei verderben"? Das Gegenteil ist der Fall: Linux ist nicht nur sehr flexibel in der Entwicklung, sondern auch sehr zuverlässig in der Anwendung: Es ist bei den zentralen Server-Computern wie auch im mobilen Bereich eine feste Größe, und das ist nur möglich, wenn Qualität und Zuverlässigkeit stimmen.

Fazit: Bei kollektiven Goodwill-Projekten fernab von Medien, Politik und Geld zeigen die Menschen ihre wahre kooperative Natur!

17. Rückblick und Ausblick

Beim „Thema mit Variationen" zum Leitmotiv der Emergenz hoffe ich plausibel gemacht zu haben, dass in unserer Welt die spontane Selbstorganisation vieler Elemente auf der Basis ihrer Wechselwirkungen zu emergenten Systemen mit neuen kollektiven Eigenschaften und Fähigkeiten als durchgängiges Konzept eine bedeutende Rolle spielt. Da ausschließlich unsere idealisierte makroskopische Welt einfach ist, die Verhältnisse aber unterhalb und oberhalb derselben sehr komplex sind, ist die Selbstorganisation als Konzept auch notwendig. Sie unterstützt ein relativ einfaches Verständnis der Welt, wenn man sich auf die Betrachtung der emergenten Systeme von außen beschränkt, also auf ihre Strukturen und Funktionen oder Fähigkeiten. Die Wechselwirkungen innerhalb der Systeme beruhen direkt oder indirekt auf den Naturgesetzen, abhängig vom jeweiligen System. Sie sind in keinem Fall einfach, in der Welt der Atome aber relativ streng und einschränkend. Weiter „oben" in der Hierarchie der Systeme (vgl. Bild 1), bei der biologischen Evolution und in der Welt des Geistes, werden auch die Wechselwirkungen immer komplexer und vielfältiger, weil sie auf den Funktionen der Systeme darunter aufbauen.

Die Kraft der Selbstorganisation und der Erfolg der emergenten Systeme kommt aus der großen Anzahl und Vielfalt der Elemente, die symbiotisch zusammenwirken. Auch in der menschlichen Gesellschaft steckt das Potential zur Weiterentwicklung und zur schöpferischen Anpassung an größere Änderungen in der pluralistischen Beteiligung möglichst vieler kompetenter und kooperativer Bürger in einem inklusiv aufgebauten Sozialsystem.

Die seit 200 Jahren weit verbreitete Meinung vom Kampf ums Dasein sowie die von der Aggression und des Egoismus als dem überwiegenden Erbe der Menschheit hält einer naturwissenschaftlichen Analyse nicht stand. Man muss sie vorwiegend als bequeme Rechtfertigung der Reichen und Mächtigen in unserer Welt sehen. Die Evolution hat nachweislich nicht auf der Basis des blinden Zufalls von Mutationen und der gnadenlosen Selektion beim Kampf ums Dasein stattgefunden. Sie ist sehr viel stärker durch kooperative Prozesse der Selbstorganisation wie Symbiosen, Ko-Evolutionen und soziale Kooperationen bestimmt worden. Die Empathie und das eusoziale Verhalten haben dabei eine sehr große Rolle gespielt. Es ist höchste Zeit, diese Erkenntnis zum Allgemeingut zu machen, und die ethischen und moralischen Regeln der menschlichen Gesellschaft danach neu auszurichten. Der Erfolgsfaktor der Evolution einschließlich der sozialen Entwicklung des Menschen ist nicht der Kampf ums Dasein, sondern die synergetische Zusammenarbeit. Er zeigt uns die Richtung auf für die Weiterentwicklung von Ethik und Moral in der menschlichen Gesellschaft.

In der westlichen Welt und in vielen anderen Ländern hat in den letzten Jahrhunderten das Wissen der Menschen über die Natur und ihre Gesetze erheblich zugenommen, und als Folge davon auch die Möglichkeiten der Technik, der Medizin, der inklusiven Sozialordnungen sowie der allgemeine Wohlstand. Aber als Folge auch die Fähigkeit, Ideologien und Pseudowissenschaften kritisch zu betrachten. Dadurch haben die extraktiven „Eliten", die auf religiösem Glauben, der angeblich von Gott gewollten absoluten Herrschaft, dem oberflächlichem Glauben an eine „Herrenrasse" oder auf der „Diktatur des Proletariats" aufgebaut waren, stark an Macht und Einfluss verloren. Wenn es gelingt, Ethik und die Moral aus den religiösen Fesseln zu befreien, sollte auch für diese eine erhebliche Weiterentwicklung möglich sein, und in der Folge eine ethische und moralische Neuausrichtung der Gesellschaft. Dafür muss aber das Wissen der meisten Menschen noch erheblich verbessert werden, denn ... „Wissen ist Macht", es verleiht die Kraft zum selbstständigen und kritischen Denken.

Diese Entwicklung wird durch die großen Fortschritte der Informationstechnik gefördert, die die Zugänglichkeit des Wissens, die Möglichkeiten der Kommunikation und die von informellen Organisationen erheblich verbessert. Ich bin überzeugt, dass wir den Rückstand von Ethik und Moral im Vergleich zu Naturwissenschaft und Technik auf der Basis der weiteren Verbreitung der naturwissenschaftlichen Erkenntnisse, die auch die Geisteswissenschaften beeinflussen werden, wieder aufholen können.

Es ist höchste Zeit dafür!

Anhang

Literatur

[1]   D. Acemoglu, J. A. Robinson: Warum Nationen scheitern, Fischer 2013
[2]   P. W. Anderson, More is different, Science 177 (1972) 393-6
[3]   P. W. Anderson, Sources of Quantum Protection in High T_c Superconductivity,
      Science 288 (2000) 480
[4]   R. Axelrod: Die Evolution der Kooperation, Oldenburg 2005
[5]   BioMAX 29, Max Planck Gesellschaft, 2013
[6]   M. Eigen: Selforganization of Matter and the Evolution of Biological Macromolecules,
      Naturwissenschaften, Heft 10, S. 465-523, 1971
[7]   M. Eigen: Stufen zum Leben, Piper 1987
[8]   H. Fritzsch: Die verbogene Raumzeit, Piper 1996
[9]   K. R. Gegenfurtner: Gehirn und Wahrnehmung, Fischer 2003
[10] C. Gerthsen: Physik, Springer 1986
[11] B. Goodwin: Der Leopard, der seine Flecken verliert, Piper 1997
[12] J. Greve und A. Schnabel: Emergenz, Suhrkamp 2011
[13] Fr. von Hayek: Die Theorie komplexer Phänomene*, in: Die Anmaßung von Wissen,
      Mohr 1996   *) Manuskript von 1961
[14] T. Holland: Im Schatten des Schwertes, Klett-Cotta 2012
[15] B. Kanitscheider: Die Materie und ihr Schatten, Alibri 2007
[16] D. Kahneman und A. B. Krueger: Developments in the Measurement of Subjective Well-Being,
      J. of Economic Perspectives, Vol. 20/1, 3 – 24 (2006)
[17] I. Kant: Allgemeinen Naturgeschichte und Theorie des Himmels, 1755
[18] C. Kiefer: Quantentheorie, Fischer 2011
[19] D. Kind: Quanten-Hall-Effekt, PTB 1985
[20] S. Kroonenberg: Der lange Zyklus, Primus Verlag 2008
[21] H. Küng: Der Anfang aller Dinge. Naturwissenschaft und Religion, Piper 2007
[22] R. B. Laughlin: Abschied von der Weltformel, Piper 2009
[23] R. B. Laughlin und D. Pines : The Theory of Everything,
      http://www.pnas.org/content/97/1/28.full , 2011
[24] H. Lesch und J. Müller: Weißt Du, wie viel Sterne stehen, Bertelsmann 2008
[25] H. Lesch und H. Zaun: Die kürzeste Geschichte allen Lebens, Piper 2012
[26] G. H. Lewes: Problems of Life and Mind, London 1875
[27] W. Lietzmann: Lustiges und Merkwürdiges von Zahlen und Formen, Vandenhoek 1921
[28] R. Penrose: Das Große, das Kleine und der menschliche Geist, Spektrum Akad. Verlag 2002
[29] I. Prigogine: Vom Sein zum Werden, Piper 1992
[30] J. H. Reichholf: Der schöpferische Impuls, DTV 1994
[31] J. H. Reichholf: Rabenschwarze Intelligenz, Herbig 2009
[32] J. H. Reichholf: Stabile Ungleichgewichte, Suhrkamp, 2008
[33] J. H. Reichholf: Warum die Menschen sesshaft wurden, Fischer, 2008

[34] F. Ryan: Virolution, Spektrum Akademischer Verlag 2010

[35] T. Sedlácek: Die Ökonomie von Gut und Böse, Hanser 2012

[36] J. C. Slater: Cohesion in Monovalent Metals. Phys. Rev. **35** (1930)

[37] M. Spitzer: Geist im Netz, Spektrum Akademischer Verlag 2000

[38] P. Spork: Der zweite Code, rowohlt 2009

[39] D. Swaab: Wir sind unser Gehirn, Droemer 2011

[40] A. Terraciano et al. National character does not reflect mean personality trait levels in 49 cultures, Science 310, 96-100 (2005)

[41] G. Vollmer: Das Ganze und seine Teile, ... ; in: Auf der Suche nach der Ordnung, Hirzel 2013

[42] F. de Waal: Das Prinzip Empathie, Hanser 2009

[43] P. Watzlawick: Vom Schlechten des Guten, Piper 1986

[44] E. Weber: Das kleine Buch der botanischen Wunder, Beck 2012

[45] E. O. Wilson: The social conquest of earth, Liveright 2013

[46] W. C. Wimsatt: Re-Engineering Philosophy for Limited Beings: Piecewise Approximations to Reality, Harvard 2007

[47] W. C. Wimsatt: ... multiple ways of getting at the complexity of nature, Biological Theory, 1(2) 2006, 213

[48] W. Wippermann: Fundamentalismus, Herder 2013

... und etwa 200 Wikipedia- Artikel zu einzelnen Stichworten von *Allgemeiner Relativitätstheorie* bis *Zelle*, Stand Januar – Dezember 2013

Bildnachweis

Bild 9: Orbitale des Wasserstoffatoms, http://commons.wikimedia.org/wiki/File:AOs-3D-dots.png

Bild 13: Beugung von Wasserwellen, http://www.nonlinearstudies.at/gg_WasserVorbild_D.php

Bild 16: Mandelbrot Menge,
http://de.wikipedia.org/wiki/Mandelbrot-Menge#Verallgemeinerte_Mandelbrot-Mengen

Bild 19: Granit, http://de.wikipedia.org/wiki/Granit
Stahl, http://upload.wikimedia.org/wikipedia/commons/0/0a/Grain-oriented_electrical_steel_%28grains%29.jpg?uselang=de

Bild 25: Strukturformel des Benzols, http://de.wikipedia.org/wiki/Benzol

Glossar

Altruismus	Uneigennützige, selbstlose Handlungs- und Denkweise gegenüber anderen Individuen; Gegenteil von Egoismus.
analytisch	Mit mathematischen Formeln beschreibbar.
Antigen	Molekulares Muster, das vom Immunsystem erkannt werden kann.
Antikörper	Protein des Immunsystems mit hoher Bindungskraft für *Antigene*.
Antiteilchen	Elementarteilchen, das einem gewöhnlichen Teilchen entspricht, aber die entgegengesetzte elektrische Ladung hat.
Archaeen	Älteste Arten der Bakterien.
assoziativer Zugriff	Zugriff auf den Inhalt eines Speichers über den Inhalt selbst, statt über eine Adresse des Inhalts.
Austausch-wechselwirkung	Bei der quantentheoretischen Formel für die elektrostatische Wechselwirkung zwischen identischen *Quantenteilchen* gibt es zusätzlich zur „normalen" elektrischer Abstoßung einen weiteren Anteil, der durch den Austausch der identischen Quantenteilchen entsteht und anziehend wirkt.
Bewegungs-gleichung	Formel oder Differenzialgleichung, die die Bewegung eines physikalischen Objekts oder die Entwicklung eines Systems beschreibt.
Bonobo	Verwandte der Schimpansen mit einem sehr ausgeprägten eusozialen Verhalten.
Boson	*Quantenteilchen* mit ganzzahligem *Spin* (Wert = 0, 1, 2, …).
chaotisches Verhalten	Es gibt keine Korrelation zwischen den Details einer Störung und der Reaktion des Systems.
Curie-Temperatur	Kritische Temperatur für den Übergang zum Ferromagnetismus.
Cyanobakterien	(Blaualgen) Bakterien, die die *Photosynthese* erfunden haben.
deterministisches Chaos	Dynamisches Verhalten eines Systems, das im Prinzip deterministisch ist. Beliebig kleine Änderungen am Anfang können aber sehr große, nicht vorhersagbare Änderungen im Verhalten des Systems zur Folge haben.
Differenzial-gleichung	Verbindet *analytisch* unbekannte Größen mit bekannten Größen und deren Änderungen in Zeit und Raum.
Element	(Selbstorganisation) (engl. component) Baustein eines *emergenten* Systems.
Emergenz	(engl. emergence) Allgemein: *Prozess*, der zu neuen Strukturen, Eigenschaften und Fähigkeiten eines *Systems* führt, die seine *Elemente* nicht haben; im engeren Sinne: Entwicklung derselben als Folge der Selbstorganisation.
emergente Exaktheit	Sprunghafter, scharf abgegrenzter *Phasenübergang*; eindeutiges Zeichen für *spontane Selbstorganisation*.
Empathie	Die Fähigkeit, Emotionen, Absichten, Gedanken usw. eines anderen Individuums zu erkennen und zu verstehen, sowie selbst Mitgefühl und Hilfsbereitschaft zu empfinden.
empirisch	(Theorie) Art der theoretischen Beschreibungen für ein *System*: weder *exakt* noch *näherungsweise*; modellhaft auf der Basis von Beobachtungen.

endotherm	Chemischer *Prozess*, der Energie verbraucht.
Entropie	Maß für die Wahrscheinlichkeit des Zustands eines *Systems*, umgangssprachlich auch ein Maß für die Unordnung in einem System
Enzym	*Protein* oder *katalytisch* wirksame RNS, das biochemische Reaktionen als Katalysator beschleunigen kann.
Epigenetik	Zellspezifische Änderungen der DNS, die deren Wirkung dauerhaft beeinflussen.
Ethik	Philosophische Disziplin mit der Aufgabe, auf dem Prinzip der Vernunft Kriterien für gutes und schlechtes Handeln aufzustellen, mit dem Ziel allgemein gültiger Normen und Werte für das Individuum und die Gesellschaft.
Eusoziales Verhalten	Echt soziales Verhalten, gekennzeichnet durch *Altruismus*, eine Arbeitsteilung, das Zusammenleben mehrerer Generation usw.
Evolution	Entwicklung des Lebens und der Lebewesen.
exakt	(Theorie) Art der theoretischen Beschreibungen für ein System: *analytisch*, mit einer *Theorie*.
exotherm	Chemischer *Prozess*, der Energie erzeugt.
extraktiv	(Sozialsystem) politisches und wirtschaftliches System, bei dem die Bürger von „Eliten" ausgebeutet werden, die keiner Kontrolle unterliegen.
Feldteilchen	*Quantenteilchen*, die Kraftfelder repräsentieren.
Fermion	*Quantenteilchen* mit nicht ganzzahligem *Spin* (Wert = 1/2, 3/2, ...).
Fernordnung	Systemweite Struktur bzw. Ordnung in einem *selbstorganisierten* System, die von den lokalen *Wechselwirkungen* zwischen den *Elementen* hervorgerufen wird. Sie erfordert eine bestimmte Mindestgröße des Systems.
Fotosynthese	Mit Hilfe von lichtabsorbierenden Farbstoffen wie Chlorophyll wird durch die Energie des (Sonnen-)Lichts Kohlendioxid und Wasser in Kohlenhydrate umgewandelt und Sauerstoff freigesetzt.
fundamentale Kräfte	Starke und Schwache Kernkraft, Elektromagnetische Kraft, vielleicht auch die Schwerkraft.
fundamentale Teilchen	u-Quark, d-Quark, Elektron und Neutrino (Familie-1-Teilchen).
Fusion	(Atome) Vereinigung von leichteren zu schwereren Atomkernen, z.B. bei Zusammenstößen. Verläuft bei den „leichteren" Kernen von Wasserstoff bis Eisen unter Abgabe von Energie.
Gärung	(Stoffwechsel) Zersetzung organischer Stoffe durch Bakterien ohne Verbrauch von Sauerstoff, um Energie für ihren Stoffwechsel zu gewinnen.
Genom	Besteht aus den Genen und enthält den Bauplan eines Lebewesens in Form von RNS- oder DNS-Molekülen.
Genregulation	Verschiedene Mechanismen, die die Wirkung der Gene steuern, z.B. *Proteine, epigenetische* Schalter.
Glaube	Dogmatische (bedingungslose) Anerkennung bestimmter, meist religiöser Grundsätze, unabhängig davon, ob sie begründet werden können oder nicht.
Halbwertszeit	Maß für die mittlere Lebensdauer gleicher, instabiler *Quantenteilchen*. Über die Lebensdauer des einzelnen Teilchens ist dabei keine Aussage möglich, man kann sie ja nicht einmal unterscheiden.

Hebbsche Regel	Verstärkung der Verschaltung von Nervenzellen als Folge intensiver Kooperation der Zellen.
Hedonische Adaption	Normalisierung von starken Gefühlen im Gehirn im Laufe der Zeit.
Histone	*Proteine*, die zur Verpackung des *Genoms* einer Zelle benutzt werden.
Hyperzyklus	(Evolution) gegenseitige Beschleunigung von Proteinsynthese und RNS-Synthese durch eine sich selbst verstärkende Rückkopplung der Synthesen.
Hypothese	Aussage oder Theorie, deren Gültigkeit man für möglich hält, die aber nicht bewiesen oder verifiziert ist.
inklusiv	(Sozialsystem) politisches und wirtschaftliches System, bei dem alle Beteiligten pluralistisch und *symbiotisch* einbezogen werden und einen persönlichen Anreiz zur Mitarbeit haben.
innere Energie	(Vielteilchensystem) Thermischer Mittelwert der Energiewerte der Teilchen. Änderung durch Austausch von Energie mit der Umwelt oder Arbeit am bzw. durch das System.
Ion	Atom, das ein oder mehrere Elektronen zu viel oder zu wenig hat, und das deshalb in Summe elektrisch geladen ist.
Isotope	Atomkerne mit gleicher Anzahl von Protonen, aber unterschiedlicher Anzahl von Neutronen.
Katalysator	Startet, erleichtert oder beschleunigt eine chemische Reaktion, ohne dabei selbst verändert zu werden.
Keim	(Selbstorganisation) Startpunkt der *Selbstorganisation* im *kritischen Zustand*. Meist eine Verunreinigung oder eine zufällige lokale Ausbildung der neuen Struktur.
Kettenreaktion	Vorgang, der aus einer Folge von gleichartigen elementaren Reaktions-schritten besteht, die sich selbst verstärken können. Typisch für eine unkontrollierte Kettenreaktion ist eine exponentielle Beschleunigung des Vorgangs mit der Zeit, bis die Reaktionspartner aufgebraucht sind.
Königsweg	Redewendung (Metapher) für eine einfache, bequeme Methode, um zu einem schwer erreichbaren Ziel zu gelangen.
Ko-Evolution	Evolutionärer *Prozess* der wechselseitigen Anpassung und gemeinsamen Weiterentwicklung von zwei oder mehreren stark wechselwirkenden Arten, oder auch einer Art zusammen mit ihrer Umwelt, der sich über einen längeren Zeitraum erstreckt.
kollektive Eigenschaften	Eigenschaften eines *Systems*, die durch die *Selbstorganisation* der *Elemente* des Systems entstehen
Komplexität	Eigenschaft eines *Systems*, seine Struktur und Verhalten selbst dann nicht eindeutig beschreiben zu können, wenn man seine *Elemente* und ihre *Wechselwirkungen* kennt.
Kooperations-zyklen	Anzahl der Zyklen der sozialen Kooperation. Wichtig bei *altruistischem* Verhalten: Mehrere Zyklen sind notwendig, damit altruistisches Verhalten im Vergleich zum egoistische Verhalten vorteilhaft ist.

kritischer Zustand	Zustand eines *Systems* am Beginn der *spontanen Selbstorganisation* bzw. an einem *Phasenübergang*, gekennzeichnet dadurch, das kleine Änderungen nicht vorhersagbare Auswirkungen haben.
lernen	(Gehirn) Übernahme von Sinneswahrnehmungen und anderen Informationen in die *assoziativen* Verbindung der Nervenzellen.
makroskopisch	Aus Atomen zusammengesetzte Objekte oberhalb der atomaren und molekularen Ebene, z.B. die Gegenstände des täglichen Lebens.
Metabolismus	Stoffwechsel von Lebewesen.
Mol	(Chemie) bezeichnet die Menge einer Substanz, die dem Molekulargewicht in Gramm entspricht. Ein Mol einer Substanz enthält etwa $6,02 \times 10^{23}$ Moleküle (sog. Avogadrosche Zahl).
Moral	Übereinstimmung von Verhalten und Handeln von Individuen und der Gesellschaft mit den aus der *Ethik* abgeleiteten Normen und Werten, mit dem aus der *Ethik* abgeleiteten Rechtssystem usw.
Mutagenität	Auftreten einer bestimmten Anzahl Fehler (*Mutationen*) bei der *Replikation*.
näherungsweise	(Theorie) Art der theoretischen Beschreibungen für ein *System*: Nicht *exakt*, aber mittels vereinfachter Annahmen des Systems oder numerischer Berechnung auf der Basis eines Modells.
Neuronales Netz	Bisher erfolgreichstes Modell zur Beschreibung der Funktion des Gehirns.
neutraler Standpunkt	(Wikipedia) Ein Artikel soll so geschrieben sein, dass ihm möglichst viele Autoren zustimmen können. Existieren zu einem Thema unterschiedliche Ansichten, so soll ein Artikel diese fair beschreiben, aber nicht selbst Position beziehen.
Nuklease	*Enzym*, das *Nukleinsäuren* abbaut.
Nukleinsäure	Kettenförmige biochemische Moleküle auf der Basis von ringförmigen Zuckermolekülen, z.B. RNS und DNS.
Nukleonen	Bausteine der Atomkerne, zusammengefasste Bezeichnung für Protonen und Neutronen.
Paradigmen-wechsel	Grundlegender Wandel von Rahmenbedingungen in der Wissenschaft, der Einstellung dem Leben gegenüber usw.
Phänotyp	Ausprägung eines bestimmten Entwicklungszustands der Gene eines Lebewesens, dem Genotyp, als Organismus.
Phasenübergang	Spontane Umwandlung eines *Systems* an einem *kritischen Punkt* von einem Zustand in einen anderen.
Photon	Feldteilchen bzw. Energiepaket des elektromagnetischen Feldes, beispielsweise des Lichts.
Pluralismus	Verantwortliche Beteiligung alle Bürger in der menschlichen Gesellschaft
Polymerase	*Enzym*, das als *Katalysator* wirkt und *Nukleinsäuren* vervielfältigt.
Proteine	Eiweiße, die aus Aminosäuren aufgebaut sind und als molekulare Werkzeuge wirken.
Prozess	(Naturwissenschaft) Vorgang, Entwicklung oder Ablauf in der Zeit
Putzerstation	Ort im Korallenriff, wo große (Raub-) Fische sich von kleinen Putzerfischen oder Putzergarnelen von Parasiten, alter Haut usw. befreien lassen
Quantenteilchen	Teilchen oder Kollektiv von Teilchen, für das die *Quantentheorie* gilt.

Quantentheorie	Sehr erfolgreiche physikalische *Theorie*, die für Atome, Moleküle, feste Körper usw. gilt. Verbunden mit dem Konzept der *Wellenfunktion*.
Quanten-verschränkung	Wenn zwei oder mehr Teilchen eine gemeinsame *Wellenfunktion* haben, und man ändert etwas an dieser gemeinsamen *Wellenfunktion*, sind beide Teilchen betroffen, und zwar ohne jeden Zeitverzug.
Quantenzustand	Individueller Zustand eines *Quantenteilchens* aus Sicht der *Quantentheorie*.
Quark	*Fundamentales Teilchen*, aus dem die *Nukleonen* und einige andere Elementarteilchen bestehen.
reproduzierbar	Experimente können von anderen Wissenschaftlern mit den gleichen Ergebnissen wiederholt werden.
reduktionistisch	Ein System wird durch eine *Theorie* in allen Einzelheiten aus seinen *Elementen* erklärt, die durchgängig bis zu den Elementarteilchen auf anderen reduktionistischen *Theorien* aufbaut.
Regeln	(Ethik, Gesellschaft) Einschränkungen der Freiheit von Personen oder Institutionen mit dem Ziel einer „guten" Funktion der Gesellschaft.
Regulierung	(Politik) Beeinflussung des Verhaltens von Unternehmen, z.B. Banken, durch verbindliche *Regeln*, um bestimmte Ziele zu ermöglichen, die im allgemeinen Interesse sind, und geschäftliche Exzesse zu verhindern.
Religion	Überlieferter kultureller Brauch, der das menschliche Denken und Handeln von einem Gott abhängig macht, meist auf Basis einer Offenbarung.
Replikation	1. Verdopplung des Erbinformationsträgers DNA einer Zelle. 2. Fähigkeit spezieller Makromoleküle, sich selbst zu reproduzieren.
RNS	Ribonukleinsäure, Erbgut von Viren.
RNS-Interferenz	Spezielle Abschnitte der DNS, die nicht Teil der aktiven Gene sind, werden in kurze *RNS*-Stücke umgesetzt, die gleich gebaute Boten-RNS zerstören, so dass die zugehörigen *Enzyme* nicht gebildet werden.
Schrödinger-gleichung	Zentrale Gleichung der *Quantentheorie*, die die aktuelle *Wellenfunktion* eines *Quantenteilchens* im Raum und die auf sie wirkenden Kräfte mit ihrer zeitlichen Änderung deterministisch verbindet.
sequentiell	schrittweise nacheinander
Simulation	Experimente oder Berechnungen per Computer am Modell eines *Systems*, für die die analytische oder formelmäßige Behandlung nicht möglich ist.
Sinnes-täuschungen	Die Nutzung gespeicherter Objekte des Gehirns, um die Wahrnehmung zu beschleunigen, kann in Einzelfällen zu Wahrnehmungen führen, die falsch zu sein scheinen.
Soziale Marktwirtschaft	Kapitalistische Marktwirtschaft mit einem mittleren Grad an *Regulierung*, auch zur Vermeidung negativer sozialer Auswirkungen.
Spiegelneuronen	Nervenzellen im Gehirn von Primaten, die bei der Wahrnehmung der Bewegungen eines anderen Individuums im Beobachter die gleichen Aktivitätspotentiale auslösen, als ob er sie selbst ausführen würde.
Spin	Fundamentales magnetisches Moment der *Fermionen*.
Spirale abwärts	(„Teufelskreis") Gegenseitige Verstärkung von zwei oder mehr miteinander gekoppelten negativen Trends.

spontane Magnetisierung	Magnetisierung der magnetischen Bereiche eines Ferromagneten unterhalb der *Curie-Temperatur*.
Subsidiarität	Aufgaben, Handlungen und Problemlösungen sollen so weit wie möglich selbstbestimmt und eigenverantwortlich unternommen werden, und in einer Organisation soweit „unten" wie möglich.
Symbiose	Konstruktive Zusammenarbeit und Partnerschaft von Lebewesen unterschiedlicher Arten zum gegenseitigen Nutzen.
Symbiogenese	*Evolution* auf der Basis der *Symbiose*.
Symmetriebruch	Übergang von einer höheren zu einer geringeren Symmetrie, z.B. durch die Veränderung der Struktur als Ergebnis eines *Phasenübergangs*.
Synapse	Verbindung zwischen zwei Nervenzellen.
Theorie	Beschreibt für ein *System* aus seinen *Elementen* auf der Basis eines Modells alle Eigenschaften, komplett mit Hilfe bekannter mathematischer Funktionen, und wird durch alle Beobachtungen und Messungen bestätigt.
thermische Energie	Mittlere Energie der Wärmebewegung der *Elemente* eines physikalischen *Systems* aus vielen Teilchen.
thermisches Gleichgewicht	Einem *System* wird von außen keine Energie zugeführt, und es gibt auch keine nach außen ab. Es verändert sich nur in Richtung auf einen Zustand, der mit der größten Wahrscheinlichkeit eintritt (vgl. *Entropie*).
Unbestimmtheitsrelation	(*Quantentheorie*) sagt aus, dass man den Ort und den Impuls eines *Quantenteilchens* nicht gleichzeitig genau feststellen kann.
Unsichtbare Hand des Marktes	(Adam Smith) Ergebnis der kollektiven ökonomischen Aktivitäten der Menschen.
Valenzelektronen	(Atom) ... sind die Elektronen in der äußersten Schale eines Atoms, die die chemische Wertigkeit bestimmen.
Verantwortung	Zentrales Thema der *Ethik* in den Beziehungen zu anderen Menschen; beinhaltet z.B. die zuverlässige Erledigung einer vereinbarten Aufgabe
Wahrscheinlichkeit	Verhältnis der tatsächlich eintretenden Ereignisse zu den möglichen Ereignissen, oder Prognose davon.
Wasserstoffbrückenbindung	Unsymmetrische Moleküle haben Schwerpunkten der elektrischen Ladung. Die Schwerpunkte der Ladung unterschiedlicher Moleküle ziehen sich an.
Wechselwirkung	(Selbstorganisation)(engl. interaction) Kräfte zwischen den *Elementen* eines *Systems*, oder andere Einflüsse von Elementen aufeinander.
Wellenfunktion	Physikalische Beschreibung der *Quantenobjekte* im Rahmen der *Quantentheorie*.
Weltformel, oder Theorie von Allem	Hypothetische *Theorie*, die alle bekannten physikalischen Phänomene *reduktionistisch* erklären und verknüpfen soll, insbesondere alle vier *fundamentalen Kräfte* zwischen den Elementarteilchen.
Wirkung	(Physik) Fundamentale Größe der Physik, entspricht dem Produkt aus Energie mal Zeit.

www.tredition.de

Über tredition

Der tredition Verlag wurde 2006 in Hamburg gegründet. Seitdem hat tredition Hunderte von Büchern veröffentlicht. Autoren können in wenigen leichten Schritten print-Books, e-Books und audio-Books publizieren. Der Verlag hat das Ziel, die beste und fairste Veröffentlichungsmöglichkeit für Autoren zu bieten.

tredition wurde mit der Erkenntnis gegründet, dass nur etwa jedes 200. bei Verlagen eingereichte Manuskript veröffentlicht wird. Dabei hat jedes Buch seinen Markt, also seine Leser. tredition sorgt dafür, dass für jedes Buch die Leserschaft auch erreicht wird

Autoren können das einzigartige Literatur-Netzwerk von tredition nutzen. Hier bieten zahlreiche Literatur-Partner (das sind Lektoren, Übersetzer, Hörbuchsprecher und Illustratoren) ihre Dienstleistung an, um Manuskripte zu verbessern oder die Vielfalt zu erhöhen. Autoren vereinbaren unabhängig von tredition mit Literatur-Partnern die Konditionen ihrer Zusammenarbeit und können gemeinsam am Erfolg des Buches partizipieren.

Das gesamte Verlagsprogramm von tredition ist bei allen stationären Buchhandlungen und Online-Buchhändlern wie z.B. Amazon erhältlich. e-Books stehen bei den führenden Online-Portalen (z.B. iBook-Store von Apple) zum Verkauf.

Seit 2009 bietet tredition sein Verlagskonzept auch als sogenanntes "White-Label" an. Das bedeutet, dass andere

Personen oder Institutionen risikofrei und unkompliziert selbst zum Herausgeber von Büchern und Buchreihen unter eigener Marke werden können.

Mittlerweile zählen zahlreiche renommierte Unternehmen, Zeitschriften-, Zeitungs- und Buchverlage, Universitäten, Forschungseinrichtungen, Unternehmensberatungen zu den Kunden von tredition. Unter www.tredition-corporate.de bietet tredition vielfältige weitere Verlagsleistungen speziell für Geschäftskunden an.

tredition wurde mit mehreren Innovationspreisen ausgezeichnet, u. a. Webfuture Award und Innovationspreis der Buch-Digitale.

tredition ist Mitglied im Börsenverein des Deutschen Buchhandels.

Zeitfracht Medien GmbH
Ferdinand-Jühlke-Straße 7
99095 Erfurt, Deutschland
produktsicherheit@kolibri360.de